全国高职高专药学类专业规划教材

制药机械

（第二版）

主　编　王　泽
主　审　王志祥
副主编　邓才彬
编　者　（按姓氏笔画排序）
王　泽（中国药科大学高等职业技术学院）
邓才彬（重庆医药高等专科学校）
石维廉（沈阳药科大学高等职业技术学院）
刘德玲（广东食品药品职业学院）
李　恒（信阳职业技术学院）
胡德奇（辽宁中医药大学高等职业技术学院）

科学出版社
北　京

内　容　简　介

本教材编写整合了制药机械的基础理论知识,突出了常用制药机械设备的传动机构及零部件的维护和保养知识,并结合了制药生产的特殊性,以强化学生的实践技能,满足生产实践的需要。

通过本课程的学习,能够使学生获得必备的制药机械基础知识,以扩充知识面、优化知识结构、提高动手能力,进而为适应制药生产、管理一线工作的实际需要做好知识储备。

本教材突出高职高专的教育特色,主要作为高职高专药学、药物制剂技术、中药制药技术、制药工程、制剂工程、医药市场营销等专业的教材,同时也可以供各类专业人员特别是医药卫生工作者做自学教材。

图书在版编目(CIP)数据

制药机械/王泽主编. —2版. —北京:科学出版社,2009
全国高职高专药学类专业规划教材
ISBN 978-7-03-025580-8

Ⅰ.制… Ⅱ.王… Ⅲ.化工制药机械-高等学校:技术学校-教材 Ⅳ.TQ460.5

中国版本图书馆CIP数据核字(2009)第163145号

责任编辑:李　婷/责任校对:陈玉凤
责任印制:赵　博/封面设计:黄　超

科学出版社 出版
北京东黄城根北街16号
邮政编码:100717
http://www.sciencep.com
固安县铭成印刷有限公司印刷
科学出版社发行　各地新华书店经销
*
2004年9月第一版　开本:787×1092 1/16
2009年9月第二版　印张:13 1/2
2026年1月第十三次印刷　字数:318 000

定价:54.00元
(如有印装质量问题,我社负责调换)

第二版前言

随着我国《药品生产质量管理规范》(GMP)的推广实施,制药设备在制药生产中的作用日益突显出来。医药企业对既具有药学专业知识,又懂得工程技术(如GMP车间设施、设备)的复合型人才的需求与日俱增。这就要求医药工艺类高职学生必须掌握制药机械的基础理论知识,以满足生产实践的需要,在日趋激烈的人才竞争中立于不败之地。

本书为药物制剂技术专业、中药制剂技术专业及相关医药工艺类专业的高职教材。通过本课程的学习,医药工艺类专业的学生可以获得必备的制药机械基础知识,以扩充知识面,优化知识结构,适应制药生产、管理一线高等技术人才实际工作的需要。本书在编写过程中,结合高职教育的特殊性,突出以下特点:

1. 知识体系有所创新,与《药品生产质量管理规范》(GMP)接轨。由于GMP对制药设备提出了严格的要求,因此,本书在编写过程中,突出了对符合GMP要求的,并在当今生产实践中广泛应用的制药机械的论述。全书分为制药机械力学基础、制药工程材料、制药设备机械传动、制药设备常用机构、制药设备连接与支承、压力容器、制药工艺管路等部分,打破传统的机械基础类教材的知识体系,使制药机械基础理论更紧密地与制药生产实践相结合。

2. 知识结构和能力培养有所侧重。为了体现"以就业为导向,以能力为本位,以发展技能为核心"的职业教育培养理念,理论知识强调"必须、够用",本书强化技能培养,突出实用性,弱化与机械设计相关的理论计算知识,强化与制药设备使用与维护相关的机械基础知识,并增加了常见机械的使用、维护方法及故障排除等内容,突出解决工程实际问题能力的培养。同时,结合高职教育的现状及教学改革的需要,本书力求做到深入浅出,以实用为主,够用为度,兼顾知识体系的系统性。

3. 编写形式有所创新。每一章正文内容之外设学习目标、链接、案例或工艺流程、小结、目标检测。书后附目标检测题参考答案、大纲,并配有本课程全部教学内容的PPT课件。

全书共七章,其中第一章、第四章由王泽老师编写;第二章由刘德玲老师编写;第三章由石维廉老师编写;第五章由邓才彬老师编写;第六章由胡德奇老师编写;第七章由李恒老师编写。全书由中国药科大学王志祥教授担任主审,笔者在此深表感谢。

《制药机械》是一门较新的课程,应随着制药设备、GMP制度的发展而不断更新完善。虽然编者尽量突出特色,做到与时俱进,但由于水平有限,书中不妥之处在所难免。恳请广大读者批评、指正,提出修改意见,编者将不胜感激。

编　者

2009年5月

第一版前言

随着我国《药品生产质量管理规范》(GMP)的推广实施,制药设备在制药生产中的作用日益突显出来,医药企业对既具有药学专业知识,又懂得工程技术(如GMP车间、设备)的复合型人才的需求与日俱增。这就要求医药工艺类高职学生必须掌握制药机械的基础理论知识,以满足生产实践的需要,在日趋激烈的人才竞争中立于不败之地。

本书为药物制剂专业、中药专业及相关医药工艺类专业的高职教材。通过本课程的学习,使工艺类专业的学生获得必备的机械基础知识,扩充知识面,优化知识结构,以适应制药生产、管理一线高等技术人才实际工作的需要。在本书编写过程中,结合高职教育的特殊性,突出以下特点:

1. 在知识体系上有所创新,与《药品生产质量管理规范》(GMP)接轨。由于GMP对制药设备提出了严格的要求,因此在本书的编写过程中,突出了对符合GMP要求并在当今生产实践中广泛应用的制药机械的论述。全书分为制药设备力学基础、制药设备工程材料、制药设备常用机构、制药设备机械传动、制药设备连接与支承、压力容器、制药工艺管路等部分,打破了传统的机械基础类教材的知识体系,使制药机械基础理论更紧密地与制药生产实践相结合。

2. 在知识结构和能力培养上有所侧重。弱化与机械设计相关的理论计算知识,强化与制药设备使用与维护相关的机械基础知识,并增加了常见机械的使用、维护方法及故障排除等内容,突出解决工程实际问题能力的培养。

3. 在内容深度上,结合高职教育的现状及教学改革的需要,力求做到深入浅出,以实用为主,够用为度,兼顾知识体系的系统性。

本书由中国药科大学王志祥教授担任主审,在此深表感谢。

由于《制药机械学》是一门较新的课程,应随着制药设备、GMP制度的发展而不断更新完善。虽然编者尽量突出特色,做到与时俱进,但由于水平有限,书中不妥之处在所难免,恳请广大读者批评、指正,提出修改意见,编者将不胜感激。

编　者

2004年5月

目　　录

第1章 制药机械力学基础

学习目标

通过本章的学习,应达到以下三点要求:

1. 掌握构件承受拉伸或压缩、剪切、扭转、弯曲时的承载能力分析方法。
2. 理解构件受力分析的基本原理。
3. 了解构件承受挤压时的承载能力分析方法。

制药设备及其零部件在工作时都会受到多种外力的作用。如,压力容器法兰连接的螺栓要承受拉力的作用;搅拌轴工作时要承受物料阻力的作用;传动齿轮要承受剪切力的作用等。为使构件(由一个或一个以上零件构成的运动单元)在外力作用下,既能安全可靠地工作,又满足经济要求,除了需要选择适当的材料外,人们还要确定合理的构件结构、形状和尺寸。要解决这些问题,人们就必须对构件进行受力分析和承载能力分析。

本章的任务就是学习制药机械的力学基础知识。主要内容为构件的受力分析和构件的承载能力分析。

构件的受力分析主要研究构件的受力情况及平衡条件,并计算受力的大小。其研究的构件是处于平衡状态下的构件,即在外力作用下相对于地面处于静止或匀速直线运动状态下的构件。构件的受力分析是对构件进行承载能力分析的前提和基础。

构件的承载能力是指构件在外力作用下的强度、刚度和稳定性。强度是指构件抵抗外力破坏的能力。刚度是指构件抵抗变形的能力。稳定性是指构件在外力作用下保持其原有平衡状态的能力。为了确保设备在载荷作用下安全可靠地工作,构件必须具有足够的强度、刚度和稳定性。而承载能力分析正是我们判定构件是否满足强度、刚度、稳定性条件的有效方法。

案例1-1

小刘被分配到某中药厂的中药提取车间工作,由于表现出色,被晋升为车间主任。该厂为了扩大生产,计划对中药提取车间进行技术改造。在技术改造的过程中,需要建一个0.5吨重的高位槽,并采用支架固定在车间墙壁上,小刘根据实际情况,运用自己所学的专业知识,圆满地完成了这项工作。如果你遇到同样的情况,能解决这个实际问题吗?

提示:

运用本章学习的构件的受力分析和承载能力分析方法加以解决。

第1节 构件的受力分析

一、力的概念与性质

(一)力的概念

力是物体间的相互作用,这种作用使物体的运动状态发生改变或使物体产生变形甚至破坏。

使物体运动状态发生改变的效应称为力的外效应。如人推小车，在人的推力作用下，小车由静止变为运动，运动的速度由慢变快，或者使运动方向发生改变，即人的推力改变了小车的运动状态。使物体产生变形甚至破坏的效应称为力的内效应。如弹簧受拉力作用会伸长；桥式起重机的横梁在起吊重物时要弯曲；锻压加工时工件会变形等，这些作用力都使构件产生变形，严重时会导致构件的破坏。力的外效应和力的内效应总是同时产生的，一般情况下，工程上所用的构件大多是用金属材料制成的，在正常情况下它们都具有足够的抵抗变形的能力，即在外力的作用下，所产生的变形是微小的，对研究力的外效应影响不大，在静力分析中，为了使问题简化，可以将其变形忽略不计。这种在外力作用下永不发生变形的物体称为刚体。本节以刚体为研究对象，只讨论力的外效应。力的内效应将在承载能力分析中加以讨论。

力是一个具有大小和方向的矢量，其作用效应与力的大小、方向和作用点的位置有关，这三个因素称为力的三要素。如图1-1所示，线段*AB*的长度按一定比例代表力的大小，线段的方位和箭头表示力的方向，起点*A*表示力的作用点，本书以黑体字如**F**表示力矢量，并以同一字母非黑体字*F*表示力的大小。

工程上作用于构件上的力，通常有以下两种形式。

1. 集中载荷　集中作用在很小面积上的力，一般可以把它近似地看成作用于某一点上的力，称为集中载荷。如图1-1所示的力**F**，其单位为“牛顿”(N)或“千牛顿”(kN)。

2. 分布载荷　连续分散作用在一定面积或体积上的力称为分布载荷。若分布载荷的大小是均匀的则称为均布载荷。对于均布载荷，单位长度上所受的力称为载荷集度，用**q**表示，其单位为N/m或kN/m。如卧式容器的自重、中药提取设备夹套所承受的气压载荷等都可简化为均布载荷。

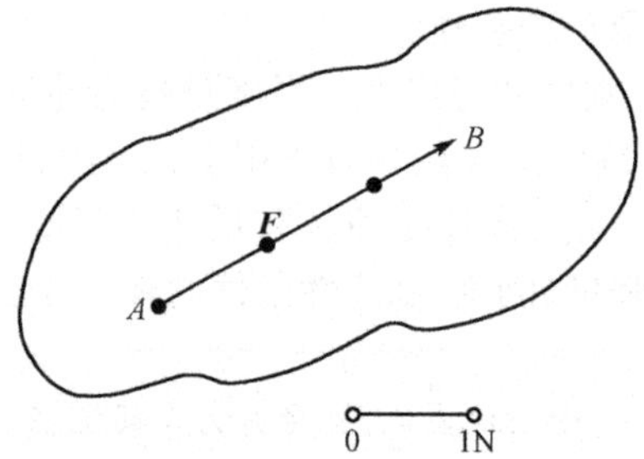

图1-1　力的图示

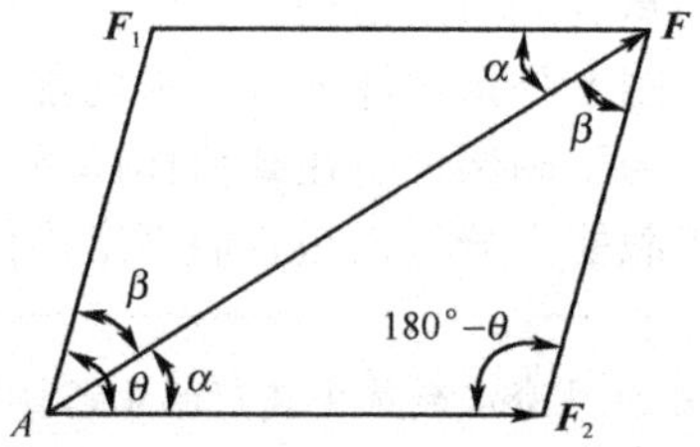

图1-2　力的合成

(二)力的性质

公理一　力的平行四边形公理

作用于物体上同一点的两个力，其合力也作用在该点上，合力的大小和方向由以这两个力为邻边所作的平行四边形的对角线确定。

如图1-2所示，由矢量合成法则：

$$\boldsymbol{F}=\boldsymbol{F}_1+\boldsymbol{F}_2 \tag{1-1}$$

F即为$\boldsymbol{F}_1$和$\boldsymbol{F}_2$的合力。**F**的大小可以由余弦定理计算，**F**的方向可以用它与$\boldsymbol{F}_1$(或$\boldsymbol{F}_2$)之间的夹角α或(β)来表示。

$$\boldsymbol{F}=\sqrt{\boldsymbol{F}_1^2+\boldsymbol{F}_2^2+2\boldsymbol{F}_1\boldsymbol{F}_2\cos\theta} \tag{1-2}$$

$$\tan\alpha = \frac{\boldsymbol{F}_1\sin\theta}{\boldsymbol{F}_2 + \boldsymbol{F}_1\cos\theta}$$

力的平行四边形公理说明了力的可加性，是力系简化的依据。该公理是力系合成的依据，也是力分解的基本法则，在实际应用中，常将合力沿两个互相正交的方向分解为两个分力，即力的正交分解。从而使复杂的力学问题简单化。

公理二　二力平衡公理

受两力作用的刚体处于平衡状态的必要和充分条件是两力的大小相等、方向相反、作用线相同（以下简称等值、反向、共线）。

只受两力作用而处于平衡的刚体称为二力体。当二力体为杆件时，则称为二力杆。根据平衡条件可以确定二力体（包括二力杆）的所受两力的方向一定是两力作用点的连线方向。例如，图 1-3 所示的棘轮机构中的棘爪 AB，当不计自重时就是二力体，故棘爪上所受两力 $\boldsymbol{F}_1$ 和 $\boldsymbol{F}_2$ 方向必沿 A、B 两点的连线方向。又如图 1-4 所示的三角支架中，杆 AB 在不计自重时就是二力杆，故杆 AB 上所受两力 $\boldsymbol{F}_1$ 和 $\boldsymbol{F}_2$ 的方向必沿 B、C 两点的连线方向。二力体的这一特点可以使很多构件的受力分析问题得以简化。

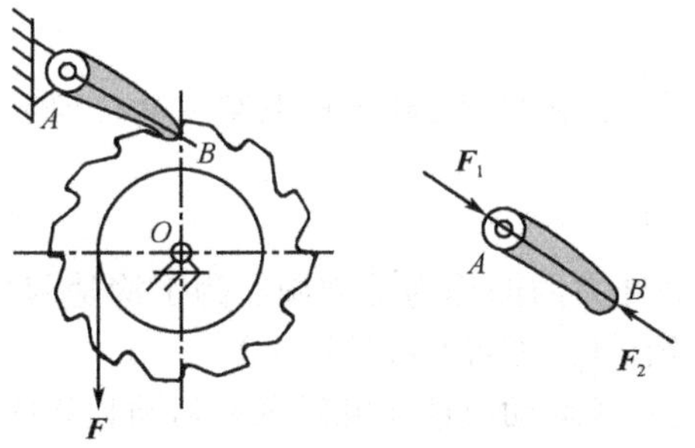

图 1-3　二力平衡——二力体

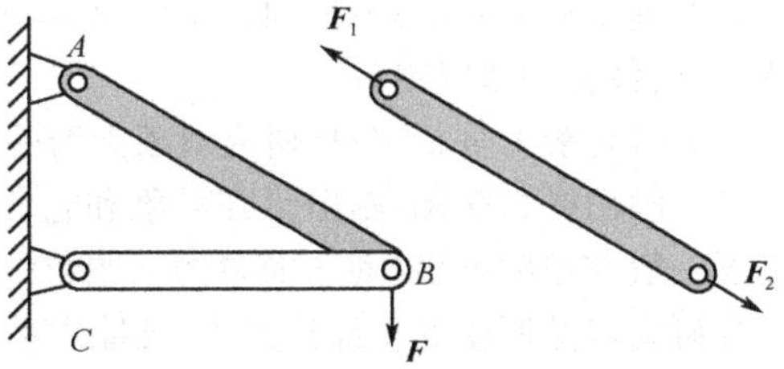

图 1-4　二力平衡——二力杆

公理三　加减平衡力系公理

平衡力系中的各力对刚体的作用效应彼此抵消，所以在受力或力系作用的刚体上加上或减去一个平衡力系，并不改变原力或原力系对刚体的作用效应。

推论：力的可传性定理

作用在刚体上的力可沿其作用线任意移动作用点，而不改变此力对刚体的作用效应。

设小车在 A 点受力 $\boldsymbol{F}_1$ 作用，见图 1-5(a)；在力 $\boldsymbol{F}_1$ 的作用线上的任一点 B，在 B 点处沿力 $\boldsymbol{F}$ 的作用线加上一对平衡力 $\boldsymbol{F}_2$ 和 $\boldsymbol{F}_3$，并使 $\boldsymbol{F}_1=\boldsymbol{F}_2=\boldsymbol{F}_3$，见图 1-5(b)；再从图 1-5(b) 中减去一对平衡力 $\boldsymbol{F}_1$ 和 $\boldsymbol{F}_2$，见图 1-5(c)。由公理三可知，这三种情况都是等效的，这样就把原来作用于 A 点的力（$\boldsymbol{F}_1$）沿力的作用线移到了 B 点（$\boldsymbol{F}_3$）。

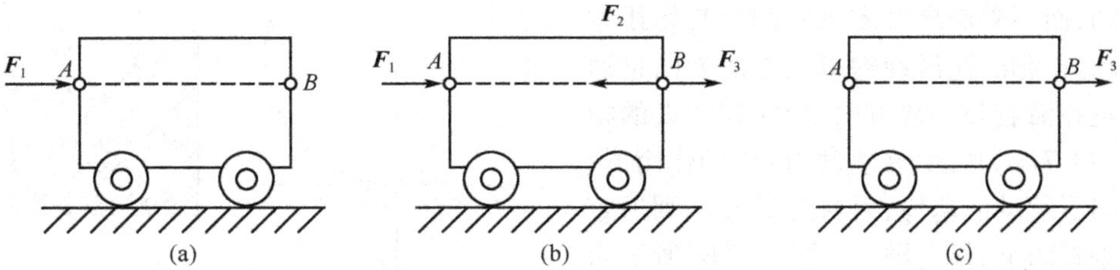

图 1-5　力的可传性

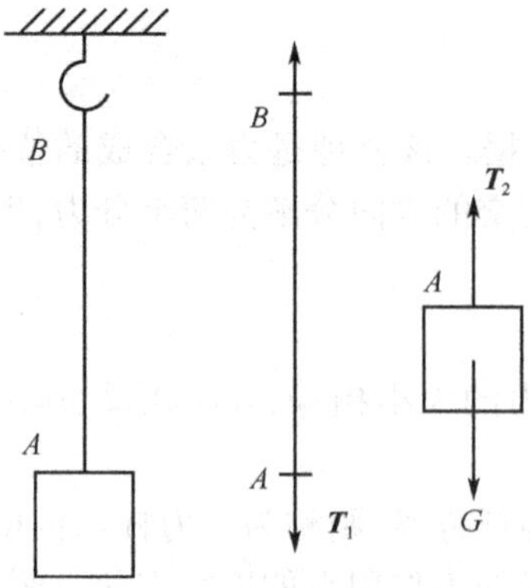

图 1-6 作用力与反作用力

由此可见，力对刚体的作用效应取决于力的大小、方向和作用线（而不是作用点）三个要素。

公理四 力的作用与反作用公理

两物体间相互作用的力总是等值、反向、共线，并分别作用在这两个物体上。

如图 1-6 所示，重物给绳一个向下的拉力 $\boldsymbol{T}_1$，同时绳作用在重物上一个向上的拉力 $\boldsymbol{T}_2$，$\boldsymbol{T}_1$ 与 $\boldsymbol{T}_2$ 等值、反向、共线，互为作用力与反作用力。

由此可见，力总是成对出现的，单独的一个力在工程实际中是不存在的。由于作用力与反作用力分别作用在两个不同物体上，因而它们是作用力与反作用力而不是平衡力。

二、构件的受力分析

构件的受力分析可按下列步骤进行：

（1）确定研究对象：根据问题中的已知量和待求量之间的关系，确定选取某一构件研究其平衡，该构件称为研究对象。

（2）进行受力分析：分析研究对象上所受的全部外力。

（3）画出受力简图：画出研究对象和它所受的全部外力的图称为受力图。为了清楚起见，受力图一般应单独画出（对于简单的问题，在不致引起错误时，方可画在原图上）。

在研究对象所受的全部外力中，凡能主动引起研究对象运动或使研究对象有运动趋势的力称为主动力（又称载荷或负荷）。主动力的大小和方向通常都是已知的，如本例中管道的重力 G。而阻碍、限制研究对象运动的物体称为约束物，简称约束。约束作用在研究对象（被约束物）上的力称为约束力或被动力。约束力的大小需要根据平衡条件求出，而约束力的方向一般根据约束的类型即可予以确定。确定的原则是约束力的方向总是与约束所能限制的运动方向相反，并通过两物体的接触点。

下面介绍工程上常见的几种约束及其约束力方向的确定方法。

（1）柔性约束：柔性约束又叫柔索，工程上的绳索、链条、胶带等都可以简化为柔性约束。柔性约束只限制物体沿着拉长柔索方向的运动，故物体所受柔索的约束力是拉力，其作用线方向与柔索重合，并远离该物体。

（2）光滑面约束：物体与支承面接触，当忽略摩擦力时，则支承面对物体的约束称为光滑面约束。如导轨、气缸壁、凸轮等产生的约束。这种约束只能阻止物体沿着接触点公法线方向的运动，而不限制离开支承面和沿其切线方向的运动。因此，光滑面约束反力的方向是通过接触点并沿着公法线方向，指向被约束的物体。如图 1-7(a) 所示，在主动力 mg 的作用下，物体有向下运动的趋势，而约束反力 N 则沿着公法线垂直向上，指向圆心。图 1-7(b) 所示为轴架在 V 形铁上，V 形铁对轴的约束反力 N_1、N_2 沿接触斜面的法线方向，指向轴的圆心。

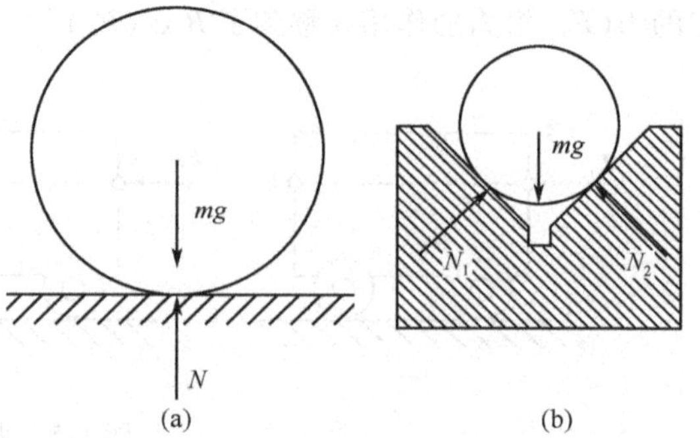

图 1-7 光滑面约束

（3）铰链约束：铰链约束是一种常见的工程约束形式，其类型主要包括：固定铰链、中间铰链、活动座铰链。

1）固定铰链：固定铰链的铰链座是固定不动的，被约束件只能绕铰链轴转动。如图1-8(a)所示，被约束件 B 只能绕销轴 O 转动，而不能沿销轴半径方向移动。这种结构对构件 B 的约束 A 就称为固定铰链约束。固定铰链约束通常简化为如图1-8(b)或(c)所示的力学模型，其约束反力的作用线通过铰链中心，但其方向待定，可先任意假设。常用水平和铅垂两个方向的分力来表示，如图1-8(b)、(c)中的 N_x、N_y 所示。

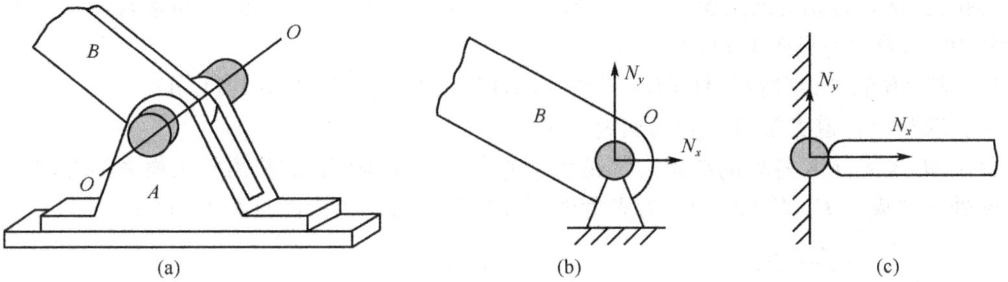

图1-8　固定铰链

2）中间铰链：当构成铰链的两构件均为活动构件而互为约束时，工程上称为中间铰链，简称中间铰，构成中间铰链的两构件均只能绕铰链轴转动，见图1-9(a)。其约束力的分析也与固定座铰链相似，见图1-9(b)、(c)。

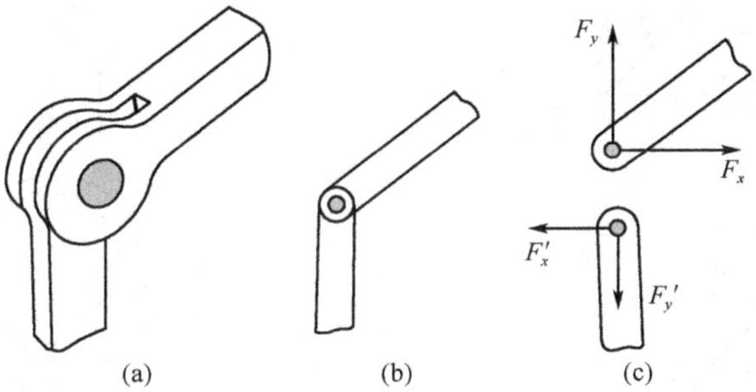

图1-9　中间绞链

3）活动座铰链：活动座铰链是一种可以沿光滑面移动的铰链。图1-10(a)所示结构为活动座铰链，其活动构件2通过圆柱销1与座3构成铰链约束。与固定座铰链所不同的是座3并非固定，而是又通过滚轮4支承在光滑面5上，因而可以在水平方向(x 方向)上沿光滑面移动，成为活动座3，因此它实际上是一种复合约束，图1-10(b)是这种约束的简图。显然这种复合约束只限制被约束物向着光滑面的内法线方向的运动，所以其约束力 N 为垂直于光滑面方向的压力，见图1-10(c)。

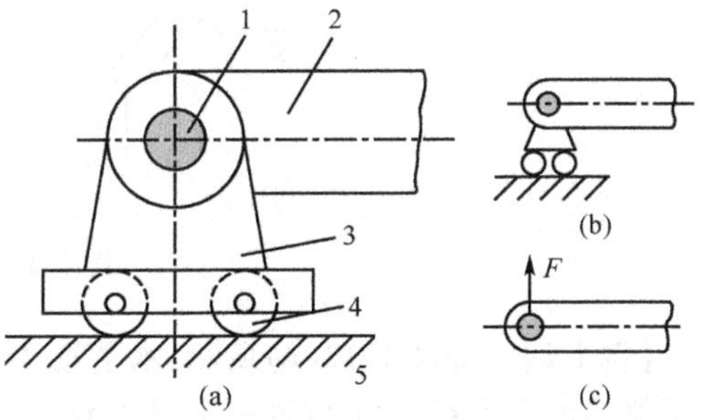

图1-10　活动座铰链

【例1-1】　图1-11(a)所示为一管道支架，支架的两根杆 AB 和 CD 在 Z 点相铰接，J、K 两点用水平绳索相连。已知管道的重力为 $\boldsymbol{G}$。不计摩擦和支架、绳索的自重，试作出管道、杆 AB、杆 CD 以及整个管道支架的受力图。

解：

(1) 取管道为研究对象。

其上作用有主动力 $\boldsymbol{G}$，方向垂直向下；在 M 和 N 处为光滑面约束，其约束力 $\boldsymbol{F}_M$ 和 $\boldsymbol{F}_N$ 分别为垂直于杆 CD 和 AB 并指向管道中心的压力，于是可作出管道的受力图见图 1-11(b)。

(2) 取杆 CD 为研究对象。

在 M 处的作用力 $\boldsymbol{F}_M'$ 为 $\boldsymbol{F}_M$ 的反作用力，故 $\boldsymbol{F}_M'$ 应与 $\boldsymbol{F}_M$ 等值、反向、共线；E 处为中间铰链，其约束力方向待定，可用两个正交分力 $\boldsymbol{F}_{Ex}$ 和 $\boldsymbol{F}_{Ey}$ 来表示；J 处为柔性约束，约束力 $\boldsymbol{F}_J$ 为沿着柔索方向的拉力；D 处为光滑面约束，约束力 $\boldsymbol{F}_D$ 为垂直于光滑面的压力，即方向垂直向上。于是可得到杆 DC 的受力图见图 1-11(c)。

(3) 杆 AB 的受力分析与杆 CD 的分析基本相同。其受力图见图 1-11(d)。

(4) 取整个管道支架(物系)为研究对象。

由于 M、N、E、J、K 各处的约束力都是物系的内力，不应画出，故只需画出物系的主动力 $\boldsymbol{G}$ 和 B、D 两处的约束力 $\boldsymbol{F}_B$、$\boldsymbol{F}_D$($\boldsymbol{F}_B$、$\boldsymbol{F}_D$ 为光滑面约束)，于是可得受力图见图 1-11(e)。

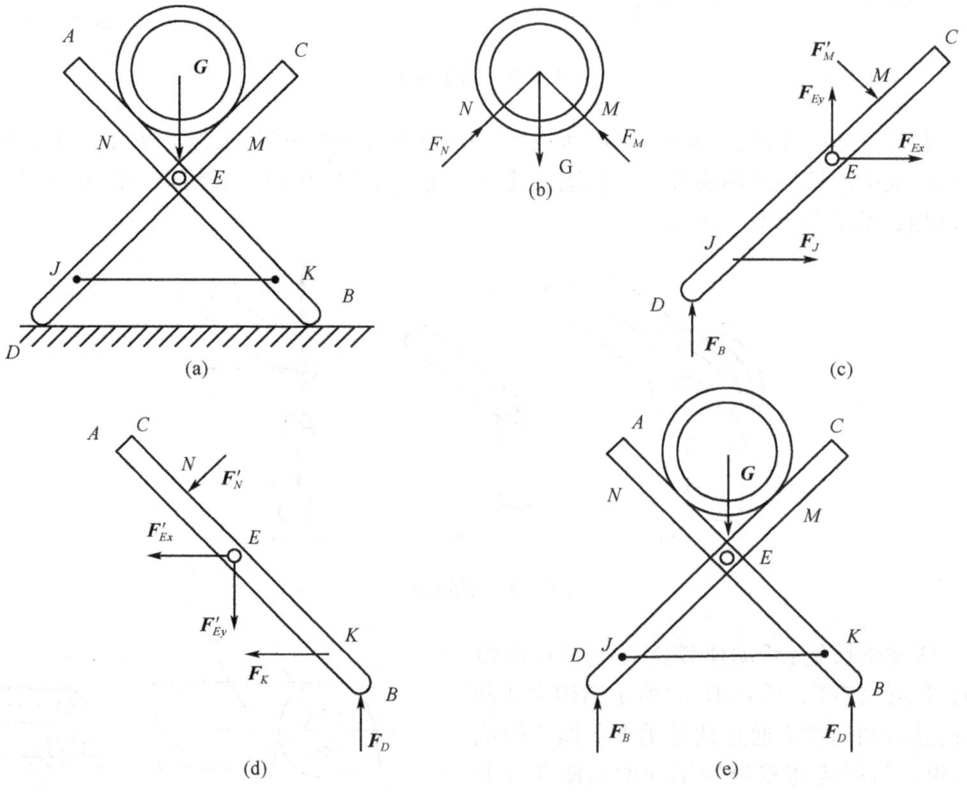

图 1-11 例 1-1 附图

【例 1-2】 如图 1-12(a)所示，水平梁 AB 用斜杆 CD 支撑，B、D、C 三处均为圆柱铰链连接。水平梁的重力为 $\boldsymbol{G}$，其上放置一个重为 $\boldsymbol{Q}$ 的电动机。如斜杆 CD 所受的重力不计，试画出斜杆 CD 和水平梁 AB 的受力图。

解：

(1) 取斜杆 CD 为研究对象。

将斜杆解除约束作为分离体。该杆的两端均为圆柱铰链约束，在不计斜杆自身重力的情况下，它只受到杆端两个约束反力 $\boldsymbol{R}_C$ 和 $\boldsymbol{R}_D$ 作用而处于平衡状态，故 CD 杆为二力杆。根据二力杆

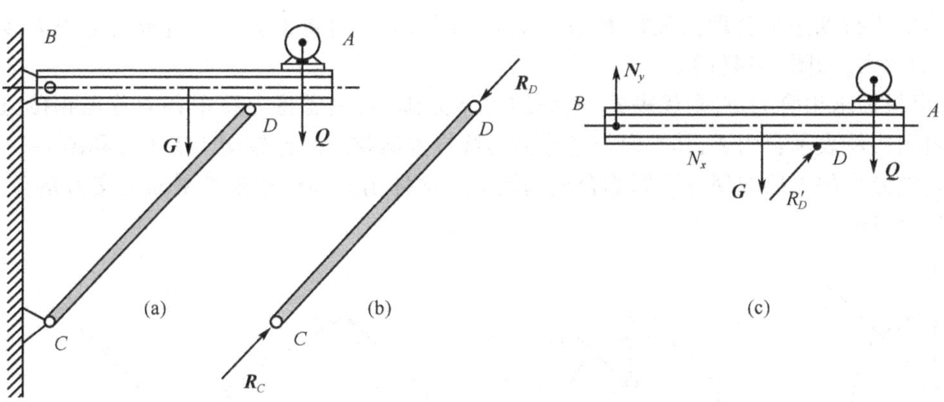

图 1-12　例 1-2 附图

的特点，斜杆两端的约束反力 $\boldsymbol{R}_C$ 和 $\boldsymbol{R}_D$ 的方位必沿两端点 C、D 的连线且等值、反向。又由图可断定斜杆是处在受压状态，所以约束反力 $\boldsymbol{R}_C$ 和 $\boldsymbol{R}_D$ 的方向均指向斜杆，如图 1-12(b)所示。

(2) 水平梁 AB 的受力图。

将水平梁 AB 解除约束作为分离体(包括电动机)。作用在该梁上的主动力有梁重 **G** 和电动机重力 **Q**。梁在 D、B 两处受到约束，D 处有约束反力 $\boldsymbol{R}'_D$ 与二力杆上的力 $\boldsymbol{R}_D$ 互为作用力与反作用力，所以 $\boldsymbol{R}'_D$ 的方向必沿 CD 杆的轴线并指向水平梁。B 处为固定铰链，其约束反力一定通过铰链中心 B，但方向不能预先确定，一般可用相互垂直的两个分力 $\boldsymbol{N}_x$ 和 $\boldsymbol{N}_y$ 表示，如图 1-12(c)所示。

三、平面汇交力系

凡各力的作用线均在同一平面内的力系，称为平面力系。各力的作用线全部汇交于一点的平面力系，称为平面汇交力系。如图 1-13 所示，滚筒、起重吊钩受力都是平面汇交力系，平面汇交力系是最基本的力系。

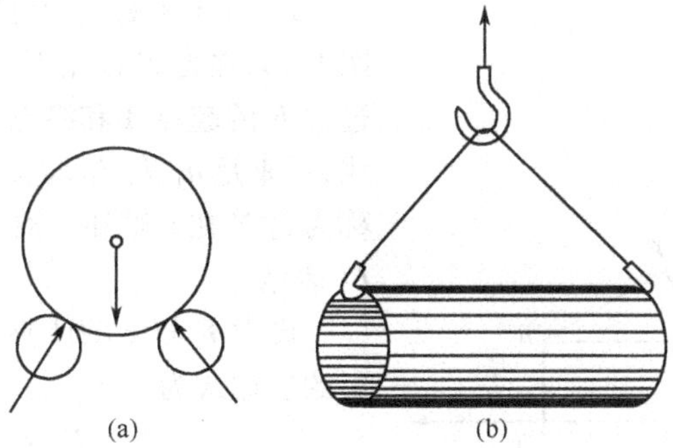

图 1-13　平面汇交力系

(一) 平面汇交力系合成的几何法和平衡条件

设刚体上作用有一个平面汇交力系 $\boldsymbol{F}_1$、$\boldsymbol{F}_2$ 和 $\boldsymbol{F}_3$，见图 1-14(a)。根据力的可传性，将各个力沿其作用力方向平移，可简化为一个等效的平面共点力系，见图 1-14(b)。连续应用力三角形法则(力的平行四边形公理),先将 $\boldsymbol{F}_1$、$\boldsymbol{F}_2$ 合成为合力 $\boldsymbol{F}_{12}$,再将 $\boldsymbol{F}_{12}$ 与 $\boldsymbol{F}_3$ 合成为合力 $\boldsymbol{F}$,则 $\boldsymbol{F}$ 就是力系的合力,如图 1-14(c)。

如果只需求出合力 $\boldsymbol{F}$,则代表 $\boldsymbol{F}_{12}$ 的虚线可不必画出,只需将力系中各力首尾相接,连成折线,则封闭边就表示合力 $\boldsymbol{F}$,其方向与各分力的绕行方向相反。比较图 1-14(c)和图 1-14(d)可以看出,画分力的先后顺序并不影响合成的结果。这种用力多边形来求平面汇交力系合力的方法称为几何法。

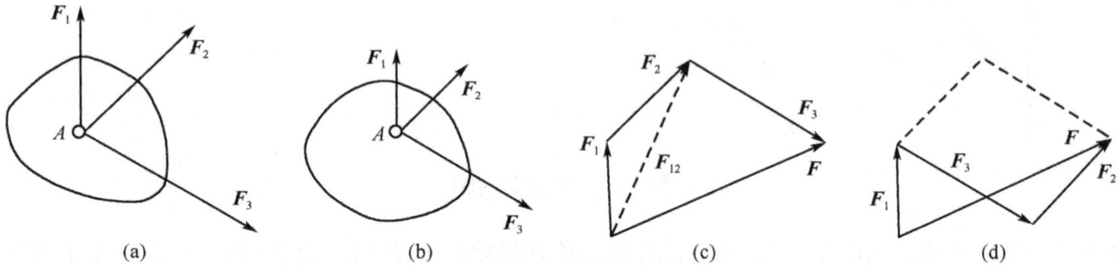

图 1-14 平面汇交力系合成的几何法

显然,对于有 n 个力的平面汇交力系,上述方法也是适用的。其矢量式为

$$\boldsymbol{F}=\boldsymbol{F}_1+\boldsymbol{F}_2+\cdots+\boldsymbol{F}_n=\sum_{i=1}^{n}\boldsymbol{F}_i$$

显然,物体在平面汇交力系作用下平衡的必要和充分条件是力系的合力等于零,即

$$\sum_{i=1}^{n}\boldsymbol{F}_i=0$$

如上所述,平面汇交力系的合力是用力多边形的封闭边来表示的。当合力等于零时,力多边形的封闭边不再存在。所以平面汇交力系平衡的几何条件是:力系中各力构成自行封闭的力多边形。

(二)平面汇交力系合成的解析法和平衡条件

1. 力在坐标轴上的投影 设有一力 $\boldsymbol{F}$,见图 1-15,在力 $\boldsymbol{F}$ 作用平面内选取直角坐标系 Oxy,过力 $\boldsymbol{F}$ 的起点 A 和终点 B 分别向 x 轴和 y 轴作垂线,得垂足 a_1、b_1 和 a_2、b_2,则线段 a_1b_1 和 a_2b_2 分别称为力 $\boldsymbol{F}$ 在 x 轴和 y 轴上的投影,并分别用 $\boldsymbol{F}_x$ 和 $\boldsymbol{F}_y$ 表示。

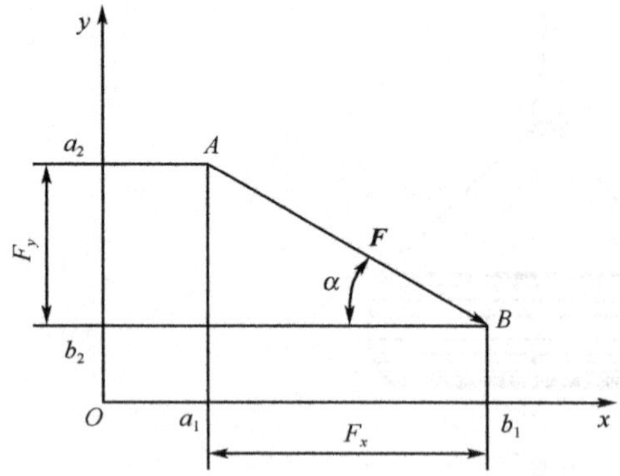

图 1-15 力在坐标轴上的投影

设力 $\boldsymbol{F}$ 与 x 轴所夹的锐角为 α,则力 $\boldsymbol{F}$ 的投影的表达式为

$$F_x=\pm F\cos\alpha$$
$$F_y=\pm F\sin\alpha \qquad (1\text{-}3)$$

当由 a_1 到 b_1、a_2 到 b_2 的指向分别与 x 轴、y 轴的正方向一致时取“+”号,反之取“-”号。在图 1-15 中,F_x 应取“+”,F_y 应取“-”,即

$$F_x=F\cos\alpha$$
$$F_y=-F\sin\alpha \qquad (1\text{-}4)$$

需要注意:力是矢量,而力在坐标轴上的投影则是代数量。

2. 合力投影定理　设有力系 $\boldsymbol{F}_1, \boldsymbol{F}_2, \cdots, \boldsymbol{F}_n$,其合力为 $\boldsymbol{F}$。则由于力系的合力与整个力系等效,所以合力在某轴上的投影一定等于各分力在同一轴上的投影的代数和,这一结论称为合力投影定理。即

$$F_x = F_{1x} + F_{2x} + \cdots + F_{nx} = \sum F_{ix}$$
$$F_y = F_{1y} + F_{2y} + \cdots + F_{ny} = \sum F_{iy} \qquad (1\text{-}5)$$

3. 平面汇交力系合成的解析法和平衡条件　用解析法求平面汇交力系合力的步骤如下:

(1) 由式(1-3)求出各分力在两坐标轴上的投影;

(2) 由式(1-5)求出合力 F 在两坐标轴上的投影 F_X 和 F_Y;

(3) 由下式求出合力的大小

$$F = \sqrt{F_x^2 + F_y^2} = \sqrt{(\sum F_{ix})^2 + (\sum F_{iy})^2}$$

平面汇交力系平衡的条件为合力 $F = 0$,由上式可知,$\sum F_{ix}$ 和 F_{iy} 必须分别等于零。因此,平面汇交力系平衡的解析条件为

$$\sum F_{ix} = 0$$
$$\sum F_{iy} = 0 \qquad (1\text{-}6)$$

【例 1-3】　图 1-16(a)所示为一利用定滑轮匀速提升工字钢梁的装置。若已知梁的重力 $G = 150\text{kN}$,几何角度 $\alpha = 45°$,不计摩擦和吊索、吊环的自重,试分别用几何法和解析法求吊索 1 和 2 所受的拉力。

解:

(1) 几何法:

1) 取梁为研究对象。

2) 受力分析。梁受重力 $\boldsymbol{G}$ 和吊索 1、2 的拉力 $\boldsymbol{F}_1$ 和 $\boldsymbol{F}_2$ 的作用。其中 $\boldsymbol{G}$ 的大小和方向均为已知;$\boldsymbol{F}_1$ 和 $\boldsymbol{F}_2$ 为沿着吊索方向的拉力,大小待求,且三力组成平面汇交力系,并处于平衡。

3) 作出梁的受力图,见图 1-16(b)。

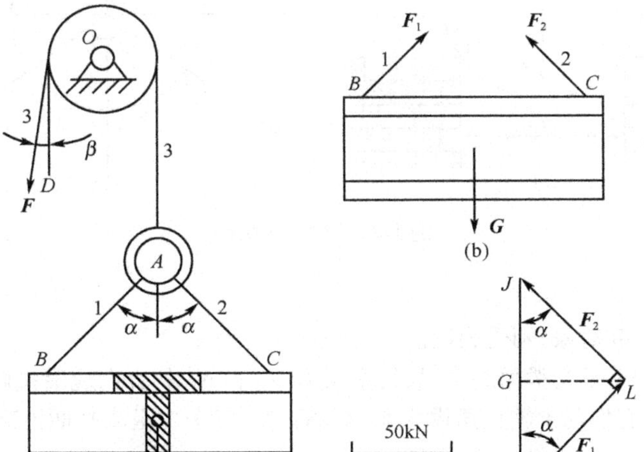

图 1-16　例 1-3 附图

4) 列出平衡方程:

即 $\boldsymbol{F}=\sum \boldsymbol{F}_i=0$

$$\boldsymbol{G}+\boldsymbol{F}_1+\boldsymbol{F}_2=0$$

5）解方程：即作出矢量封闭图，求出待求量。首先选取适当的力的比例尺 u 见图 1-16(c)；然后画出已知力 $\boldsymbol{G}$，即取 $JK=G/u=150/50=3(\text{cm})$，见图 1-16(d)，并从力 $\boldsymbol{G}$ 的始端 J 和末端 K 分别作力 $\boldsymbol{F}_1$ 和 $\boldsymbol{F}_2$ 的方向线，得交点 L，则 KL 即为力 F_1，LJ 即为力 F_2。量得两线段的长度为 $KL=LJ=2.1\text{cm}$，因此吊索 1、2 的拉力为

$$F_1=F_2=u\cdot KL=50\times 2.1=105(\text{kN})$$

或按几何关系计算

$$F_1=F_2=u\cdot KL=u\cdot\frac{JK}{2\cos\alpha}=\frac{G}{2\cos\alpha}=\frac{150}{2\cos 45°}=106(\text{kN})$$

（2）解析法：

1）、2）、3）选梁为研究对象、受力分析、作受力图，以上步骤均同几何法。

4）列平衡方程

$$\begin{cases}\sum F_{ix}=0\\ \sum F_{iy}=0\end{cases}\qquad \begin{cases}F_1\sin\alpha-F_2\sin\alpha=0\\ F_1\cos\alpha+F_2\cos\alpha-G=0\end{cases}$$

5）解方程组

$$F_1=F_2=\frac{G}{2\cos\alpha}=\frac{150}{2\cos 45°}=106(\text{kN})$$

【例 1-4】 如图 1-17(a)所示，储罐架在砖座上，罐的半径 $r=0.6\text{m}$，重 $G=100\text{kN}$，两砖座间距离 $L=0.6\text{m}$。不计摩擦力，试求砖座对储罐的约束反力。

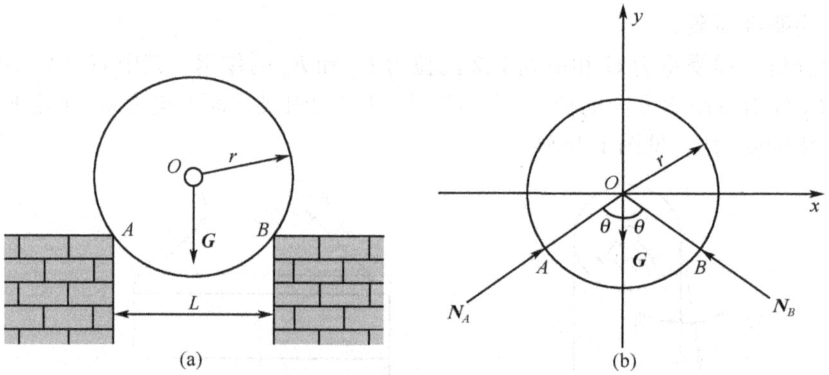

图 1-17 例 1-4 附图

解：

（1）取储罐为研究对象，画受力图。

砖座对储罐的约束是光滑面约束，故约束反力 $\boldsymbol{N}_A$ 和 $\boldsymbol{N}_B$ 的方向应沿接触点的公法线指向储罐的几何中心 O 点，它们与 y 轴夹角设为 θ。$\boldsymbol{G}$、$\boldsymbol{N}_A$、$\boldsymbol{N}_B$ 三个力组成平面汇交力系，如图 1-17(b)所示。

（2）列平衡方程

$\sum F_x=0$ $\qquad$ $N_A\sin\theta-N_B\sin\theta=0$

$\sum F_y=0$ $\qquad$ $N_A\cos\theta+N_B\cos\theta-G=0$

所以 $\qquad$ $N_A=N_B$

又
$$\sin\theta = \frac{L/2}{r} = \frac{0.6/2}{0.6} = 0.5$$
所以
$$\theta = 30°$$
则
$$N_A = N_B = \frac{G}{2\cos\theta} = \frac{100}{2\cos30°} = 57.74\ (\mathrm{kN})$$

四、力矩和力偶

（一）力矩

如图 1-18 所示，当扳手拧紧螺母时，力 $\boldsymbol{F}$ 对螺母拧紧的转动效应不仅取决于 $\boldsymbol{F}$ 的大小，而且与 $\boldsymbol{F}$ 的作用线到 O 点的垂直距离 L 有关。F 与 L 的乘积越大，转动效应越强，螺母就越容易拧紧。

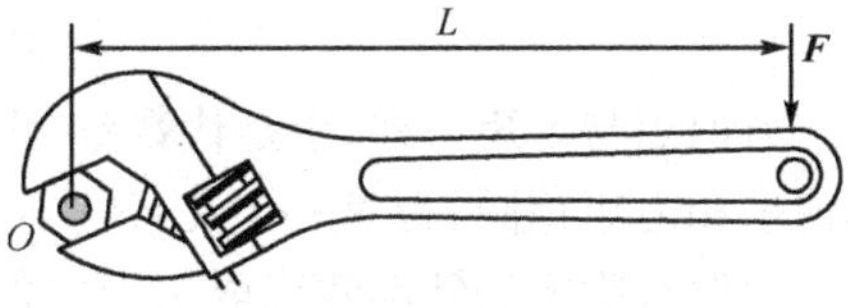

图 1-18　力对点之矩

在力学上用物理量 FL 及其转向来度量力 $\boldsymbol{F}$ 使物体绕 O 点转动的效应，称为力 $\boldsymbol{F}$ 对 O 点之矩，简称力矩，以符号 $M_0(\boldsymbol{F})$ 表示，即

$$M_0(\boldsymbol{F}) = \pm FL \tag{1-7}$$

式(1-7)中，O 点称为力矩的中心，简称矩心。O 点到力 $\boldsymbol{F}$ 作用线的垂直距离 L 称为力矩的力臂。式中正负号表示两种不同的转向。通常规定：使物体产生逆时针旋转的力矩取正值；反之取负值。单位是 N · m 或 kN · m。

由力矩的定义可知：力矩不仅决定于力 $\boldsymbol{F}$ 的大小和方向，而且还与该力作用线的位置有关。

在平面力系中，由分力 $\boldsymbol{F}_1$、$\boldsymbol{F}_2$、…、$\boldsymbol{F}_n$ 组成的合力 $\boldsymbol{F}$ 对某点 O 的力矩等于各分力对同一点力矩的代数和。称为合力矩定理。

即

$$M_0(\boldsymbol{F}) = M_0(\boldsymbol{F}_1) + M_0(\boldsymbol{F}_2) + \cdots + M_0(\boldsymbol{F}_n) = \sum M_0(\boldsymbol{F}) \tag{1-8}$$

合力矩定理不仅适用于平面汇交力系，而且也同样适用于平面一般力系。

力矩有如下性质：

(1) 如果力的作用线通过矩心，则该力对矩心的力矩等于零。

(2) 当力沿其作用线移动时，不改变该力对任一点之矩。

(3) 等值、反向、共线的两个力对任一点之矩的代数和恒等于零。

(4) 力可以对其作用平面内的任意点取矩。矩心不同，所求的力矩的大小和转向就可能不同。

（二）力偶

1. 力偶的概念　在力学上，我们把一对大小相等、方向相反、作用线平行且不重合的力组成的力系称为力偶，通常用$(\boldsymbol{F},\boldsymbol{F}')$表示。力偶中两个力所在的平面称为力偶的作用面，两力作用线之间的垂直距离 L 称为力偶臂，如图 1-19 所示。

力偶对物体的转动效应，不仅与力偶中力 $\boldsymbol{F}$ 的大小成正比，而且与力偶臂 L 的大小成正比。F 与 L 越大，转动效应越显著。因此，力学上用两者的乘积 FL 来度量力偶对物体的转动效应的大小，这个物理量称为力偶矩，记作 $M(\boldsymbol{F},\boldsymbol{F}')$ 或简单地以 M 表示。

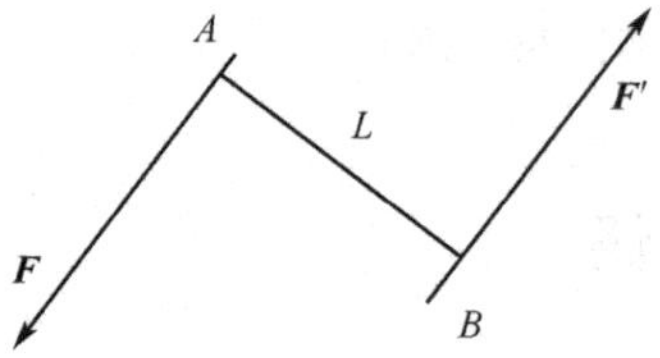

图 1-19　力偶

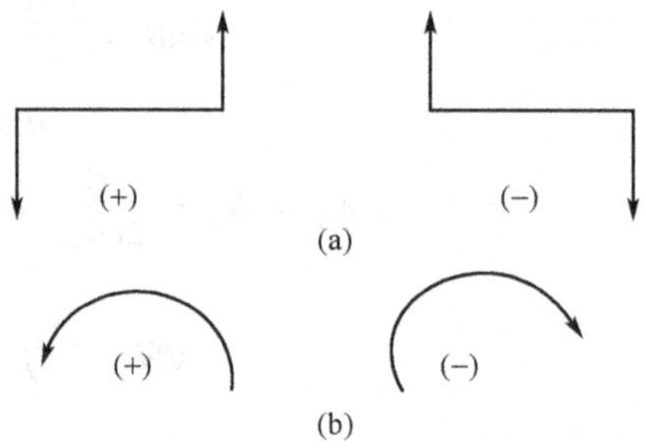

图 1-20　力偶的图示

$$M = M(\boldsymbol{F},\boldsymbol{F}') = \pm FL \tag{1-9}$$

力偶矩与力矩一样，也是代数量，正负号表示力偶的转向，其规定与力矩相同，即逆正顺负。单位也和力矩相同，为 N · m 或 kN · m。

力偶对物体的转动效应取决于力偶矩的大小、转向和力偶作用面的方位，称这三个因素为力偶的三要素。我们常用图 1-20(a)、(b)所示的方法表示力偶矩的大小、转向、作用面。

2. 力偶的性质　根据力偶的定义，可以证明，力偶具有以下性质。

(1) 力偶无合力。它不能用一个力来代替，也不能用一个力来平衡，力偶只能用力偶来平衡。是一个不平衡的、无法再简化的特殊力系。

如图 1-21 所示，在力偶作用平面内取坐标轴 x、y。由于构成力偶的两平行力是等值、平行、反向，故在 x、y 轴上投影的代数和为零。

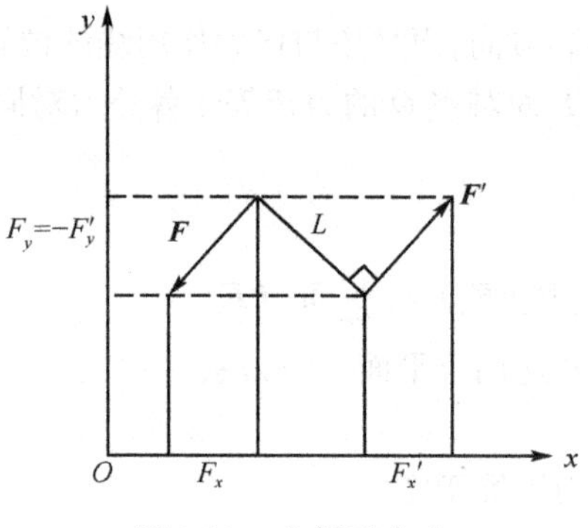

图 1-21　力偶无合力

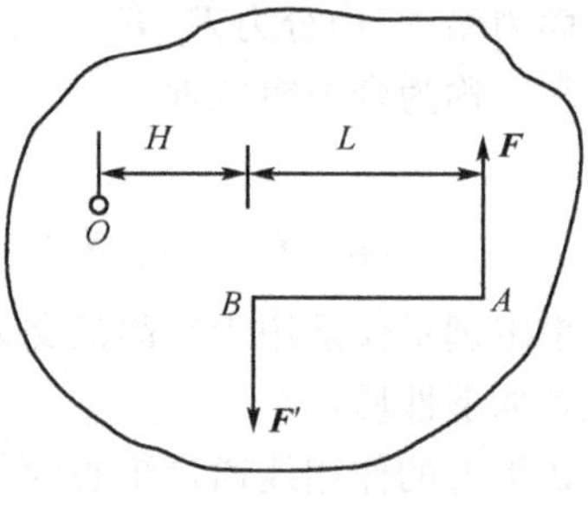

图 1-22　力偶矩与矩心位置无关

(2) 力偶的转动效应与力偶的矩心位置无关。任意改变矩心位置，只要力偶的三要素不变(偶矩的大小、转向和力偶作用面的方位不变)，力偶的转动效应不变。

如图 1-22 所示，设物体上作用一力偶($\boldsymbol{F},\boldsymbol{F}'$)，其力偶矩 $M = FL$。在力偶作用平面内任取一点 O 为矩心，将力偶中的两个力 $\boldsymbol{F}$、$\boldsymbol{F}'$分别对 O 点取矩，其代数和为

$$M = M_0(\boldsymbol{F}) + M_0(\boldsymbol{F}') = F(H + L) - FH = FL$$

这表明，力偶中两个力对其作用面内任一点之矩的代数和为一常数，恒等于其力偶矩。而力对某点之矩，矩心的位置不同，力矩就不同，这是力偶与力矩的本质区别之一。

(3) 力偶的等效性。凡是三要素(力偶矩的大小、转向和力偶作用面的方位)相同的力偶，彼此等效，可以在其作用面内任意转移。

如图 1-23(a)、(b)、(c)所示，作用在同一平面内的三个力偶，它们的力偶矩都等于 240N · cm，转向也相同，因此，它们互为等效力偶，可以相互代替。有时就用一个带箭头的弧线

来表示一个力偶，如图 1-23(d)所示。

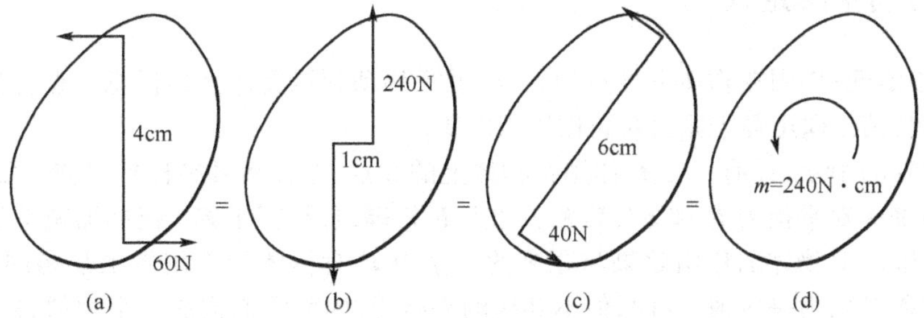

图 1-23　力偶的等效性

3. 平面力偶系的合成与平衡　作用于同一物体上的若干个力偶组成一个力偶系，若力偶系中各力偶的作用面位于同一平面，则称为平面力偶系。

由于力偶对物体只有转动效应，而且，转动效应由力偶矩来度量，那么，平面内有若干个力偶同时作用时（平面力偶系），也只能产生转动效应，且其转动效应的大小等于各力偶转动效应的总和。

可以证明，平面力偶系合成的结果为一合力偶，其合力偶矩等于各分力偶矩的代数和。即

$$M = M_1 + M_2 + \cdots + M_n = \sum M_i$$

若物体在平面力偶系作用下处于平衡状态，则合力偶矩必定等于零，即

$$M = \sum M_i = 0 \tag{1-10}$$

上式称为平面力偶系的平衡方程。

【例 1-5】　在图 1-24 所示的一级圆柱齿轮减速器中，已知在输入轴Ⅰ上作用有力偶矩 $M_1 = -3000\text{N} \cdot \text{m}$，在输出轴Ⅱ上作用有阻力偶矩 $M_2 = 5000\text{N} \cdot \text{m}$，地脚螺钉 A 和 B 相距 $l = 500\text{mm}$，不计摩擦和减速器自重，求 A、B 处的法向约束力 $\boldsymbol{F}_A$、$\boldsymbol{F}_B$。

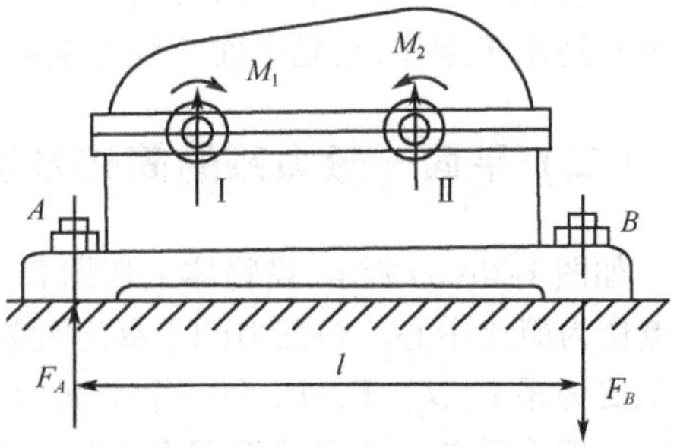

图 1-24　例 1-5 附图

解：

(1) 取减速器为研究对象。

(2) 受力分析和受力图。

如图 1-24 所示，减速器在两个力偶 M_1 和 M_2，以及 A、B 处地脚螺钉的法向约束力的作用下平衡。由于力偶只能与力偶平衡，故 A、B 处的法向约束力 $\boldsymbol{F}_A$ 和 $\boldsymbol{F}_B$ 必构成一力偶。假设 $\boldsymbol{F}_A$ 和 $\boldsymbol{F}_B$ 的方向如图所示。

(3) 列平衡方程并求解。

由平衡条件 $\sum M_i = 0$，可得平衡方程

$$M_1 + M_2 - F_A l = 0$$

$$F_A = F_B = \frac{M_1 + M_2}{l} = \frac{-3000 + 5000}{0.5} = 4000(\text{N})$$

五、平面一般力系

各力作用线任意分布的平面力系，称为平面一般力系。平面一般力系在工程实际中相当常见，为了使平面一般力系得以简化，我们首先讨论一下平面一般力系简化的理论依据——力的平移定理。

（一）力的平移定理

力的平移定理：作用在物体上某点的力，可平行移动到该物体上的任意一点，但平移后必须附加一个力偶，其力偶矩等于原力对新作用点之矩。

如图 1-25(a)所示，设有一力 **F** 作用在物体上的 *A* 点，今欲将其平移到 *O* 点。如图 1-25(b)所示，在 *O* 点加一对平衡力 **F′**和 **F″**，其大小和力 **F** 相等，且平行于 **F**。根据加减平衡力系公理，三个力 **F**、**F′**和 **F″**对物体的作用效果与原来的一个力 **F** 对物体的作用效果是相同的。**F**、**F′**和 **F″**三力中，**F″**和 **F** 两力是等值、反向，但不共线的平行力，因而它们构成一个力偶，通常称为附加力偶，其臂长为 *L*，其力偶矩 *M* 为恰好等于原力 **F** 对 *O* 点之矩。

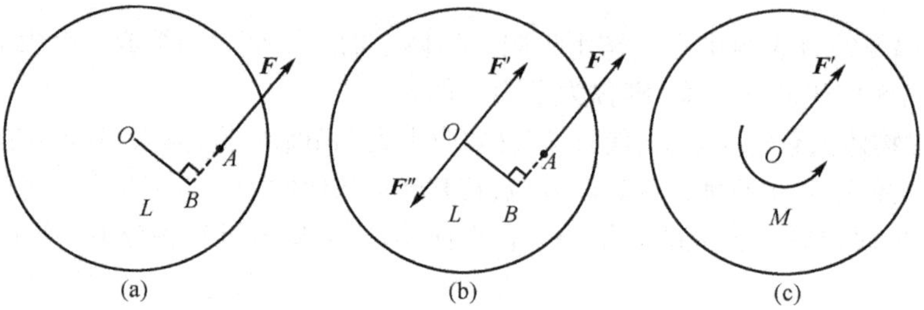

图 1-25　力的平移

即
$$M = M_0(\boldsymbol{F}) = FL$$

而剩下的力 **F′**，即为由 *A* 点平移到 *O* 点的力。于是，原来作用在 *A* 点的力 **F**，现在被一个作用在 *O* 点的力 **F′**和一个附加力偶(**F**、**F″**)所代替[图 1-25(c)]，显然它们是等效的。力的平移定理只适用于刚体，它是平面一般力系简化的理论依据。

（二）平面一般力系的简化方法

如图 1-26(a)所示，设物体上作用着一个平面一般力系：$\boldsymbol{F}_1$、$\boldsymbol{F}_2$、$\boldsymbol{F}_3$、$\boldsymbol{F}_4$。在物体上任意选取 *O* 点作为简化中心。根据力的平移定理将此四个力平移到 *O* 点，最后得到一个汇交于 *O* 点的平面汇交力系 $\boldsymbol{F}_1$、$\boldsymbol{F}_2$、$\boldsymbol{F}_3$、$\boldsymbol{F}_4$ 和一个平面力偶系 M_1、M_2、M_3、M_4，如图 1-26(b)。也就是说，原来的平面一般力系与一个平面汇交力系和一个平面附加力偶系等效。

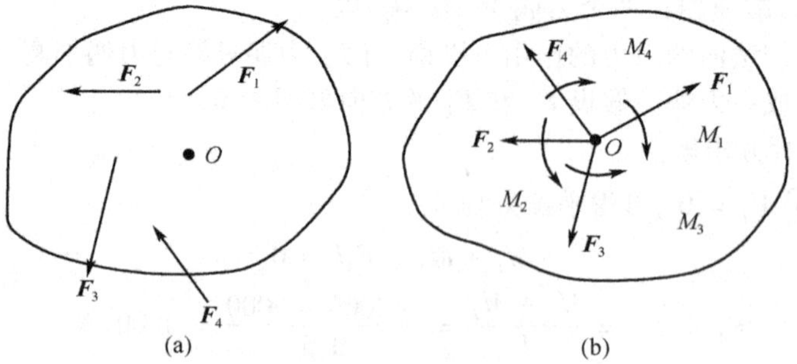

图 1-26　平面一般力系的简化

（三）平面一般力系的平衡

根据平面一般力系的简化过程不难看出，若简化后的平面汇交力系和平面附加力偶系都达到平衡状态,则原来的平面一般力系也一定平衡。因此,只要综合简化后的平面汇交力系和平面附加力偶系的平衡条件,就能得出平面一般力系的平衡条件。具体地说:

1. 简化后的平面汇交力系合成的合力为零,即 $\boldsymbol{F}=0$。

2. 简化后的平面力偶系合成的合力偶矩为零,即 $\sum M=0$。

当同时满足上述要求时,平面一般力系作用的物体既不能移动,也不能转动,即物体处于平衡状态。

由平面汇交力系的平衡条件可知,欲使合力 $\boldsymbol{F}=0$,则必须使 $\sum F_x=0$ 及 $\sum F_y=0$,因此得到平面一般力系的平衡方程为

$$\begin{aligned}\sum F_x &= 0\\ \sum F_y &= 0\\ \sum M_0 &= 0\end{aligned}\qquad(1\text{-}11)$$

由这组平面一般力系的平衡方程,可以很方便地解出平衡的平面一般力系中的三个未知量。

【例 1-6】 悬臂吊车如图 1-27(a)所示。横梁 AB 长 $L=2\text{m}$,自重 $G_1=10\text{kN}$。拉杆 AC 倾斜角 $\alpha=30°$,自重不计。电葫芦连同重物共重 $G_2=100\ \text{kN}$。当电葫芦在图示位置 $H=1.5\text{m}$ 匀速吊起重物时,求拉 AC 的拉力和支座 B 的约束反力。

解:

(1) 取横梁 AB 为研究对象,画其受力图,建立直角坐标系 xBy,如图 1-27(b)。

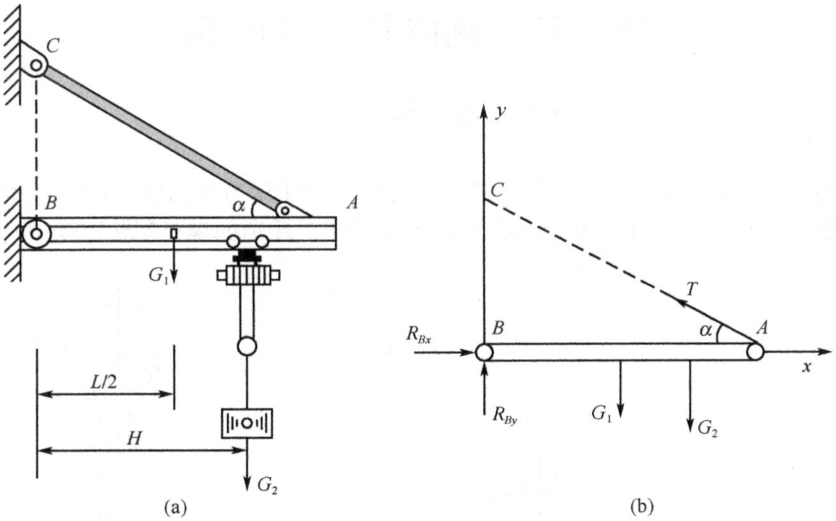

图 1-27　例 1-6 附图

(2) 列平衡方程求解。

由

$$\begin{aligned}\sum F_x &= 0\\ \sum F_y &= 0\\ \sum M_B &= 0\end{aligned}$$

得

$$R_{Bx} - T\cos\alpha = 0$$

$$R_{By} - G_1 - G_2 + T\sin\alpha = 0$$

$$TL\sin\alpha - G_1L/2 - G_2H = 0$$

整理得

$$T = \frac{G_1 + 2G_2H}{2L\sin\alpha} = \frac{10 \times 2 + 2 \times 100 \times 1.5}{2 \times 2 \times \sin30°} = 160(\text{kN})$$

$$R_{Ax} = T\cos\alpha = 160 \times \cos30° = 18.56(\text{kN})$$

$$R_{Ay} = G_1 + G_2 - T\sin\alpha = 10 + 100 - 160 \times \sin30° = 30(\text{kN})$$

力学知识最早起源于人类对自然现象的观察和在生产劳动中的经验。人们在建筑、灌溉等劳动中使用杠杆、斜面、汲水器具，逐渐积累起对平衡物体受力情况的认识。古希腊的阿基米德对杠杆平衡、物体重心位置、物体在水中受到的浮力等作了系统研究，确定它们的基本规律，初步奠定了静力学即平衡理论的基础。

力学在中国的发展经历了一个曲折的过程。与古希腊几乎同时，中国古代对平衡和简单的运动形式就已具备相当水平的力学知识，所不同的是未建立起像阿基米德那样的理论系统。在文艺复兴前的约一千年时间内，中国科学技术的综合性成果堪称卓著，其中有些在当时世界居于领先地位。这些成果反映出丰富的力学知识，但终未形成系统的力学理论。到19世纪中叶，牛顿力学才由欧洲传入中国，中国力学的发展便随同世界潮流前进。

链接

第2节 轴向拉伸与压缩

一、基本概念

承受拉伸或压缩的杆件，在制药生产中非常普遍。例如压力容器法兰的连接螺栓[图1-28(a)]，就是受拉伸的杆件，而容器的支脚[图1-28(c)]和千斤顶的螺杆[图1-28(d)]，则是受压缩的杆件。

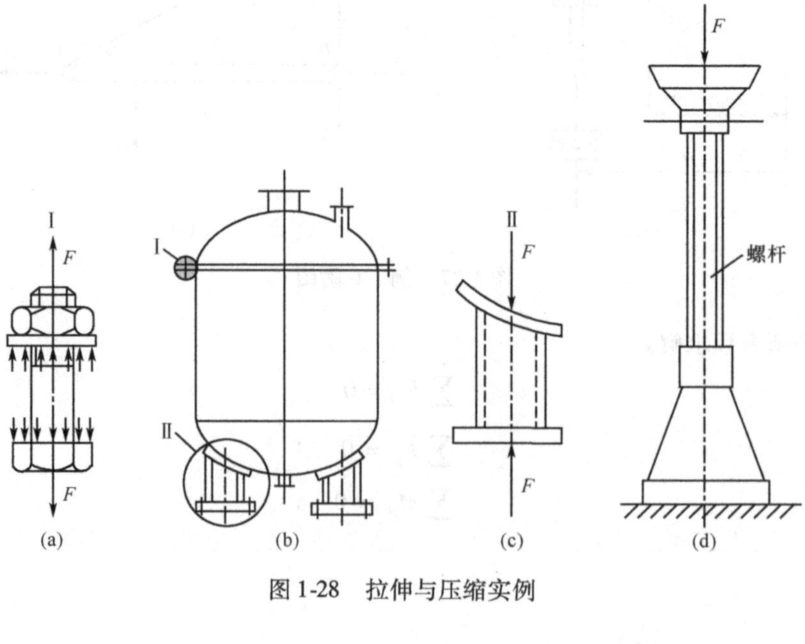

图1-28 拉伸与压缩实例

这类杆件的受力特点是:作用在直杆两端的外力大小相等、方向相反,且作用线与杆的轴线重合。其变形特点是:沿着杆件的轴线方向伸长或缩短。这种变形称为轴向拉伸或压缩。这类杆件称为拉杆或压杆。

二、拉伸或压缩时的内力——轴力

一般地,构件所受的作用力分为内力和外力。外力是指其他构件对所研究构件的作用,内力是指由外力作用而引起的构件内部相连两部分之间的相互作用力。确定构件的外力是构件受力分析所讨论的问题,是进一步求取内力,并进行承载能力分析的基础;确定构件的内力是进行构件承载能力分析的前提,在正确地进行受力分析,确定构件所受外力,进而求出构件所受内力的前提下,可以进一步进行承载能力分析,以校核构件的强度、刚度和稳定性。

如图 1-29(a)所示的拉杆,在一对等值、反向、共线的外力(拉力)$\boldsymbol{F}_1$ 和 $\boldsymbol{F}_2$ 的作用下处于平衡状态。为了确定其任意一横截面 m-m 上的内力,可假想沿横截面 m-m 将杆截开,并取左段为研究对象,见图 1-29(b),显然,在横截面上必然有一个内力 $\boldsymbol{T}_1$(分布载荷内力的合力)作用,它代表了右段对左段的作用。若假设内力 $\boldsymbol{T}_1$ 为拉力,则根据左段的平衡有

$$\sum F = 0\ ,\ T_1 - F_1 = 0 \qquad (1\text{-}12)$$

如取轴的右段来研究,并设截面上内力 T_2 为拉力,见图 1-29(c),则根据右段的平衡有

$$\sum F = 0\ ,\ T_2 - F_2 = 0 \qquad (1\text{-}13)$$

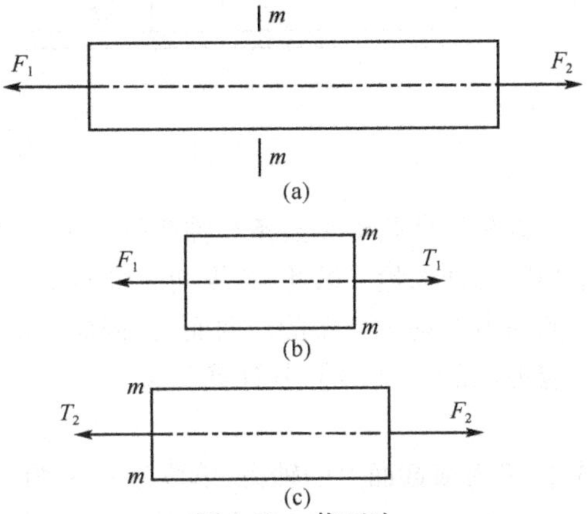

图 1-29　截面法

上述内力 $\boldsymbol{T}_1$ 和 $\boldsymbol{T}_2$ 的方向均沿着杆件的轴线,故称为截面 m-m 上的轴力,并规定轴力是拉力时为正;轴力是压力时为负。于是,由式(1-12)或(1-13)即可求得截面 m-m 上的内力 $\boldsymbol{T}_1 = \boldsymbol{F}_1$ 或 $\boldsymbol{T}_2 = \boldsymbol{F}_2 = \boldsymbol{F}_1$,这种求内力的方法称为截面法,这是各种变形情况下求内力的普遍方法。

在应用截面法求取轴力时应注意以下几点:

(1) 若杆件是受拉伸还是受压缩情况尚不确定时,可假设杆件受拉伸,若求得轴力为正时,表示与假设相同,如果求得的轴力为负时,表示与假设相反,即杆件受压缩。

(2) 求拉(压)杆横截面上的内力时,可以取左段平衡,也可以取右段平衡,求得内力的结果是一样的。一般应选取未知力较少的轴段为研究对象,以便于求解。

(3) 在列平衡方程时,各力的正负号仍以力的方向与 x 轴的正向一致时为正,反向时为负。

截面法求轴力的步骤如下:

(1) 截开:在需求内力的截面处假想用截面将杆件截开。

(2) 替代:保留一部分作为研究对象,移去另一部分;并以内力代替移去部分对保留部分的作用。

(3) 平衡:对留下的部分建立平衡方程,求出截面上的内力。

三、轴向拉伸与压缩时的强度计算

(一) 轴向拉伸与压缩时的应力

两根材料相同而粗细不等的杆件,在相同拉力作用下,它们的内力是不相等的。当拉力逐

渐增大时，细杆必然先被拉断。这说明杆件的强度不仅与内力有关，还与横截面面积有关。因此，杆件的强度须用单位面积上的内力来衡量。单位面积上的内力称为应力。应力超过一定限度时，杆件就将被破坏。

取一等截面直杆作试件，如图 1-30 所示，取两个横截面 *ab* 和 *cd*，然后对直杆施加拉伸载荷 ***F*** 和 ***F***′（等值、反向、共线，且作用线与杆件轴线重合）。在受到拉伸后，试件产生变形。可以看到，截面 *ab*、*cd* 分别平移到 *a*′*b*′和 *c*′*d*′，且仍与杆件轴线垂直，如图 1-30（a）所示。根据这一实验现象，可以做出一个重要的假设，即横截面平面假设：杆件变形前为平面的各横截面，在变形后仍为平面。

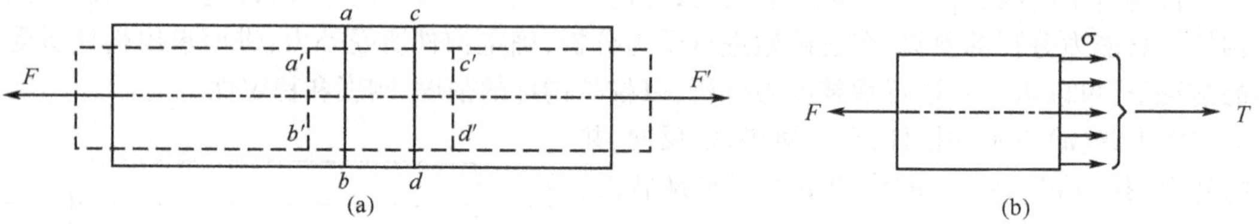

图 1-30 正应力

设想杆件是由无数条与轴线平行的纵向纤维构成，由横截面平面假设推断，纵向纤维产生了相同的伸长量。因此，各纵向纤维的受力也相同。由此可知，杆件受拉伸或压缩时，其横截面上的内力是均匀分布的。因而，横截面上的应力也是均匀分布的，它的方向与横截面垂直，称为正应力［图 1-30（b）］，其计算公式为

$$\sigma = T/A \tag{1-14}$$

式中，T 为横截面上的轴力，单位为 N；A 为横截面面积，单位为 m^2。

当正应力 σ 的作用使构件拉伸时 σ 为正，压缩时 σ 为负。

应力 σ 的常用单位为 N/m^2，称为帕（Pa）。因这个单位太小，还常用兆帕（MPa）。

$$1\ \text{MPa} = 10^6\text{Pa} = 10^6\text{N/m}^2 = 1\ \text{N/mm}^2$$

（二）许用应力与强度条件

杆件是由各种材料制成的。不同的材料，承受应力的限度也不同，若应力超过某一极限值，杆件便发生塑性变形甚至破坏，即因强度不够而丧失正常的工作能力。因此，工程实际中，对各种材料规定了保证杆件具有足够强度所允许承担的最大应力值，称为材料的许用应力。显然，只有当杆件中的最大应力小于或等于其材料的许用应力时，杆件才具有足够的强度。许用应力常用符号［σ］表示。

为了保证拉、压杆能正常工作，即具有足够的强度，必须确保其最大正应力 σ_{max}（称为工作应力）小于或等于材料在拉伸（压缩）时的许用正应力［σ］，即

$$\sigma_{max} = \frac{T}{A} \leqslant [\sigma] \tag{1-15}$$

式（1-15）称为拉（压）杆的强度条件，是拉（压）杆强度计算的依据。产生 σ_{max} 的截面，称为危险截面。等截面直杆的危险截面位于轴力最大处，而变截面杆的危险截面，必须综合轴力 T 和横截面面积 A 两方面来确定。

根据强度条件，可解决以下三方面的问题。

1. 强度校核　已知构件所受载荷、截面尺寸和材料的，确定强度是否满足要求。可用 σ_{max} =

$\frac{T}{A} \leqslant [\sigma]$ 判定。若 $\sigma_{max} \leqslant [\sigma]$，则强度足够，安全可靠；反之，则强度不够，表明构件工作不安全。

2. 确定设计截面　已知构件所受的载荷和所用材料，则构件的横截面面积可由下式确定

$$A \geqslant \frac{T}{[\sigma]} \tag{1-16}$$

3. 计算许用载荷　已知构件横截面面积及所用材料，则可以按下式计算构件所能承受的轴力，即根据构件的受力情况，确定构件的许用载荷。

$$T \leqslant [\sigma]A \tag{1-17}$$

在工程实际中，根据有关设计规范，最大应力不允许超过许用应力的 5% 。

【例 1-7】　如图 1-31 所示，储罐每个支脚承受的压力 $F = 100\text{kN}$，它是用外径为 120mm，内径为 100mm 的钢管制成的。已知钢管许用应力 $[\sigma] = 120\text{MPa}$，试校核支脚的强度。

解：支脚的轴力为压力

$$T = F = 100(\text{kN})$$

$$A = \frac{\pi}{4}(d_1^2 - d_2^2) = \frac{\pi}{4}(120^2 - 100^2) = 3454(\text{mm}^2)$$

$$\sigma = \frac{T}{A} = \frac{100 \times 10^3}{3454} = 28.95(\text{MPa}) < [\sigma] = 120(\text{MPa})$$

所以支脚的强度足够。

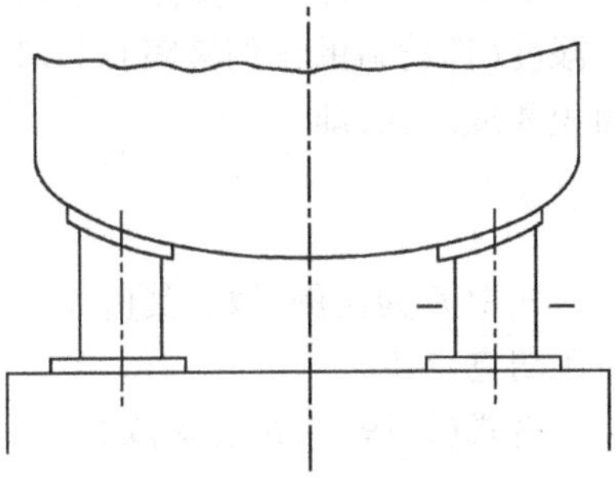

图 1-31　例 1-7 附图

四、轴向拉伸和压缩时的变形

（一）拉伸和压缩时的应变

杆件受拉伸或压缩作用时，它的长度将发生变化，拉伸时伸长，压缩时缩短。把杆件拉伸或压缩时的伸长或缩短量与杆件原长度的比值称为应变。

设杆件原长为 l，拉伸（或压缩）后长度为 l_1 如图 1-32 所示，则杆件的伸长量为 $\Delta l = l_1 - l$。拉伸时 $\Delta l > 0$，压缩时 $\Delta l < 0$。原长不等的杆件，其变形 Δl 相等时，它们变形的程度并不相同。因此，用 Δl 与原长 l 的比值表示杆件的变形程度，即

$$\varepsilon = \Delta l / l \tag{1-18}$$

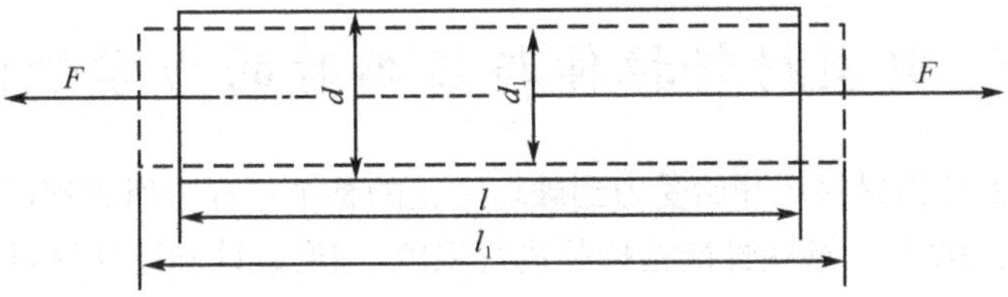

图 1-32　轴向拉伸时的变形

式中，ε 称为相对变形，即应变。它是一个无量纲量，工程中也常用百分数表示。

杆件轴向伸长（或缩短）时，它的横向尺寸将缩短（或伸长），若杆件的横向尺寸原为 d，受拉时变为 d_1（图 1-32），则杆件横向缩短量为

$$\Delta d = d_1 - d$$

拉伸时，$\Delta d < 0$，压缩时，$\Delta d > 0$。横向的相对变形，即横向应变为

$$\varepsilon' = \frac{\Delta d}{d}$$

横向应变 ε'，与轴向应变 ε 之比的绝对值称为横向变形系数或泊松比 μ。即

$$\mu = \left| \frac{\varepsilon'}{\varepsilon} \right|$$

μ 也是一个无量纲量，对于一定的材料，μ 为定值。如钢材的 μ 值一般为 0.3 左右。

（二）胡克定律

实验证明，杆件受拉伸或压缩作用时，变形与轴力之间存在一定的关系。当应力未超过某一限度（即材料的比例极限）时，杆件的绝对变形 Δl 与轴力 T、原长 l 成正比，而与杆件的横截面面积 A 成反比，即

$$\Delta l = \frac{Tl}{EA} \tag{1-19}$$

式中 E 为比例系数，其值仅与材料的性能有关，称为材料的拉压弹性模量。式（1-19）称为拉压胡克定律。

将式（1-19）两边各除以原长 l，则得

$$\varepsilon = \frac{\sigma}{E} \tag{1-20}$$

这是胡克定律的另一种表达形式，即当应力未超过材料的比例极限时，杆件的应力与应变成正比。

对于某种材料，在一定温度下，E 有一确定的数值。常用材料在常温下的 E 值列于表 1-1 中。应注意 ε 无单位，而 E 的单位与应力的单位相同，为 Pa 或 MPa。

表 1-1　常用材料在常温下的 E、μ 值

材料	$E\times10^5$/MPa	μ	材料	$E\times10^5$/MPa	μ
碳钢	1.96 ~ 2.16	0.24 ~ 0.28	铝及其合金	0.71	0.33
合金钢	1.86 ~ 2.16	0.24 ~ 0.33	混凝土	0.14 ~ 0.35	0.16 ~ 0.18
铸铁	1.13 ~ 1.57	1.13 ~ 1.57	橡胶	0.000 78	0.47
铜及其合金	0.73 ~ 1.28	0.31 ~ 0.42			

五、典型材料拉伸与压缩时的力学性能

材料的力学性能，是指材料从开始受力到破坏为止的整个过程中所表现出来的各种性能，如弹性、塑性、强度、韧性、硬度等。这些性能指标是进行强度、刚度设计和选择材料的重要依据。

低碳钢和铸铁是工程上常用的两类典型材料，在制药机械中应用广泛，它们在拉伸和压缩时所表现出来的力学性能具有广泛的代表性。下面以低碳钢和铸铁为例，介绍材料在常温、静载荷下受拉伸和压缩时所表现出来的力学性能。

（一）低碳钢拉伸时的力学性能

材料拉伸时的力学性能可以通过拉伸实验来检测。试验前，将要进行试验的材料做成如

图 1-33所示的标准试件，试验时，将试件的两端装夹在试验机上，然后在其上施加缓慢增加的拉力，直到将试件拉断为止。在不断缓慢增加拉力的过程中，试件的伸长量 Δl 也逐渐增大。试验机的测力记录仪可记录下一系列的拉力 F 值，同时可以测出与每一个 F 值所对应的 Δl 值。

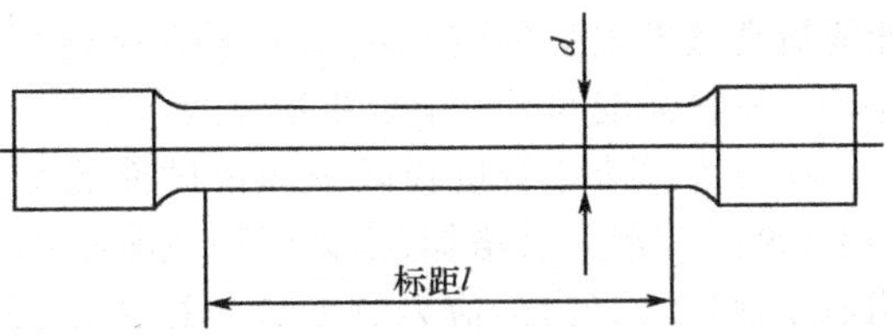

图 1-33　低碳钢拉伸实验

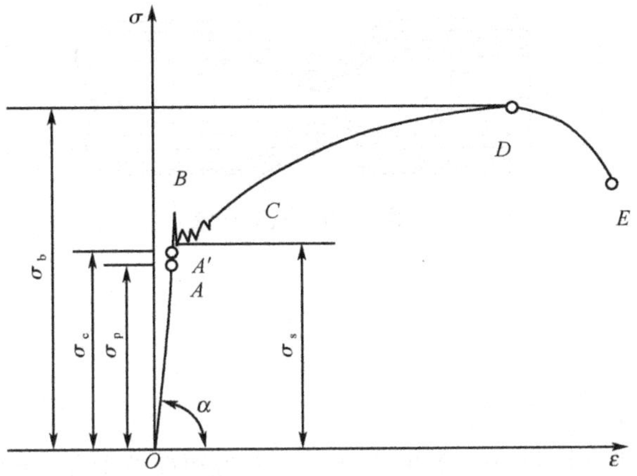

图 1-34　应力应变图

为了消除试件结构尺寸的影响，将拉力 F 除以试件横截面面积 A 得 σ，又将 Δl 除以试件原标距 l 得 ε。以应力 σ 为纵坐标、应变 ε 为横坐标，可以得到应力应变关系曲线——应力应变图（或称 σ-ε 曲线）。图 1-34 为某牌号的低碳钢在拉伸时的应力应变图。

1. 比例极限 σ_p　σ-ε 曲线的 OA 段是一条直线，这说明试件的应变与应力成直线关系，即材料的应变与应力关系符合胡克定律。图中，直线部分最高点 A 所对应的应力值 σ_p 是材料符合胡克定律的最大应力值，称为材料的比例极限。

2. 弹性极限 σ_e　应力继续增大，并超过材料的比例极限 σ_p 后，应力与应变之间的关系已不是直线，如图上 AA' 段，这说明在应力与应变不再符合胡克定律。但是，若应力值不超过 A' 点对应的应力值 σ_e，则当外力 F 解除后，变形也完全随之消失，试件恢复原长，材料无不可恢复变形，即只出现可恢复的弹性变形。应力值若超过 σ_e，即使将拉力 F 解除，试件也不能恢复原长，会保留有残余变形，即材料出现了不可恢复的塑性变形。试件的应力在从零缓慢增加到弹性极限 σ_e 的过程中，即应力应变关系曲线由 O 点到 A' 点的过程中，材料只产生弹性变形，不产生塑性变形，σ 这一阶段称为弹性阶段。而 σ_e 是材料仅出现弹性变形的极限应力值，σ 称为弹性极限。由于 A 与 A' 两点非常接近，在应用时，通常对比例极限和弹性极限不作严格区分。

3. 屈服极限 σ_s　在应力超过弹性极限 σ_e 以后，σ-ε 曲线上出现一段近似与横坐标轴平行的波浪形曲线 BC 段。不难看出，这一阶段应力 σ 虽有波动，但几乎没有明显增加，而应变 ε 却在明显增加，材料好像失去了抵抗变形的能力一样。这种应力大小基本保持不变而应变量显著增加的现象称为屈服或流动。图上 BC 段所对应的过程称为屈服阶段。BC 段应力波动的最低值 σ_s 称为材料的屈服极限。

如果试件表面足够光滑，可以在试件表面上看到与轴线成一定角度的斜向纹理（图 1-35）。这是材料内部的晶粒产生相对滑移的结果，这种滑移造成材料的塑性变形。因此，屈服阶段的变形主要是塑性变形。塑性变形在工程上通常是不允许的，所以屈服点 σ_s 是材料的重要强度指标。

4. 强度极限 σ_b　σ-ε 曲线经过屈服阶段以后，曲线从 C 点开始逐渐向上延伸，直到 D 点，这意味着要继续增加应变，必须增加应力，材料恢复了抵抗变形的能力，这种材料经过了屈服阶段后又恢复了抵抗变形能力的现象称为材料的强化。从 C 点到 D 点所对应的过程称为强化阶段，

曲线最高点 D 对应的应力 σ_b 是试件断裂前所承受的最大应力值，称为强度极限。强度极限 σ_b 是表示材料强度的另一个重要指标。

在应力值小于强度极限 σ_b 时，试件的变形是均匀的。当应力达到 σ_b 后，在试件的某一局部，纵向变形显著增加，横截面积急剧减小，试件继续变形所需的拉力 F 也相应急剧减小，用原始面积 A 算出的应力值 F/A 也随之下降，这一现象称为颈缩现象，如图 1-36 所示，试件被迅速拉断，这相当于 σ-ε 曲线上的 DE 段，试件在 E 点断裂，DE 段所对应的过程称为颈缩阶段。

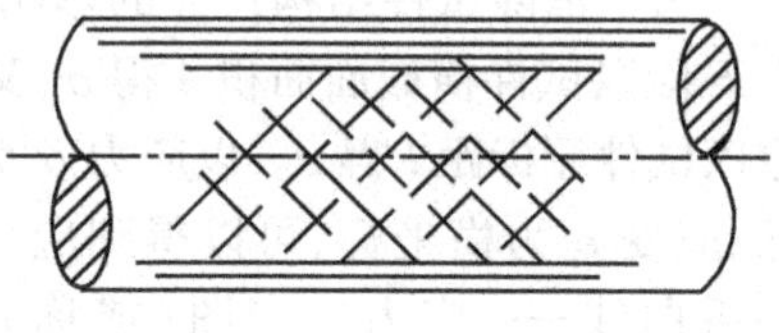

图 1-35 材料的屈服

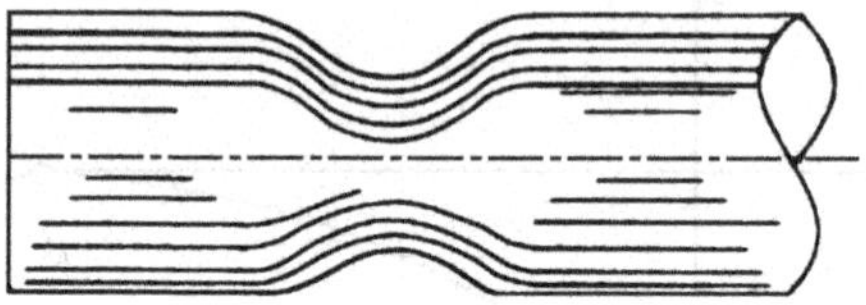

图 1-36 颈缩现象

5. 伸长率 δ 和断面收缩率 ψ

（1）伸长率：

$$\delta = \frac{l_1 - l_0}{l_0} \times 100\% \tag{1-21}$$

式中，l_0 为试件原长，单位为 m；l_1 为试件拉断后的长度，单位为 m；$l_1 - l_0$ 为塑性变形量，单位为 m。

δ 值的大小可以反映材料塑性的好坏。工程上一般将 $\delta > 5\%$ 的材料称为塑性材料，如低碳钢、铜等；将 $\delta < 5\%$ 的材料称为脆性材料。如铸铁等。

（2）断面收缩率：

$$\psi = \frac{A_0 - A_1}{A_0} \times 100\% \tag{1-22}$$

式中，A_0 为试件横截面的原始面积，单位为 mm^2；A_1 为试件断口处的横截面面积，单位为 mm^2。

ψ 值的大小也可以反映材料塑性好坏。ψ 值越大，材料的塑性越好。

（二）其他塑性材料拉伸时的力学性能

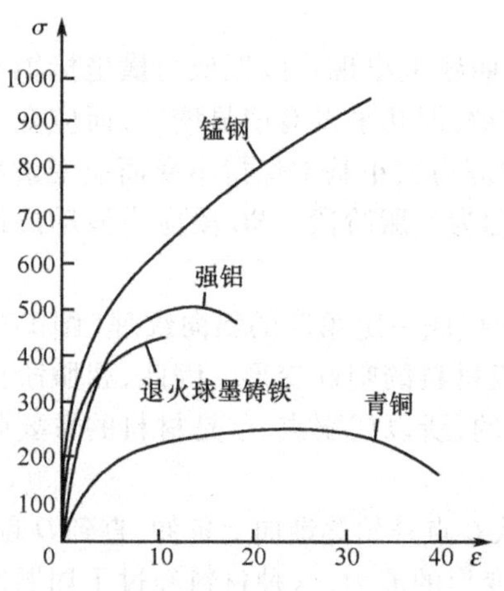

图 1-37 其他塑性材料拉伸时的力学性能

图 1-37 为伸长率 $\delta > 10\%$ 的几种没有明显屈服阶段的塑性材料拉伸时的力学性能。

由它们的应力-应变曲线可以看出，在拉伸的开始阶段，σ-ε 也成直线关系（青铜除外），符合胡克定律。与低碳钢相比，这些塑性材料并没有明显的屈服阶段。对于没有明显屈服阶段的塑性材料，工程上常采用名义屈服极限 $\sigma_{0.2}$ 作为其强度指标。$\sigma_{0.2}$ 是产生 0.2% 塑性应变时的应力值。

（三）低碳钢压缩时的力学性能

将低碳钢做成标准圆柱形试件，并在万能材料试验机上进行压缩试验，其 σ-ε 曲线如图 1-38 所示，图中虚线表示拉伸时的 σ-ε 曲线。可以看出，在屈服阶段以前，压缩时的力学性能与拉伸时的力学性能相同，即比例极限 σ_p、屈服点 σ_s 及弹性模量 E 都与拉伸时相同。但过了屈服阶段后，随着压力的增大，试件越压越扁，试件的横截面积也不断地增大，试件不会断裂，所以低碳钢压缩时不存在强度极限 σ_b，如图 1-38 中实线所示。

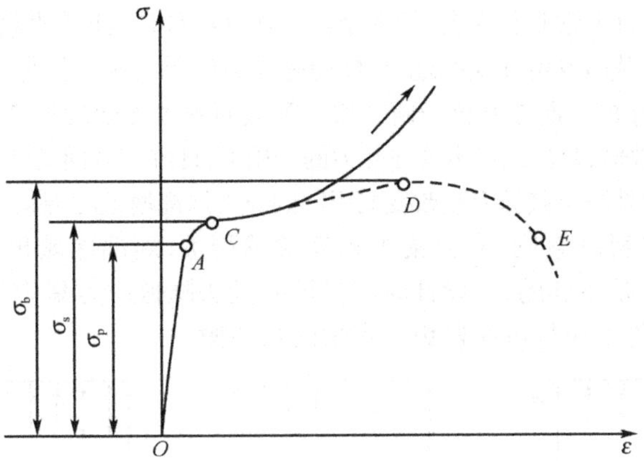

图 1-38 低碳钢压缩时的 σ-ε 曲线

（四）灰铸铁拉伸、压缩时的力学性能

灰铸铁拉伸、压缩时的 σ-ε 曲线可近似地看成一条直线，符合胡克定律。在拉伸压缩过程中塑性变形很小。灰铸铁的抗拉伸强度极限较低，而抗压强度极限 σ_{bc} 比抗拉强度极限 σ_b 大约高 4 倍，如图 1-39 所示。所以，灰铸铁等脆性材料通常用作抗压件。

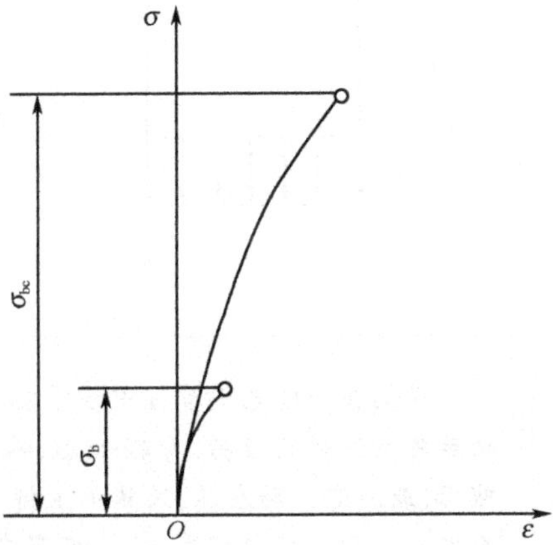

图 1-39 灰铸铁拉伸、压缩时的力学性能

（五）许用应力

材料丧失正常工作能力时的应力值，通常称为极限应力。通过对材料力学性能的研究和分析，我们发现塑性材料和脆性材料的极限应力分别为屈服极限和强度极限。为了确保构件在外力作用下安全可靠地工作，考虑到由于理论计算的近似性和实际材料的不均匀性，以及工程实际中众多不确定因素的影响，必须给构件工作时留有足够的强度储备。即将极限应力除以一个大于 1 的系数 n 作为构件工作时允许产生的最大应力，称为许用应力，以 $[\sigma]$ 表示。

对于塑性材料

$$[\sigma]=\frac{\sigma_s}{n_s} \tag{1-23}$$

对于脆性材料

$$[\sigma]=\frac{\sigma_b}{n_b} \tag{1-24}$$

式中 n_s、n_b 分别为屈服安全系数和断裂安全系数，它的选取涉及安全与经济问题。根据相关设计规范，对一般构件来说，常取 $n_s = 1.5 \sim 2$；$n_b = 2 \sim 5$。

（六）应力集中

等截面直杆在受轴向拉伸或压缩时，其横截面上的应力是均匀分布的。但工程实际中，由于结构和工艺等方面的要求，杆件上常常带有孔、槽等结构。在这些部位，杆件的截面形状和尺寸有突然的改变。实验证明，在杆件截面发生突变的地方，即使是在最简单的轴向拉伸或压缩的情况下，截面上的应力也不再是均匀分布的。而在开槽、开孔、切口等截面发生骤变的地方，应力局部突然增大（图 1-40），可达平均应力的数倍，并且经常出现在外力的作用下，杆件在截面突然改变处断裂，离开这个位置，应力就趋于平均。这种由于截面突然改变而引起的应力局部增大的现象，称为应力集中。

杆件截面尺寸改变得越急剧，应力集中程度就越严重，局部区域出现的最大应力就越大。应力集中对杆件的工作是不利的，在设计时应尽可能设法降低应力集中的影响。在阶梯轴的轴肩处要用圆弧过渡，杆件上应尽可能避免带尖角的孔和槽。

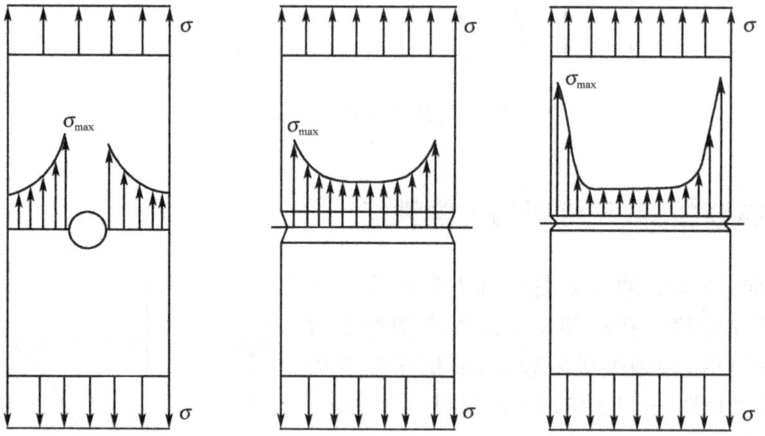

图 1-40 应力集中

> 我们在一些电视节目中经常能看到这样的表演，主持人介绍说，表演者是气功大师，发功后具有高超的轻功，身轻如燕，人可以站在发光的灯泡上，而灯泡不会碎裂，完好无损。然后，表演者上场表演，果然如主持人所说，体重 60kg 左右的人轻轻站上去，稳稳地站定，灯泡发光正常。场内掌声一片，叹服不已。难道表演者真的是气功大师，有轻功绝技吗？请用所学知识加以分析。
>
> **提示：**
>
> 可以从材料拉伸和压缩的力学性能的角度加以分析。
>
> 案例 1-2

第 3 节 剪切与挤压

一、剪切的概念

剪切也是杆件一种基本受力形式。制药设备常采用焊接或螺栓等连接方式将几个构件联成整体，例如图 1-41(a) 中用螺栓连接两块钢板。当钢板受到 P 力作用后，螺栓上也受到大小相等、方向相反、彼此平行且相距很近的两个力 P 的作用，如图 1-41(b)。若 P 力增大，则在 m-m 截面上，螺栓上部对其下部将沿外力 P 作用方向发生错动，两力作用线间的小矩形将变成平行四边形，如图 1-41(c)。若 P 力继续增大，螺栓可能沿 m-m 面被剪断。螺栓的这种受力形式称剪切，它所发生的错动称为剪切变形，剪切变形是杆件基本变形中的一种形式。

剪切的受力特点是：在构件上作用大小相等、方向相反、相距很近的两个力。

剪切的变形特点是：在两力之间的截面上，构件上部对其下部将沿外力作用方向发生错动；在剪断前，两力作用线间的小矩形变成平行四边形。

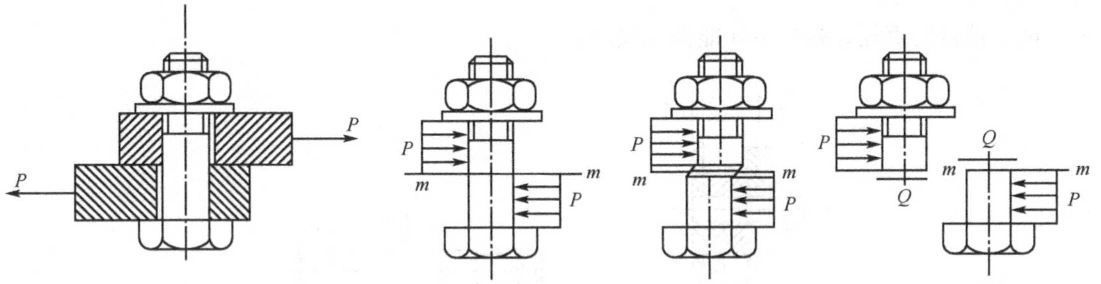

图 1-41　剪切的概念

二、剪力、剪应力与剪切强度条件

(一) 剪力

构件承受剪切作用时，在两个外力作用线之间的各个截面上，也将产生内力 Q，如图 1-41(d)。内力 Q 的计算仍采用截面法，即假想用截面 m-m 将螺栓切开，并分成上下两部分，对上部(或下部)进行受力平衡分析，由平衡条件可知：

$$\sum F_x = 0, P - Q = 0$$

$$Q = P$$

内力 Q 平行于横截面，称为剪力。

(二) 剪应力

求出受剪面上的剪力 Q 后，还需计算该截面上的剪应力才能进行剪切强度计算。承受剪切变形的构件实际上受力和变形都是比较复杂的。在剪切的同时往往伴有挤压或弯曲，而一般受剪构件体积小，受力情况又比较复杂，工程上常假定剪应力在受剪切截面上是均匀分布的，其方向与剪力 Q 相同。这种与截面平行的应力称为剪应力，用 τ 表示。

剪应力的计算公式为

$$\tau = \frac{Q}{A} \tag{1-25}$$

式中，τ 为剪应力，单位为 MPa；A 为受剪切的面积，单位为 mm^2；Q 为受剪面上的剪力，单位为 N。

(三) 剪切强度条件

受剪切构件若能安全可靠地工作，就必须保证剪应力不超过材料的许用剪应力[τ]，其强

度条件为

$$\tau = \frac{Q}{A} \leqslant [\tau] \tag{1-26}$$

对于一般钢材而言，材料的许用剪应力[τ]与许用拉应力[σ]有如下关系：塑性材料[τ]=(0.6~0.8)[σ]；脆性材料[τ]=(0.8~1.0)[σ]。利用强度条件，同样可以解决强度校核、截面选择和求许可载荷等三类问题。

【例 1-8】 如图 1-42(a)所示，某一起重吊钩起吊重物 $P=100\ 000\text{N}$，销钉的材料是 16Mn，其中$[\tau]=140\text{MPa}$。

试求销钉的直径 d 是多少才能保证安全。

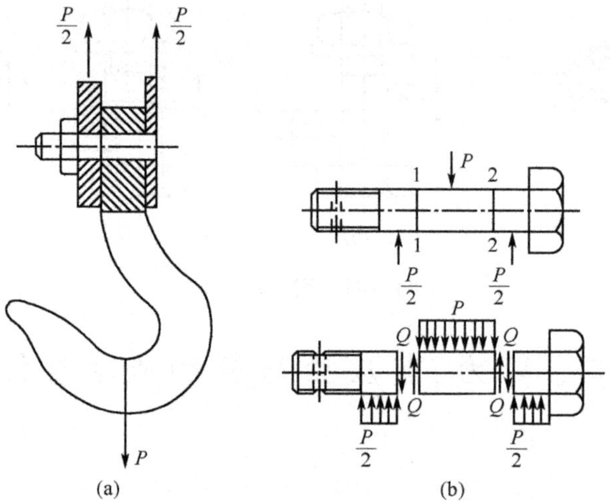

图 1-42 例 1-8 附图

解：

(1) 受力分析：

根据此销钉受剪的实际工作情况，可以看出有两个受剪面 1-1 与 2-2(受双剪切作用)，见图 1-42(b)。利用截面法求出剪力 Q，可取左侧或右侧部分为研究对象：

$$\sum F = Q - \frac{P}{2} = 0$$

$$Q = \frac{P}{2} = \frac{100\ 000}{2} = 50\ 000(\text{N})$$

(2) 计算销钉直径 d：

$$\tau = \frac{Q}{A} \leqslant [\tau]$$

$$d \geqslant \sqrt{\frac{4Q}{\pi[\tau]}} = \sqrt{\frac{4 \times 50\ 000}{3.14 \times 140}} = 21.32(\text{mm})$$

取 $d=22\text{mm}$。

三、挤压的概念和强度条件

(一) 挤压的概念

一般情况下，构件在发生剪切变形的同时，往往还伴随挤压变形。从图 1-43(a)中可以看出，螺栓在受剪切的同时，在螺栓与钢板的接触面上还受到压力 P 的作用，这种局部接触面受压作用称为挤压作用。若挤压力过大，钢板孔边内挤压处可产生塑性变形，这是工程中所不允许的，故考虑构件受剪切的同时还必须考虑挤压。

由挤压引起的应力称为挤压应力，用 σ_{jy} 表示。挤压应力在挤压面上的分布规律十分复杂，如图 1-43(b)所示。工程上仍假定挤压应力在挤压面上是均匀分布的，挤压应力的计算公式如下：

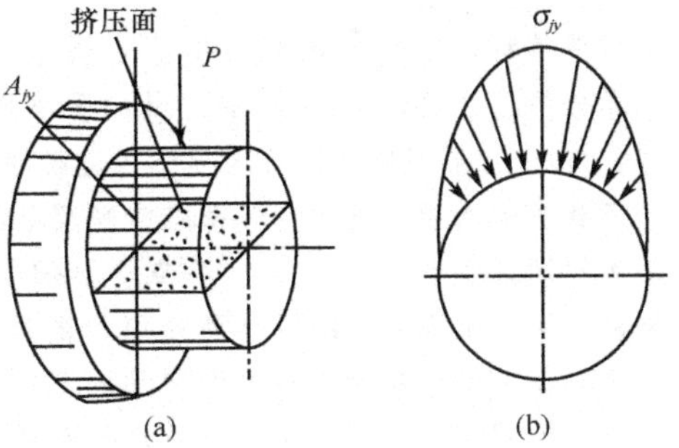

图 1-43　挤压

$$\sigma_{jy}=\frac{P}{A_{jy}} \qquad (1\text{-}27)$$

当接触面为曲面时(如例 1-8 中的销钉)，为简化计算，采用接触面在垂直于外力方向的投影面积作为挤压面积，销钉接触面的投影面积即为销钉的挤压面积。

(二) 挤压强度条件

要使构件安全可靠地工作，则材料的挤压应力不能超过材料的许用挤压应力 $[\sigma]_{jy}$，挤压强度条件为

$$\sigma_{jy}=\frac{P}{A_{jy}}\leqslant[\sigma]_{jy} \qquad (1\text{-}28)$$

式中，$[\sigma]_{jy}$ 表示材料的许用挤压应力。对于一般钢材，许用挤压应力与相同材料的许用压应力有如下关系：塑性材料 $[\sigma]_{jy}=(1.7\sim2.0)[\sigma]$；脆性材料 $[\sigma]_{jy}=(2.0\sim2.5)[\sigma]$。

若相互挤压的两物体是两种不同的材料，则只需对强度较弱的物体校核挤压强度即可。对于受剪构件的强度计算，必须既满足剪切强度又满足挤压强度条件，构件才能安全工作。

四、剪切变形和剪切胡克定律

(一) 剪切变形、剪应变

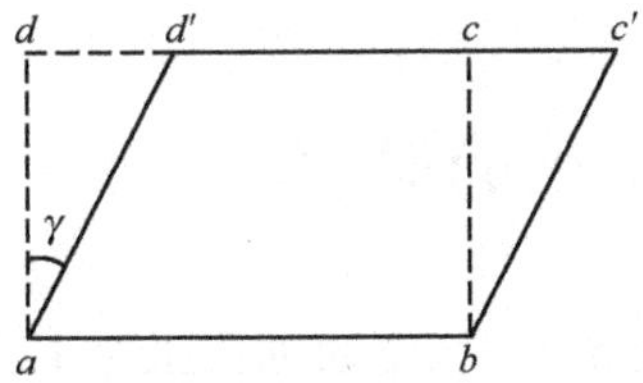

图 1-44　剪切变形、剪应变

构件受剪切时，如图 1-44 所示，两力之间的小矩形 $abcd$ 变成平行四边形 $abc'd'$。直角 $\angle dab$ 变成锐角 $\angle d'ab$，而直角所改变的角度 γ 称为剪应变，用以衡量剪切变形的大小。

(二) 剪切胡克定律

由实验得知：当剪应力在小于弹性极限时，剪应力与剪应变成正比，即

$$\tau=G\gamma \qquad (1\text{-}29)$$

式(1-29)称为剪切胡克定律。

式中，G 称为剪切弹性模量，MPa。它表示材料抵抗剪切变形的能力，随材料不同而异，可通过实验测得(低碳钢 $G=8.0\times10^4$MPa)。

罗伯特．胡克（1653－1703），英国物理学家，伦敦格雷舍姆学院几何学教授，英国皇家学会会员。1678 年首次公布了他的固体弹性定律，即经后人修整作为弹性力学基础的胡克定律。他的《显微图集》首次显示了动植物和矿物的显微结构，并引入了"细胞"一词；该图集中还载有他所观察到的空气薄膜在光照下的彩色环带及其颜色与亮暗的周期变化；图集表明他是光的波动说创导人之一。胡克从 1661 年开始投入皇家学会专门研究重力的本质，对重力现象进行了大量实验，1679 年提出引力的反平方关系。他虽未能以此来解决行星的轨道问题，但这却促进了牛顿对万有引力定律的深入研究。在热学方面，胡克断定常压下冰的熔点及水的沸点为固定点，而建议以水的冰点为温度计的零度；他相信热的动力说并较早地观察到矿物晶体的有序排列。胡克涉及的研究领域很广，有燃烧、呼吸、化石、天文观测、地震、海洋、城市建筑设计等方面。

链接

第4节 扭　转

一、扭转概念

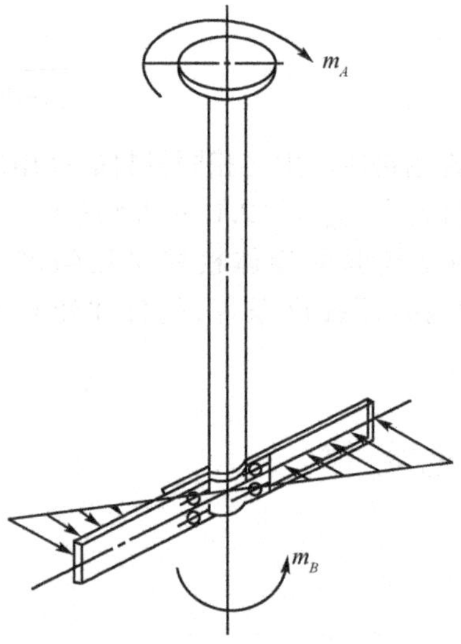

图 1-45　搅拌轴

杆件在一对大小相等、转向相反，且作用平面垂直于杆件轴线的力偶作用下，杆件上的各个横截面发生相对转动，这种变形称为扭转变形，这种作用称为扭转作用。扭转变形是杆件的一种常见的基本变形，在工程实际中，受扭转变形的杆件是很多的，如汽车的传动轴、各种转轴，以及日常生活中常用的螺丝刀等。

图 1-45 为中药提取罐中的搅拌轴，在轴的上端作用着由电动机所施加的主动力偶 m_A，它驱使轴转动，而安装在轴下端的板式桨叶则受到物料阻力形成的阻力偶 m_B 作用，当搅拌轴等速旋转时，这两个力偶大小相等、转向相反，且都作用在与搅拌轴轴线垂直的平面内，因而会使搅拌轴发生扭转变形。工程上发生扭转变形的构件大多数是具有圆形或圆环形截面的圆轴，这里我们只研究等截面圆轴的扭转变形。

二、外力偶矩的计算

使轴转动的动力源通常是电动机，若已知电动机传递给轴的功率为 P_e，电动机转速为 n，则电动机给轴的外力偶矩为

$$M = 9.55 \times 10^3 P_e / n \qquad (1\text{-}30)$$

式中，M 为轴的外力偶矩，单位为 N · m；P_e 为电动机传递给轴的功率，单位为 kW；n 为电动机转速，单位为 r/min。

由式(1-30)可知，在电动机转速一定时轴的外力偶矩与电动机传递给轴的功率成正比。但在电动机传递给轴的功率一定的情况下，轴的外力偶矩与电动机转速成反比。因此，在同一台设备中，高速轴上力矩小，轴可以细些，低速轴上力矩大，轴应该粗些。

三、扭矩的计算

搅拌轴(图 1-45)受力情况可以简化为如图1-46 所示的内力分析图,搅拌轴在其两端受到一对大小相等,转向相反的外力偶矩(m_A,m_B)的作用,这段搅拌轴的横截面上必然产生内力偶,现用截面法求内力偶。

假想用 n-n 截面将圆轴截成两段,以左段为研究对象,在左端作用有外力偶矩 m_A,由于左段处于平衡状态,在左段 n-n 截面上必然有右段给左段作用的内力偶矩,这个内力偶矩称为扭矩,用符号"M_n"表示,它与外力偶矩 m_A 相平衡。

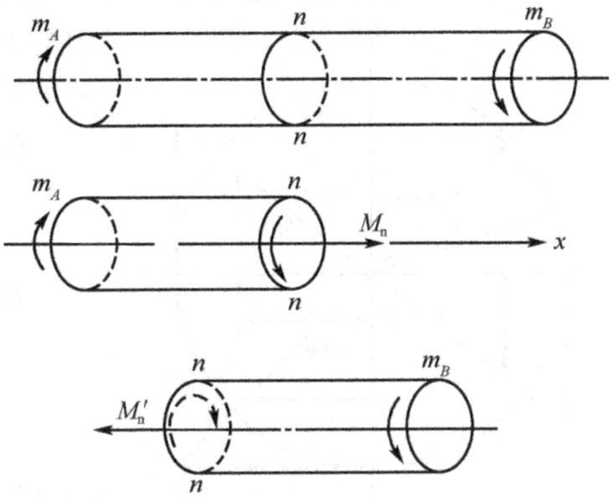

图 1-46　搅拌轴的内力分析

根据平衡条件

$$\sum M = 0,\ m_A - M_n = 0$$

$$M_n = m_A$$

当轴只受两个大小相等、转向相反的外力偶作用而平衡时,则在这两个外力偶作用面之间的这段轴内,任意截面上的扭矩均相等,并等于外力偶矩。

如果轴上受到两个以上的外力偶作用时,同样也可以用截面法求出轴上各截面上的扭矩。在这种情况下,轴上任意截面上的扭矩,在数值上等于截面一侧所有外力偶矩的代数和,

即

$$M_n = \sum M$$

扭矩的正负按右手螺旋法则确定,即右手四指弯向表示扭矩的转向,当拇指指向截面外侧时,扭矩为正,反之为负。外力偶矩的正负号规定与扭矩相反。

【例 1-9】　如图 1-47 所示,传动轴的转速 $n = 100$ r/min,轮 A 输入功率 $P_{eA} = 10$kW,轮 B 和轮 C 输出功率分别为 $P_{eB} = 8$kW 和 $P_{eC} = 2$ kW。轴承的摩擦忽略不计,求轴的扭矩。

解:先求各轮的力偶矩

$$M_A = 9.55 \times 10^3 P_{eA}/n = 9.55 \times 10^3 \times 10/100 = 955(\text{N} \cdot \text{m})$$

$$M_B = 9.55 \times 10^3 P_{eB}/n = 9.55 \times 10^3 \times 8/100 = 764(\text{N} \cdot \text{m})$$

$$M_C = 9.55 \times 10^3 P_{eC}/n = 9.55 \times 10^3 \times 2/100 = 191(\text{N} \cdot \text{m})$$

因不计轴承的摩擦,故轴只在 BA 段和 AC 段受扭,它们的扭矩分别为

$$M_{n1} = -M_B = -764\ (\text{N} \cdot \text{m})$$

$$M_{n2} = M_C = 191\ (\text{N} \cdot \text{m})$$

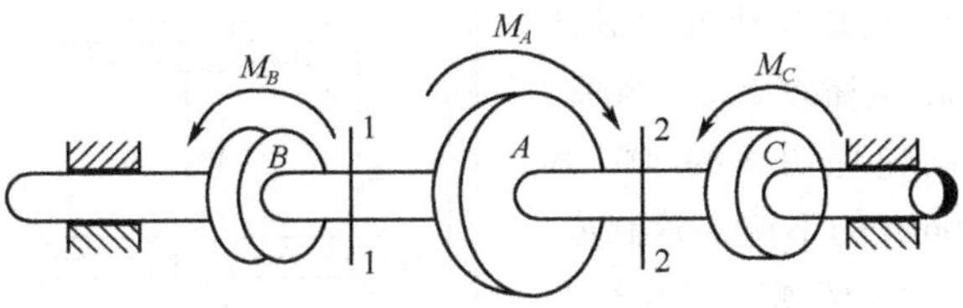

图 1-47　例 1-9 附图

四、圆轴扭转时的应力

通过力学实验和理论推导可知：圆轴扭转时横截面上只产生剪应力，而横截面上各点剪应力的大小与该点到圆心的距离 ρ 成正比。在圆心处剪应力为零；在轴表面处剪应力最大，如图 1-48 所示。

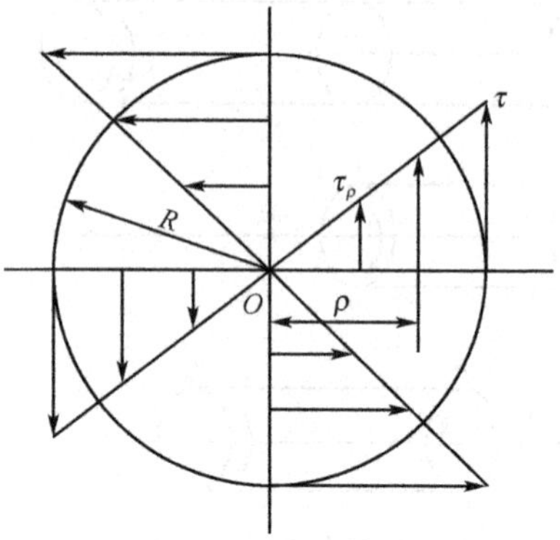

图 1-48 圆轴扭转时的应力

横截面上任意一点的剪应力为

$$\tau_\rho = \frac{M_n \rho}{I_P} \tag{1-31}$$

横截面上最大剪应力为

$$\tau_{max} = \frac{M_n R}{I_P}$$

式中 I_P 称为横截面对圆心的极惯性矩，对于一定的截面，极惯性矩是个常量，不同形状截面的极惯性矩 I_P 的计算公式见表 1-2。

令 $W_n = I_P/R$，式中 W_n 称为抗扭截面模量。不同形状截面的抗扭截面模量 W_n 的计算公式见表 1-2。所以

$$\tau_{max} = \frac{M_n}{W_n} \tag{1-32}$$

表 1-2 I_P、W_n 计算公式

截面	极惯性矩 I_P	抗扭截面模量 W_n
圆截面	$\pi d^4/32$	$\pi d^3/16$
圆环截面	$\pi(D^4 - d^4)/32$	$\pi D^3[1-(d/D)^4]/16$

五、圆轴扭转时的强度条件

为了保证圆轴扭转时安全地工作，就应该限制轴受到的最大剪应力不超过材料的许用剪应力。因此，圆轴扭转时的强度条件为

$$\tau_{max} = \frac{M_{nmax}}{W_n} \leqslant [\tau] \tag{1-33}$$

式中 M_{nmax} 是轴的最大扭矩，$[\tau]$ 是材料的许用剪应力。

【例 1-10】 图 1-49(a)为带有搅拌器的容器，搅拌轴上有两层桨叶。已知电动机功率 $P_e = 100kW$，转速 $n = 80r/min$，机械效率 $\eta = 80\%$，上下两层阻力不同，各消耗总功率的 30% 和 70%。此轴采用 $\phi114 \times 6mm$ 的不锈钢管制成，材料的扭转许用剪应力 $[\tau] = 60MPa$，试校核搅拌轴的强度。

解：搅拌轴可简化为如图 1-49(b)所示的计算简图。

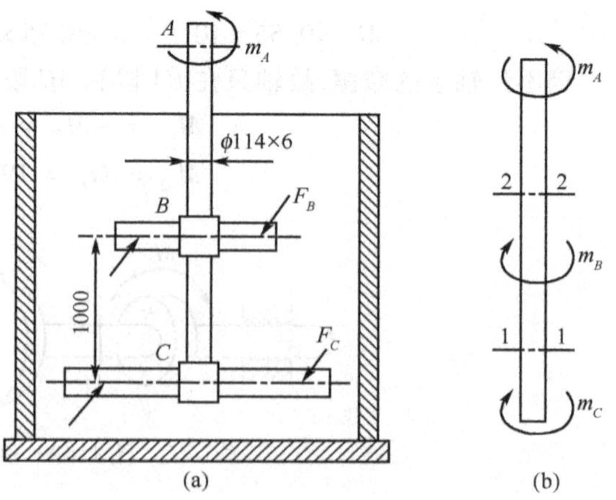

图 1-49 例 1-10 附图

(1) 外力偶计算：

搅拌轴得到的功率：

$$P = P\eta = 100 \times 0.80 = 80\ (\mathrm{kW})$$

搅拌轴的总力偶矩：

$$m_A = 9.55 \times 10^3 \times \frac{80}{80} = 9550\ (\mathrm{N \cdot m})$$

上层阻力偶矩：

$$m_B = 9.55 \times 10^3 \times \frac{0.3 \times 80}{80} = 2865\ (\mathrm{N \cdot m})$$

下层阻力偶矩：

$$m_C = 9.55 \times 10^3 \times \frac{0.7 \times 80}{80} = 6985\ (\mathrm{N \cdot m})$$

用截面法求截面 1-1、2-2 上扭矩分别为

$$M_1 = m_C = 6985\ (\mathrm{N \cdot m})$$

$$M_2 = m_C + m_B = 9550\ (\mathrm{N \cdot m})$$

最大扭矩在 AB 段上，$M_{max} = M_2 = 9550\ (\mathrm{N \cdot m})$

(2) 强度校核：

查表 1-2 得抗扭截面模量为

$$W_n = \pi \times 114^3 \times [1 - (102/114)^4]/16 = 104.46 \times 10\ (\mathrm{mm^3})$$

最大剪应力为

$$\tau_{max} = \frac{M_{max}}{W_n} = \frac{9550}{104.46} = 91.42(\mathrm{MPa}) > [\tau] = 60(\mathrm{MPa})$$

搅拌轴不满足强度条件。

> 小赵在一家中药厂的中药提取车间工作。在进行技术改造时，需要在原来的提取罐中增加一只搅拌桨，这一任务厂里交给小赵完成。小赵设计时采用不锈钢实心轴作为搅拌桨主轴，厂里分管设备的副厂长看了他的设计后，建议改为不锈钢管作为搅拌桨主轴。你知道这位副厂长为什么提出这样的建议吗？
>
> **提示：**
>
> 可以从抗扭截面模量 W_n 的角度加以分析。
>
> 案例 1-3

第 5 节　弯　　曲

一、弯曲变形的概念

当杆件受到垂直于杆轴线的力或力偶作用而变形时，杆的轴线将由直线变成曲线，这种变形称为弯曲变形，这种作用称为弯曲作用。弯曲变形在工程实际中极其常见，高大塔设备受风载荷的作用(图 1-50)，起重机的横梁受自重和起吊重物的作用(图 1-51)，卧式药液储罐受到自重和内部物料重量的作用(图 1-52)等都是产生弯曲变形的典型实例。工程上将以弯曲变形为主的杆件统称为梁。

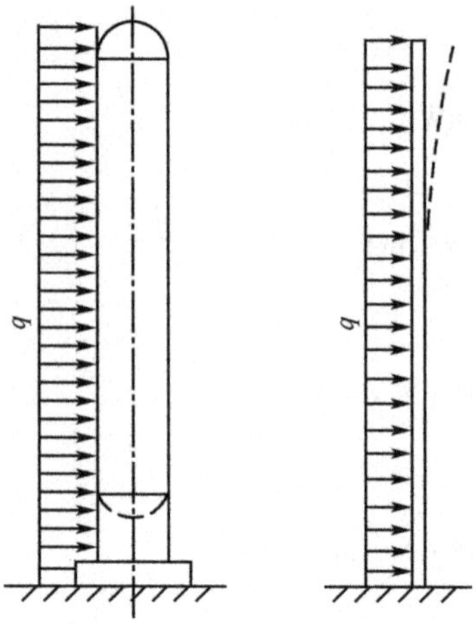

图 1-50　塔设备

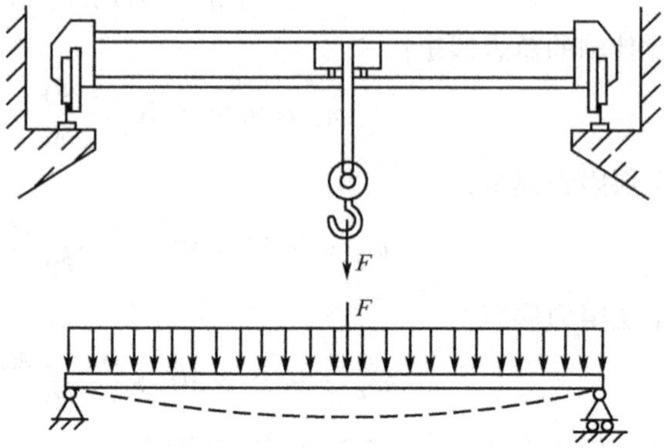

图 1-51　起重机

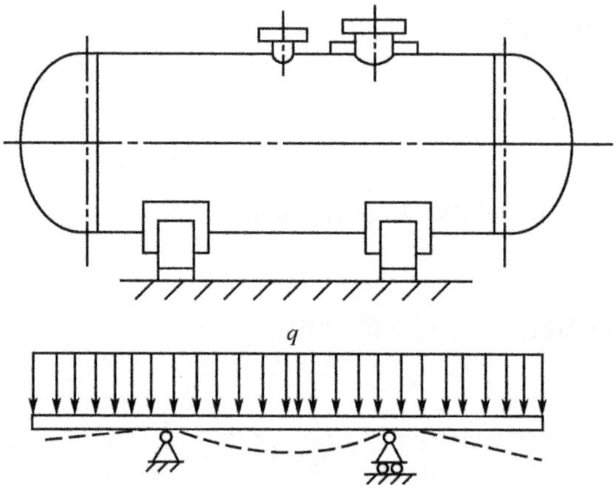

图 1-52　卧式药液储罐

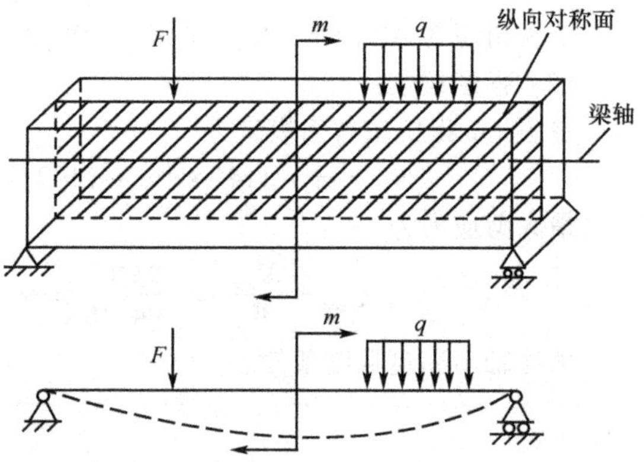

图 1-53　平面弯曲

如果梁的轴线是在纵向对称平面内产生弯曲变形，则称为平面弯曲（图 1-53），平面弯曲是弯曲问题中最基本和最常见的情况，本节只研究直梁的平面弯曲问题。

常见的梁有以下三种。

1. 悬臂梁　一端固定，另一端为自由端的梁称为悬臂梁。如图 1-50 所示的高塔设备就可简化为一悬臂梁。

2. 简支梁　一端为固定铰链支座，而另一端为活动铰链支座的梁称为简支梁。如图 1-51 所示的起重机的横梁即可简化为一简支梁。

3. 外伸梁　简支梁的一端或两端伸出支座以外的梁称为外伸梁。如图 1-52 所示的卧式药液储罐可简化为一外伸梁。

二、直梁平面弯曲时的内力

（一）剪力和弯矩

梁在承受弯曲作用时，其内部将产生内力——剪力和弯矩。下面我们对图 1-54 所示的梁加以分析。

为求出梁 1-1 截面上的内力,假想沿 1-1 截面将梁截为两段,取其左段作为研究对象。在这段梁上作用的外力有支座约束反力 R_A。截面上的内力应与这些外力相平衡。由静力平衡方程 $\sum F_y = 0$ 判断截面上作用有沿截面的力 Q_1,截面上还应有一个力偶 M_1,该力偶与支座约束反力 R_A 对 1-1 截面的力矩相平衡以满足平衡方程 $\sum M_0 = 0$,内力 Q_1 称为横截面上的剪力。内力偶 M_1 称为横截面上的弯矩。因此,梁弯曲时的内力包括剪力与弯矩。

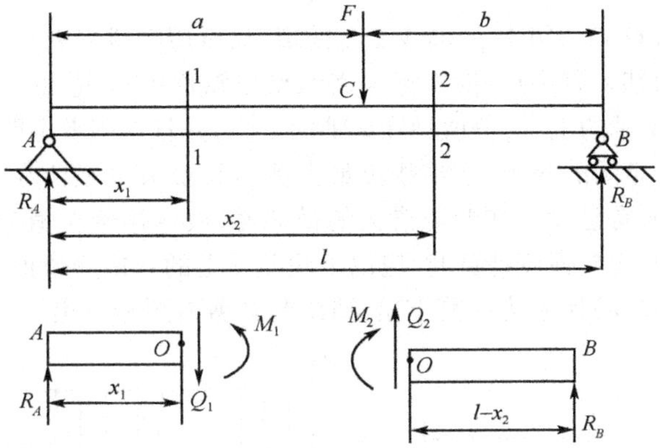

图 1-54　直梁平面弯曲时的内力

1-1 截面的剪力 Q_1 和弯矩 M_1 分别为

$$Q_1 = R_A$$
$$M_1 = R_A x_1$$

同理,2-2 截面的剪力 Q_2 和弯矩 M_2 分别为

$$Q_2 = R_B$$
$$M_2 = R_B(l - x_2)$$

用截面法计算横截面上的剪力和弯矩,是求弯曲内力的基本方法。在这一方法的基础上,可直接由梁上的外力求截面上的剪力与弯矩。

剪力、弯矩的计算法则如下:

某截面上剪力等于此截面一侧所有剪切方向上外力的代数和。

某截面上弯矩等于此截面一侧所有外力对该截面形心力矩的代数和。

即

$$Q = \sum F$$
$$M = \sum M_0(F)$$

根据梁的变形情况,对剪力与弯矩的符号作如下规定:以某一截面为界,左右两段梁发生左上右下的相对错动时,该截面上剪力为正,反之为负,即"左上右下为正,反之为负",如图 1-55 所示。若某截面附近梁弯曲呈上凹下凸状时,该横截面上的弯矩为正,反之为负,即"下弯为正,反之为负"。如图 1-56 所示。

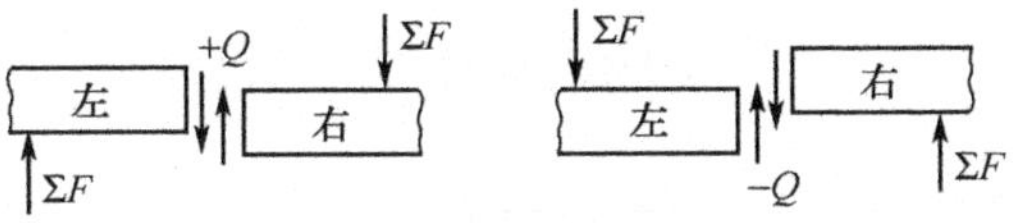

图 1-55　内力 Q 的符号

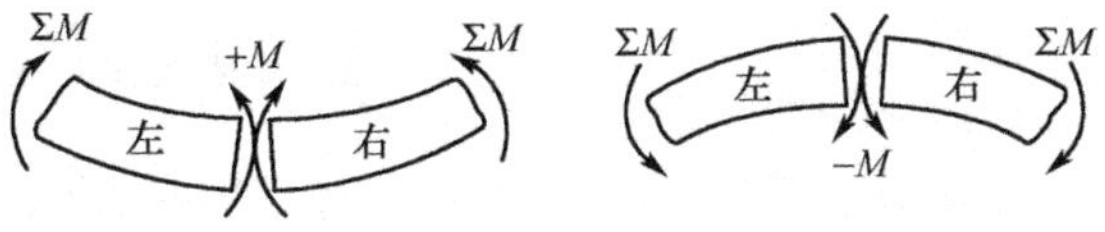

图 1-56　内力 M 的符号

(二)剪力图和弯矩图

由上述分析可知,梁横截面上的内部剪力和弯矩随截面在梁上的位置不同而变化。若以梁的轴线为 x 轴,则各横截面上的剪力和弯矩皆可表达为 x 的函数,即梁的剪力方程和弯矩方程。

$$Q = Q(x)$$
$$M = M(x)$$

梁各横截面上剪力 Q 和弯矩 M 沿轴线变化的情况,可用图线来表示。这种图线分别称为剪力图和弯矩图。作图的基本方法是:横坐标 x 表示梁横截面的位置,纵坐标表示相应截面上的剪力和弯矩,正值画在 x 轴的上方,负值画在 x 轴的下方,并且在图上标明端值。

通过对剪力图和弯矩图的分析,不难找出最大剪力和最大弯矩所在的横截面位置及数值。一般情况下,梁的破坏通常是发生在弯矩最大的横截面,故弯矩绝对值最大的横截面就是危险截面。因此,在进行梁的弯曲强度计算时,应以危险截面上的弯矩为依据。

【例 1-11】 图 1-57(a)所示为一简支梁,请绘制其剪力图和弯矩图(图中 $a>b$)。

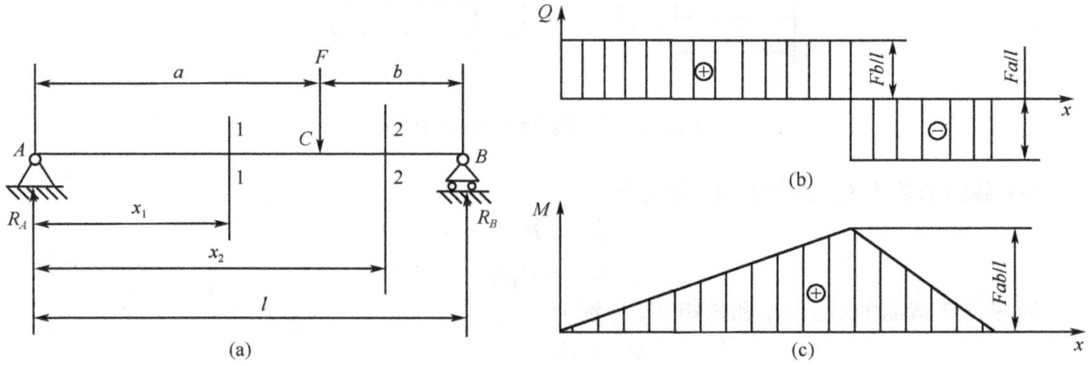

图 1-57 例 1-11 附图

解:

(1) 求支座约束反力:

利用静力平衡方程可求出

$$R_A l = Fb$$
$$R_B l = Fa$$

故

$$R_A = \frac{Fb}{l}$$
$$R_B = \frac{Fa}{l}$$

(2) 列剪力方程和弯矩方程:

AC 段: $Q_1 = R_A = \frac{Fb}{l}$ $(0<x_1<a)$

$M_1 = R_A x_1 = \frac{Fb}{l}x_1$ $(0\leqslant x_1\leqslant a)$

CD 段: $Q_2 = -R_B = \frac{Fa}{l}$ $(a<x_2<l)$

$M_2 = R_B(l-x_2) = \frac{Fa}{l}$ $(l-x_2)(a\leqslant x_2\leqslant l)$

(3) 画剪力图和弯矩图：

由剪力方程可知，Q_1 为正的常数，在剪力图上为一条平行于 x 轴的直线，且位于 x 轴的上方。Q_2 为负的常数，因此在剪力图上也是一条水平直线，但位于 x 轴的下方。所以整个梁的剪力图如图 1-57(b)所示。最大剪力为

$$Q_{max} = \frac{Fa}{l}$$

由弯矩方程可知，AC 段和 CB 段梁的弯矩 M_1、M_2 均为 x 的一次函数，在弯矩图上均为斜直线。可用两点法作图：

AC 段：

在 $x_1 = 0$ 处，$M_1 = 0$；在 $x_1 = a$ 处，$M_1 = \frac{Fb}{l}a$。可绘出 AC 段梁的弯矩图。

BC 段：

在 $x_2 = a$ 处，$M_2 = \frac{Fa}{l}b$；在 $x_2 = l$ 处，$M_2 = 0$。可绘出 BC 段梁的弯矩图。

如图 1-57(c)所示，梁的弯矩图为一个三角形，最大弯矩发生在集中力 F 作用点处的横截面上，此即危险截面，其最大弯矩值为

$$M_{max} = \frac{Fa}{l}b$$

如果 $a = b = l/2$，则

$$M_{max} = \frac{1}{4}Fl$$

若将图 1-57(a)中梁所受的集中力 F 改为均布载荷 q(N/m)，请读者分析如何画出其剪力图和弯矩图。

三、梁弯曲的正应力和强度条件

(一) 梁弯曲的正应力计算

一般情况下，梁弯曲时，其截面上既有弯矩又有剪力。为了使问题简化，此处仅讨论有弯矩而无剪力的情况，即所谓纯弯曲的情况。

为了分析梁在纯弯曲时的应力及其分布规律，首先观察梁纯弯曲时的变形情况。可取一矩形截面梁，在它的侧面画上间距相等的纵向线与横向线(图 1-58)，然后在梁的两端各作用一个力偶 M，此时梁发生的弯曲为纯弯曲。经过观察我们得到如下结果：纵向线弯曲成了弧线，而且向外凸出一侧的纵向线伸长，凹进一侧的纵向线缩短，中间一条纵向线长度不变；横向线仍保持为直线，且仍垂直于梁的轴线。

我们可以假设：梁是由许多纵向纤维组成的，并且其内部纤维的变形与表面纤维的变形相同。那么，在凸出一侧的各层纤维都是伸长的，而凹进一侧的各层纤维都是缩短的。即凸出一侧的各层纤维被拉伸，而凹进一侧的各层纤维被压缩。中间的一层既不伸长也不缩短，称为中性层。中性层与横截面的交线称为中性轴(图 1-59)。由于代表横截面的横向线仍保持为直线，且仍垂直于梁的轴线，故梁在纯弯曲变形时横截面仍保持为平面，这就是弯曲变形的横截面平面假设。

以弯曲变形的横截面平面假设为基础，可以做如下推断：梁纯弯曲时，横截面上只有正

应力。伸长的纤维层受拉应力，缩短的纤维层受压应力。由于梁变形时横截面仍保持为平面，因此，纵向纤维层的伸长或缩短与它到中性层的距离成正比，其应变也与此距离成正比。

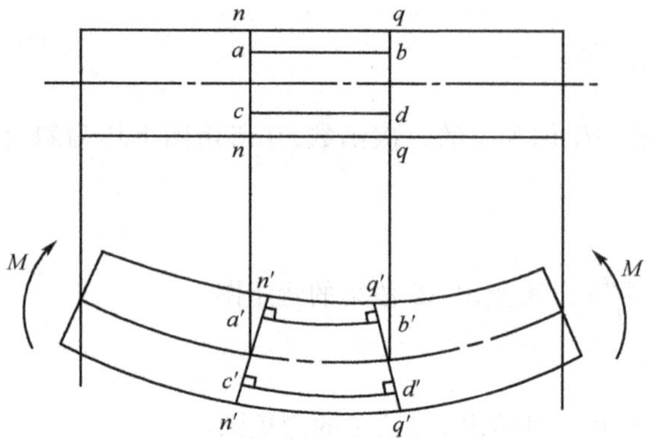

图 1-58 梁的纯弯曲变形

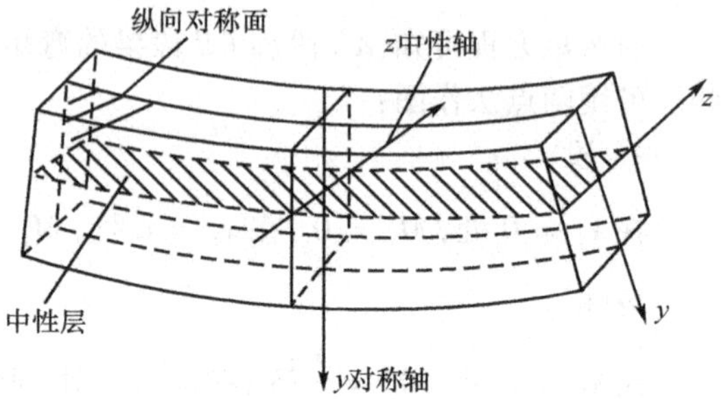

图 1-59 梁的中性层和中性轴

根据上述分析，依据变形的几何关系、物理关系、静力平衡条件，纯弯曲梁横截面上任一点的正应力为

$$\sigma = \frac{My}{I_z} \tag{1-34}$$

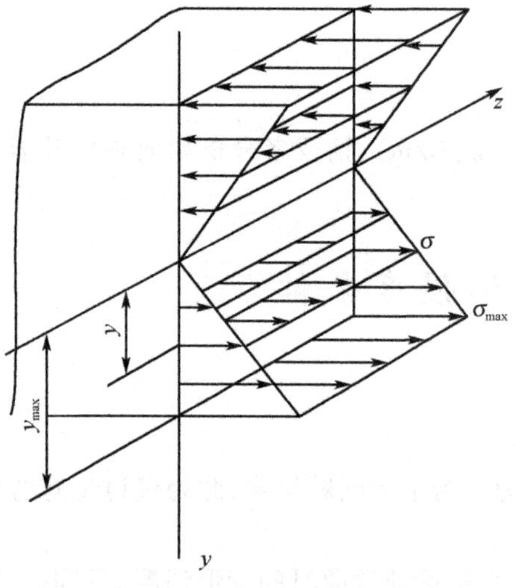

图 1-60 横截面上的应力分布

式中，σ 为横截面上距中性轴为 y 的各点的正应力，单位为 Pa；M 为横截面上的弯矩，单位为 N · m；y 为该点到中性轴的距离，单位为 m；I_z 为横截面对中性轴惯性矩，它表示截面的几何性质，是一个仅与截面形状和尺寸有关的几何量，反映了截面的抗弯能力，单位为 m^4。

由式(1-34)可知：梁弯曲变形时，横截面上任意点的正应力与该点到中性轴的距离成正比，即横截面上任意点的正应力与该点到中性轴的距离成直线关系；中性轴上各点（$y = 0$），正应力为零；离中性轴最远的点（$y = y_{max}$），正应力最大；沿截面宽度方向（y 值相等）正应力相同，如图 1-60所示。

将 $y = y_{max}$ 代入式(1-34)，得

$$\sigma_{max} = \frac{M}{I_z} y_{max} = \frac{M}{I_z / y_{max}}$$

令

$$I / y_{max} = W_z$$

则，梁纯弯曲时的最大正应力为

$$\sigma_{max} = \frac{M}{W_z} \tag{1-35}$$

式中，M 为截面上的弯矩，单位为 N · m；W_z 为横截面对中性轴的抗弯截面模量，是反应截面抗弯能力的几何量，单位为 m^3。

常见截面的轴惯性矩 I_z 和抗弯截面模量 W_z 如表 1-3 所示。

表 1-3 常见截面的轴惯性矩 I_z 和抗弯截面模量 W_z

截面	矩形截面	圆形截面	圆环截面	大口径的设备或管道
I_z	$\frac{b}{12}h^3$	$\frac{\pi d^4}{64}\approx 0.05d^4$	$\frac{\pi}{64}(D^4-d^4)$	$\frac{\pi}{8}d^3\delta$
W_z	$\frac{b}{6}h^2$	$\frac{\pi d^3}{32}\approx 0.1d^3$	$\frac{\pi}{32D}(D^4-d^4)$	$\frac{\pi}{4}d^2\delta$

式(1-34)和(1-35)是梁在纯弯曲情况下,以弯曲变形的横截面平面假设为前提建立起来的。对于非纯弯曲的梁,若其跨度(梁两支座间的距离)l 与截面高度 h 之比大于 5,仍可使用这些公式计算弯曲正应力。

(二) 梁弯曲的强度条件

梁弯曲变形时,其横截面上的内力通常既有由弯矩引起的正应力,又有由剪力引起的剪应力。对于工程中常见的梁,通过理论分析及工程实践表明,正应力是引起梁破坏的决定性因素。在进行强度计算时,只需校核正应力是否满足强度条件。

如果要进行梁弯曲的强度校核,首先要找出最大弯矩 M_{max} 的危险截面。在危险截面上,离中性轴最远的上下边缘各点的应力最大。为了保证梁能安全工作,最大工作应力 σ_{max} 不得超过材料的许用弯曲应力。

梁弯曲正应力的强度条件为

$$\sigma_{max} = \frac{M_{max}}{W_z} \leqslant [\sigma] \qquad (1\text{-}36)$$

式中 $[\sigma]$ 为弯曲许用应力,通常其值等于或略高于同一材料的许用拉(压)应力。

【例 1-12】 如图 1-61 所示,塔高 $H=10$ m,作用于塔上的风载荷按两段计算:q_1 = 1000N/m, q_2 = 2000 N/m;塔内径为 1m,壁厚为 6mm,塔与基础固定连接。塔体材料弯曲许用应力 $[\sigma]$ = 100 MPa。试校核塔体的弯曲强度。

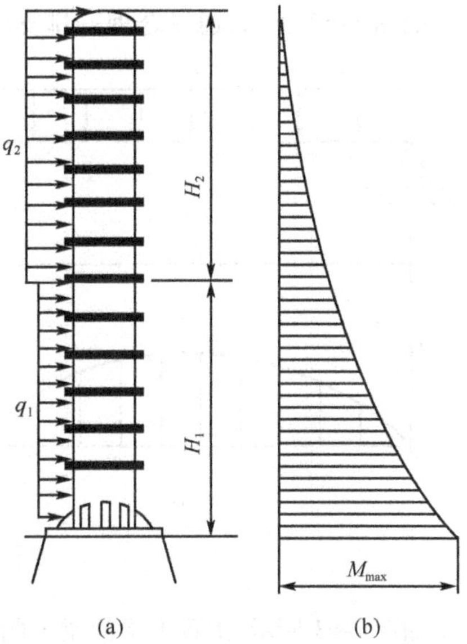

图 1-61 例 1-12 附图

解:

(1) 求最大弯矩 M_{max}:

将塔简化为受均布载荷 q_1、q_2 作用的悬臂梁,其弯矩图如图 1-61(b)。由图可知,在塔底截面弯矩值最大,其值为

$$\begin{aligned} M_{max} &= q_1H_1\frac{H_1}{2} + q_2H_2\left(H_1 + \frac{H_2}{2}\right) \\ &= 1000\times 5\times\frac{5}{2} + 2000\times 5\times\left(5+\frac{5}{2}\right) \\ &= 87\,500(\text{N}\cdot\text{m}) \end{aligned}$$

(2) 校核塔的弯曲强度:

由表 1-3 查得,塔体抗弯截面模量为

$$W_Z = \pi d^2\delta/4 = \pi\times 1^2\times 10^{-3}/4 = 4.71\times 10^{-3}(\text{N}\cdot\text{m})$$

塔体因风载荷引起的最大弯曲应力为

$$\sigma_{max} = \frac{M_{max}}{W_Z} = \frac{87.5\times 10^3}{4.71\times 10^{-3}} = 18.6\times 10^6(\text{Pa}) = 18.6(\text{MPa}) \leqslant [\sigma]$$

所以塔体在风载荷作用下强度足够。

四、提高梁弯曲强度的主要措施

提高梁的弯曲强度,就是在不增加材料消耗的前提下,提高梁的承载能力,从而达到既安全又经济的目的。

由弯曲强度条件

$$\sigma_{max} = \frac{M_{max}}{W_z} \leqslant [\sigma]$$

可知,要在不增加材料消耗的前提下,提高梁的承载能力,应从两方面考虑:一方面是合理安排梁的外部受力情况,从而降低 M_{max} 的数值;另一方面则是采用合理的截面设计,以提高抗弯截面模量 W_z 的数值。

(一) 降低最大弯矩值 M_{max}

梁的最大弯矩值不仅取决于外力的大小,而且还取决于外力在梁上的合理性分布。力的大小由生产工艺要求而定,可通过支座与载荷的合理布置而达到力在梁上的合理性分布。

如图 1-62 所示,通过合理安排支座的位置可降低最大弯矩值 M_{max} 。

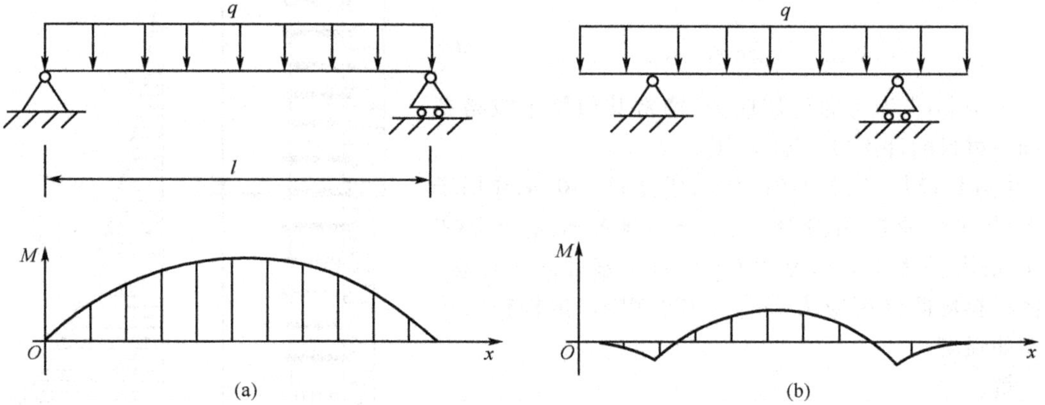

图 1-62 合理安排支座位置

如图 1-63 所示,工程上常使梁上的集中力靠近支座作用,这可大大减小梁的最大弯矩值 M_{max} 。

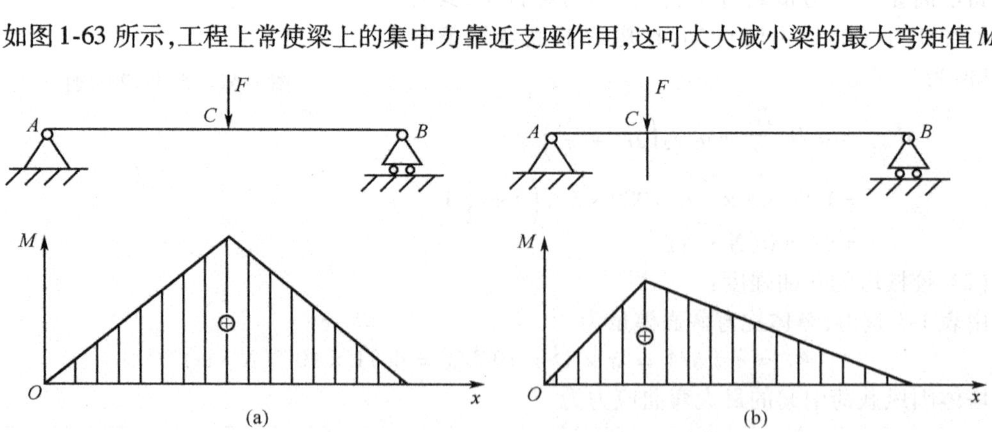

图 1-63 合理布置载荷

（二）增大抗弯截面模量 W_z

若把弯曲正应力的强度条件改写成

$$M_{max} \leqslant [\sigma] W_z$$

可见，梁可能承受的 M_{max} 与抗弯截面模量 W_z 成正比。W_z 越大，梁的承载能力越大。另一方面，使用材料的多少与自重的大小，均则与截面面积 A 成反比，面积越小越经济，越轻巧。因而合理的截面形状应该是截面积 A 较小而抗弯截面模量 W_z 较大，即用比值 W_z/A 来衡量截面形状的合理性和经济性，W_z/A 值越小越有利。现将几种常用截面的比值 W_z/A 列于表 1-4。

表 1-4 截面的 W_z/A 值

截面形状（$h=d=D$）	圆形	圆环形	矩形	工字形
W_z/A	$0.125d$	$0.205D(a=0.8)$	$0.167h$	$(0.27\sim0.31)h$

从表 1-4 中可看出，工字形优于环形，环形优于矩形，矩形优于圆形。其原因是中性轴附近的正应力很小，该处材料的作用未充分发挥，将它们移到离中性轴较远处，可使材料得到充分利用。由此，选择合理截面的原则是使尽量多的材料分布到弯曲正应力较大的、远离中性层的边缘区域，在中性层附近区域留用少量材料，以使材料得到充分利用。

小结

1. 本章的任务就是学习制药机械的力学基础知识。其主要内容为构件的受力分析和构件的承载能力分析。在学习过程中要明确：构件的受力分析是构件的承载能力分析的前提和基础，只有在正确地进行构件的受力分析的基础上，才能对构件进行有效的承载能力分析。

2. 在学习构件的受力分析过程中，要着重掌握约束、二力杆、力偶等概念。在学习工程上常见的约束时，要注意约束力方向的判断，以及当约束力方向难以判断时的任意假设方法。这对解决构件的受力分析问题十分重要。同时，在对构件进行受力分析时，要注意判断是否有二力杆的存在，这对问题的简化很有帮助。通过对力偶的学习，掌握力的平移定理，进而掌握平面一般力系问题的解决方法，为对构件进行承载能力分析打下基础。

3. 在学习构件的承载能力分析过程中，要着重掌握构件承受拉伸或压缩、剪切、扭转、弯曲时的承载能力分析方法。应明确不论是上述哪一种情况下对构件进行承载能力分析，方法和步骤其实有相同之处，请同学们认真总结。需要注意的是，好的方法是将复杂的问题简单化。

目标检测

一、填空题

1. ________________主要研究构件的受力情况及平衡条件，并计算受力的大小。其研究的构件是处于平衡状态下的构件，即在外力作用下相对于地面处于静止或匀速直线运动状态下的构件。

______是指构件在外力作用下的强度、刚度和稳定性。强度是指构件抵抗外力破坏的能力。______是对构件进行______的前提和基础。

2. 工程上常见的几种约束为______、______、______。
3. 杆件是由各种材料制成的。不同的材料，承受应力的限度也不同，若应力超过某一极限值，杆件便发生塑性变形甚至破坏，即因强度不够而丧失正常的工作能力。因此，工程实际中，对各种材料规定了保证杆件具有足够强度所允许承担的最大应力值，称为______。
4. 要在不增加材料消耗的前提下，提高梁的承载能力，应从两方面考虑：______、______。
5. 杆件在一对大小相等、转向相反、且作用平面垂直于杆件轴线的力偶作用下，杆件上的各个横截面发生相对转动，这种变形称为______，这种作用称为______。

二、单项选择题

1. “作用在物体上某点的力，可平行移动到该物体上的任意一点，但平移后必须附加一个力偶，其力偶矩等于原力对新作用点之矩”是(　　)。
   A. 力的可传性定理　B. 力的作用与反作用公理　C. 二力平衡公理　D. 力的平移定理
2. 力偶不具有的性质是(　　)。
   A. 力偶无合力　B. 等效性
   C. 力偶的转动效应与力偶的矩心位置无关　D. 力偶可以简化
3. 一端为固定铰链支座，而另一端为活动铰链支座的梁称为(　　)。
   A. 悬臂梁　B. 简支梁　C. 外伸梁　D. 内伸梁
4. 扭矩的正负按(　　)确定。
   A. 右手螺旋法则　B. 左手螺旋法则　C. 顺时针螺旋法则　D. 逆时针螺旋法则
5. 根据梁的变形情况，对弯矩的符号作如下规定(　　)。
   A. 左上右下为正，反之为负　B. 左上右下为负，反之为正
   C. 下弯为正，反之为负　D. 下弯为负，反之为正

三、简答题

1. 如何进行构件的受力分析和承载能力分析？
2. 塑性材料和脆性材料拉伸和压缩的力学性能有何不同特点？各应用于哪些场合？
3. 提高梁弯曲强度的主要措施有哪些？

第2章　制药设备工程材料

学习目标

通过本章的学习，应达到以下三点要求：

1. 掌握碳素钢及合金钢的分类、牌号、性能和用途。

2. 理解金属材料的性能和指标；理解钢的热处理及其目的；理解常用有色金属的分类、牌号、性能和用途。

3. 了解非金属材料的主要种类和用途。

工程材料的种类繁多，用途广泛，有许多不同的分类方法。按用途可分为：建筑工程材料、机械工程材料、电工材料等；按材料的化学成分可分为：金属材料（黑色金属有色金属）、非金属材料、高分子材料和复合材料，其中最基本的是金属材料。

> GMP中明确要求"与药品直接接触的设备表面应光洁、平整、易清洗或消毒、耐腐蚀，不与药品发生化学变化或吸附药品"。凡与药物接触的设备零部件，应具有哪些特性？选用什么材质？如何解决设备对药品的污染问题？
>
> 案例2-1

第1节　工程材料基础知识

一、材料的常用性能

制药设备所用的材料各有其性能特点。材料的性能包括：工艺性能和使用性能。

工艺性能也称加工性能，即材料在加工制造过程中所表现出来的特性。对于不同的制造方法，工艺性能分为铸造性能、锻造性能、焊接性能和切削加工性能等。材料制造性能的好坏直接影响制造成本、加工方法和产品质量。

在使用过程中所表现出来的特性即为材料的使用性能，材料的使用性能包括物理性能、化学性能和力学性能。物理性能是材料所固有的属性，包括密度、熔点、导电性、导热性、热膨胀性和磁性等。例如，熔点低的金属工艺性能好，便于加工；熔点高的金属可用于制造耐高温零件。化学性能是指材料抵抗各种化学介质作用的能力，包括高温抗氧化性、耐腐蚀性等。对制药设备而言，材料的化学性能，特别是耐腐蚀性，不仅影响设备本身的寿命，而且会影响药品质量。

制药设备是由各种零、部件所组成，而零、部件在使用时都要承受外力的作用，因此，材料在外力作用下所表现出来的性能就显得十分重要，这种材料在外力作用下所表现出来的性能称为力学性能。材料的力学性能，直接影响制药设备零部件的承载能力，从而影响设备使用的可靠性。力学性能包括强度、硬度、塑性、冲击韧性、疲劳等。

（一）强度

强度反映材料抵抗外力作用不失效、不被破坏的能力。这里的破坏对应两种情况：一是发生较大的塑性变形，在外力去除后不能恢复到原来的形状和尺寸；另一种情况是发生断裂。不论哪一种情况发生，都将导致零部件不能正常工作。这种材料在外力作用下抵抗变形和破坏的能力称为强度。

根据加载方式不同，强度指标可分为抗拉强度、抗压强度、抗弯强度、抗剪强度、抗扭强度等。其中以拉伸试验测得的屈服强度和抗拉强度两个指标应用最多。

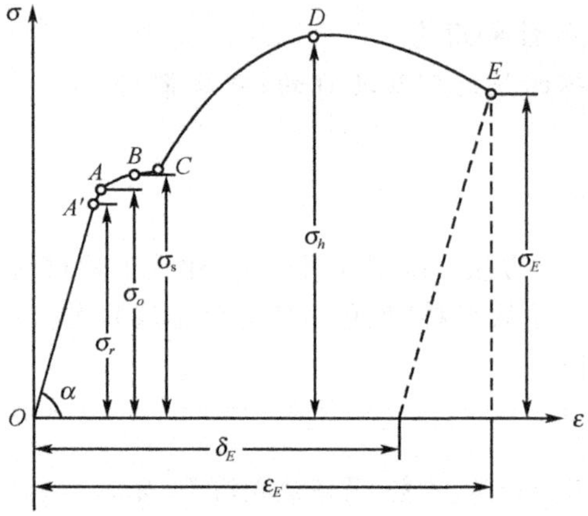

图 2-1 低碳钢的应力-应变曲线

1. 屈服强度 如图 2-1 所示，当载荷增加到 B 点时曲线转为一水平段，即应力不增加而变形继续增加，这种现象称为“屈服”，B 点所对应的应力称为屈服强度或称屈服点，用 σ_s 表示。屈服强度反映材料抵抗永久变形的能力，σ_s 越高则越不易发生塑性变形，是最重要的零件设计指标之一。

2. 抗拉强度 图 2-1 中的 CD 段为均匀塑性变形阶段。在这一阶段，应力随应变增加而增加，产生应变强化。当达到 D 点时，试样开始发生局部塑性变形，出现颈缩，随应变增加，应力明显下降，并在 E 点发生断裂。D 点所对应的应力为材料断裂前的最大应力，称为抗拉强度，用 σ_b 表示。抗拉强度反映材料抵抗断裂破坏的能力，σ_b 越高则越不易发生断裂，也是零件设计和评价材料的重要指标。

（二）硬度

硬度表示金属材料在一个小的体积范围内抵抗弹性变形、反映塑性变形或断裂的能力，反映材料抵抗比其更硬物体压入其表面的能力。常用的硬度试验指标有布氏硬度、洛氏硬度和维氏硬度三种。一般情况下，硬度高的材料强度高，耐磨性好，但塑性、切削加工性较差。

1. 布氏硬度（HB） 如图 2-2 所示，布式硬度是以一定大小的试验载荷，将一定直径的淬火钢球或硬质合金球压入被测金属表面，保持规定时间，然后卸荷，测量被测表面压痕直径。布氏

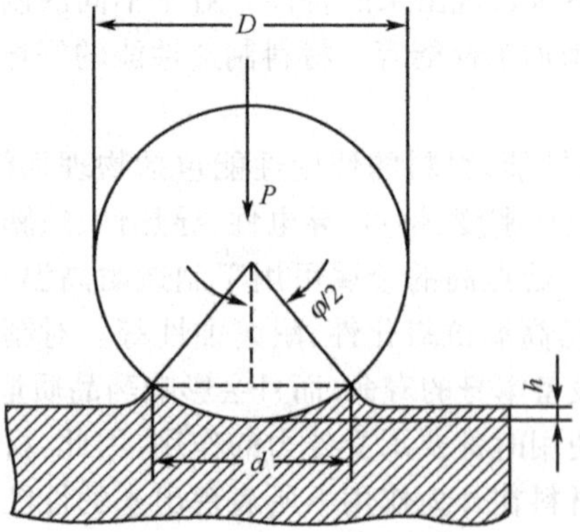

图 2-2 布氏硬度的试验原理

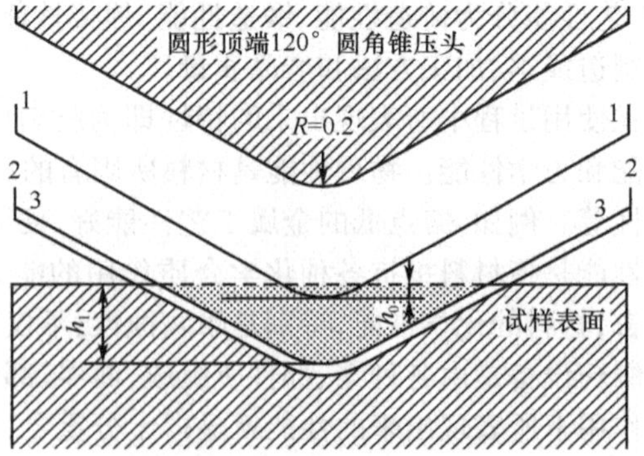

图 2-3 洛氏硬度的试验原理

硬度值是载荷除以压痕球形表面积所得的商。

布氏法优点是测定结果较准确，缺点是压痕大，不能用于太薄件或成品件。目前布氏硬度一般均以钢球为压头，主要用于测量较软的金属材料。

2. 洛氏硬度（HR）　如图 2-3 所示，洛氏硬度是以压痕塑性变形深度来确定硬度值指标。它是用一个顶角 120°的金刚石圆锥体或直径为 1.588mm 的钢球，在一定载荷下压入被测材料表面，由压痕的深度求出材料的硬度。根据试验材料硬度的不同，分三种不同的标尺来表示：

HRA 标尺主要用于测试薄硬钢板、深层渗碳钢和硬质合金。标尺的使用范围是20～88HRA。

HRB 标尺用于测试各种退火钢、正火钢、软钢、部分不锈钢及较硬的铜合金，标尺的使用范围是 20～100HRB。

HRC 标尺用于测试淬火钢、回火钢、调质钢和部分不锈钢，标尺的使用范围是 20～70HRC。是金属加工行业应用最多的硬度试验方法。

实际测量时，硬度值可直接从洛氏硬度计的表盘上直接读出。洛氏硬度的优点是操作简便、压痕较小，故可在工件表面或较薄的材料上进行试验，适用范围广。缺点是测量结果分散度大。

3. 维氏硬度（HV）　如图 2-4 所示，维氏硬度的测试原理与布氏硬度的测量方法类似，其区别在于压头采用夹角为 136°的方锥形金刚石压入器压材料表面，保持规定时间后，用测量压痕对角线长度，再按公式来计算硬度的大小。

维氏硬度保留了布氏硬度和洛氏硬度的优点，既可测量由极软到极硬的材料的硬度，又能互相比较。既可测量大块材料、表面硬化层的硬度，又可测量金相组织中不同相的硬度。

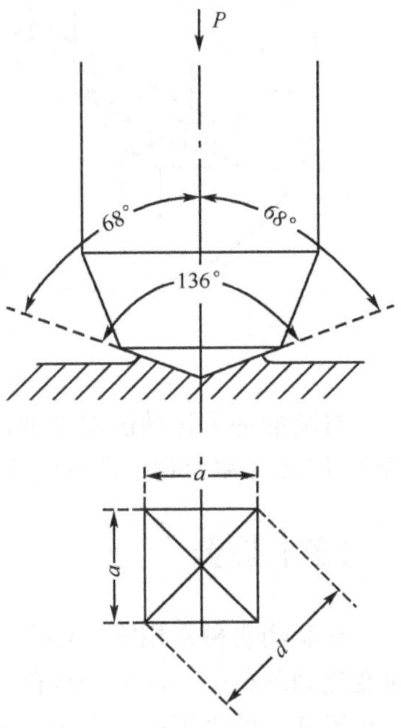

图 2-4　维氏硬度的试验原理

（三）塑性

塑性反映材料在外力作用下发生塑性变形而不断裂的能力。如果材料能发生较大的塑性变形而不断裂，则称材料的塑性好。常用的塑性指标有伸长率 δ 和断面收缩率 ψ，伸长率 δ 和断面收缩率 ψ 的值越大，则材料的塑性越好。其中

$$\delta = \frac{l_1 - l}{l} \times 100\%$$

式中，l 表示试样标距长度（mm）；l_1 表示试样拉断后的标距长度（mm）。

$$\psi = \frac{A - A_1}{A} \times 100\%$$

式中，A 表示试验前试样的横截面积；A_1 表示试样断口处最小截面积。

材料塑性的好坏，对零件的加工和使用都具有十分重要的意义。例如，低碳钢的塑性较好，可进行锻造加工；普通铸铁的塑性很差，不能进行锻造加工，但能进行铸造。同时，由于材料具有一定的塑性，不致因稍有超载而突然断裂，这就增加了材料使用的安全可靠性。

（四）冲击韧性

材料抵抗冲击载荷而不发生塑性变形或破坏的能力称为冲击韧性。测定冲击韧性常用的方法是用一个带有缺口的标准试样，在摆锤式冲击试验机上弯曲折断，测定其所消耗的能量，如

图 2-5 所示。反映冲击韧性高低的指标为冲击韧性值 a_k。a_k 越大,则材料的冲击韧性越好。

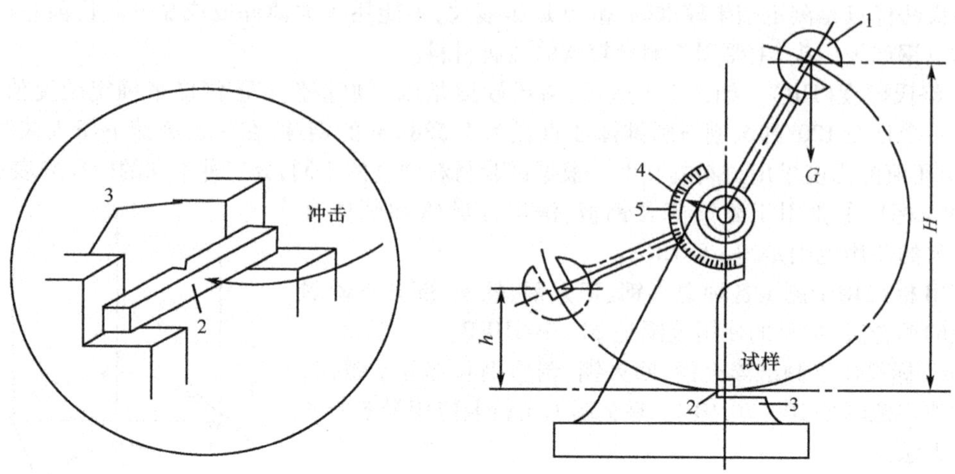

图 2-5　摆锤式冲击试验原理图

材料的冲击韧性随温度的降低而减小,当低于某一温度时冲击韧性会发生剧降,材料呈现脆性,该温度称为脆性转变温度。对于低温工作的设备来说,其选材应注意韧性是否足够。

(五) 疲劳

在制药机械常用零部件中,如各种轴、齿轮、弹簧、压片机的冲头等,经常受到大小不同和方向变化的载荷——即交变载荷的作用。这种交变载荷常常会使材料在应力小于其强度极限,甚至小于其弹性极限的情况下,经一定循环次数后,在无显著的外观变形的情况下,突然发生断裂,这种现象叫做材料的疲劳。

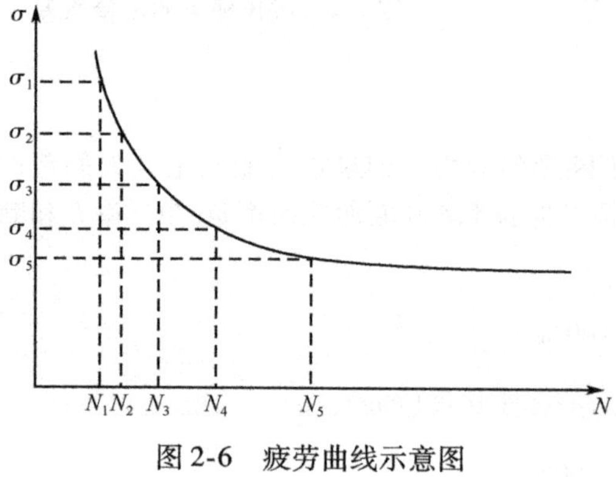

图 2-6　疲劳曲线示意图

材料承受的交变应力 σ 与断裂时应力循环次数 N 之间的关系可用疲劳曲线来描述。如图 2-6 所示,随 σ 下降,N 值增加。当应力低于一定值时,材料经无数次应力循环后仍不发生断裂时的最大应力称为疲劳极限,用 σ_r 表示。对于对称循环交变应力的疲劳极限用 σ_{-1} 表示。实际当中,作无限次应力循环的疲劳试验是不可能的,对于钢铁材料,一般规定疲劳极限对应的应力循环次数为 10^7,有色金属为 10^8。

(六) 刚度

刚度是指金属材料在受外力时抵抗弹性变形的能力。常用来衡量材料刚度的性能指标是弹性模量 E,是指被测材料试样在弹性变形范围内,应力与应变的比值,相当于引起材料单位弹性变形时所需的应力。E 值愈大,表示材料在一定应力作用下所引起的弹性变形愈小,也即材料的刚度愈大。

要说明的是:金属材料可通过热处理改变其组织,使材料的强度、硬度发生很大的变化,但其刚度却不会因热处理而发生明显的变化。

二、钢的热处理

热处理就是将钢在固态下，加热到给定的温度，经过保温，然后按选定的冷却速度冷却，以改变其内部组织结构，从而获得满足生产要求的性能的一种金属加工工艺。热处理是钢材最有效的强化手段。通过热处理可以充分发挥金属材料的潜力，改善金属材料的力学性能和工艺性能，延长使用寿命和节省金属材料。在制药设备中，绝大部分重要的机械零件，在制造过程中都必须进行热处理。

热处理的工艺过程一般是由加热、保温和冷却三个连续的阶段组成，如图 2-7 所示。随着热处理三个阶段进行的时间、温度、方式等具体工艺方法的不同，材料内部组织的变化也就不同，所得材料的性能就各不相同。这样构成了各种热处理方法，以满足不同要求。

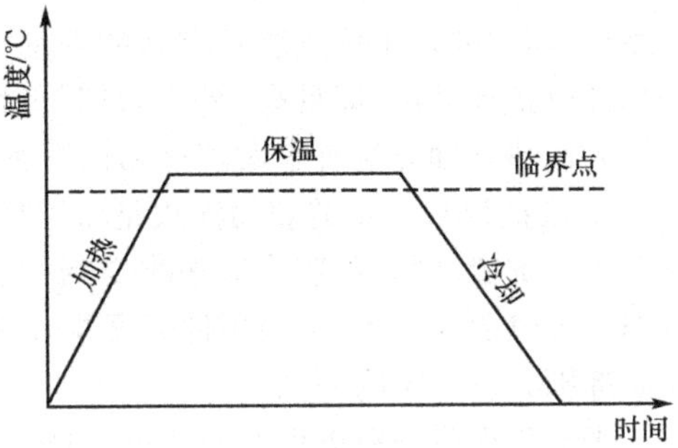

图 2-7　热处理工艺曲线示意图

热处理分为普通热处理和表面热处理两大类。普通热处理包括退火、正火、淬火、回火等；表面热处理包括表面淬火、化学热处理等，这种热处理只改变工件表面层的组织结构进而只改变材料表面的各项性能。

（一）退火和正火

退火是把钢放在炉中，加热到适当温度，保温一定时间，然后随炉温缓慢冷却的热处理工艺。

正火是将钢加热到适当温度，保温一定时间，然后出炉置于空气中冷却的热处理工艺。

退火和正火的作用是：降低硬度，提高塑性，软化钢材，以便于切削加工；消除内应力，以防止工件变形；细化晶粒，均化组织，提高钢的力学性能。铸、锻件在切削加工前一般要进行退火或正火处理。

正火与退火的主要区别是正火采用空冷，冷却速度较快，因此它与退火相比，具有如下特点：①正火组织较细，力学性能较好，如强度、硬度较高，韧性也较好。②正火工艺简单，生产周期短，效率高，成本低。③正火工件的内应力较大，较易引起变形甚至开裂。

正火与退火在工艺、组织、性能、应用等方面均有许多相似之处，有时也可以互相替代，但由于正火比较经济，因而在满足使用性能要求的前提下，应优先采用正火。

（二）淬火和回火

淬火是将钢加热到适当温度，保温一定时间后，置于淬火剂（油、水、盐水）中，快速冷却的热处理工艺。淬火可以提高钢的硬度、强度、耐磨性。但淬火钢组织不稳定，而且有内应力，不能满足使用要求。因此，淬火后必须回火，以改善其性能。

回火是淬火后进行的较低温度的加热、冷却的热处理工艺。淬火钢经回火后，可以降低或消除内应力，稳定钢的组织结构，获得生产上所需要的力学性能。

回火按照温度范围的不同分为三类：低温回火、中温回火和高温回火。淬火后的零件在 150 ~ 250℃范围内的回火称低温回火。低温回火的钢具有较高的硬度和耐磨性，内应力和脆性有所降低。当要求零件硬度高、强度大、耐磨时，如刃具、量具，一般要进行低温回火处理。中温回火温度为 300 ~ 450℃。当要求零件具有一定的弹性和韧性，并有较高硬度时，可采用中温回火。要求强度高的轴类、刀杆、轴套等一般进行中温回火。

高温回火温度为500～680℃。要求零件具有强度、韧性、塑性等都较好的综合性能时，采用高温回火。这种淬火加高温回火的操作，习惯上称为“调质处理”。由于调质处理比其他热处理方法能更好地改善综合力学性能，故广泛应用于各种重要零件的加工中，如各种轴类零件、连杆、齿轮、受力螺栓等。

（三）表面热处理

某些制药机械零件如齿轮、曲轴、活塞杆、凸轮轴、各类模具等，工作时零件承受较大的冲击和摩擦，因此要求工件表层具有高的强度、硬度、耐磨性以抵抗磨损，中心部位具有足够的塑性和韧性以抵抗冲击，即具有“外硬内韧”的性能。生产中广泛采用表面热处理满足这一要求。

表面热处理方法有表面淬火和化学热处理。

1. 表面淬火　钢的表面淬火是将工件的表面通过快速加热到淬火温度，在热量还来不及传导至中心部位之前，迅速冷却来改变钢的表层组织，而中心部没有发生相变仍保持原有的组织状态。经过表面淬火，可使零件表面层比中心部具有更高的强度、硬度、耐磨性和疲劳强度；而中心部则具有一定的韧性。

表面淬火后一般进行低温回火，以满足工件表层的高硬度、高耐磨性要求。表面淬火不改变钢表层的成分，仅改变表层的组织，且心部组织及性能不发生变化。为满足对内部的塑性和韧性要求，表面淬火前一般进行调质处理。表面淬火用于中碳钢和中碳低合金结构钢。

2. 化学热处理　化学热处理是将零件放在某种化学介质中，通过加热、保温、冷却等方法，使介质中的某些元素渗入零件表面，改变表面层的化学成分和组织结构，从而使零件表面具有某些化学性能。化学热处理分为渗碳、渗氮（氮化）、碳氮共渗（氰化）、渗金属等。

渗碳是向工件表层渗入碳元素的热处理工艺，适用于低碳钢和低碳合金钢。渗碳后由于工件表层和内部的含碳量不同，再经过淬火和低温回火热处理，便获得了外硬内韧的性能。

渗氮是向工件表层渗入氮元素的热处理工艺。渗氮使钢具有高的表面硬度、耐磨性和耐蚀性。内部的塑性和韧性要求通过渗氮前的调质处理获得。

一般来说，机械零件的生产工艺过程为：铸造、锻造—预先热处理—机械加工（粗加工）—最终热处理—机械加工（精加工）。预先热处理通常为退火和正火，目的是消除上道工序产生的缺陷（如硬度过高而无法切削），为后面的工序做准备；最终热处理有淬火加回火、表面热处理等，目的是获得零件使用时所要求的性能。

第2节　金属材料

金属元素或以金属元素为主构成的具有金属特性的材料的统称。包括纯金属、合金、金属间化合物和特种金属材料等。在制药机械中，金属材料应用最为广泛，它包括：铁和以铁为基础的合金（黑色金属），如钢、铸铁和铁合金等；非铁合金（有色金属），如铜及其合金、铝及其合金、铅及其合金等。

在金属材料中，钢铁材料应用最广。按化学成分可将钢分为碳素钢和合金钢；按钢的用途不同分为结构钢、工具钢和特殊性能钢；按钢的质量可分为普通碳素钢、优质碳素钢和高级碳素钢。

一、碳　钢

碳钢是含碳量小于2.11%的铁碳合金。碳钢中除含有铁、碳元素外，还有少量硅、锰、硫、磷等杂质。碳素钢比合金钢价格低廉，产量大，具有必要的力学性能和优良的金属加工性能等，在机械工业中应用很广。

(一) 碳素结构钢

碳素结构钢也叫普通碳素，它是以屈服极限的数值区分的，其牌号由代表屈服极限的字母“Q”（“屈”的汉语拼音字首）、屈服极限的数值（单位 MPa）、质量等级符号、脱氧方法符号四个部分顺序组成。质量等级按由低到高分为 A、B、C、D 四级；脱氧方法符号 F、b、Z、TZ 分别表示沸腾钢、半镇静钢、镇静钢、特殊镇静钢，表示镇静钢的 Z 一般省略不标。表 2-1 为碳素结构钢牌号、化学成分、性能及用途。

表 2-1　碳素结构钢的牌号、主要成分、力学性能和用途

牌号	质量等级	化学成分					脱氧方法	σ_s/MPa	σ_b MPa	δ_s/%	应用举例
		C	Mn	Si	S	P		钢材厚度（直径）/mm		钢材厚度（直径）/mm	
				≤				≤16 时		≤16 时	
Q195		0.06~0.12	0.25~0.50	0.30	0.050	0.045	F、b、Z	195	390	≥33	用于载荷不大的结构件、铆钉、垫圈、地脚螺栓、开口销、拉杆、螺纹钢筋、冲压件和焊接件
Q215	A	0.09~0.15	0.25~0.55	0.30	0.050	0.045	F、b、Z	≥215	410	≥21	
	B				0.045						
Q235	A	0.14~0.22	0.30~0.65	0.30	0.050	0.045	F、b、Z	≥235	460	≥26	用于结构件、钢板、螺纹钢筋、型钢、螺栓、螺母、铆钉，拉杆、齿轮、轴、连杆 Q235C、D 可用作重要焊接结构件
	B	0.12~0.22	0.30~0.70		0.045						
	C	<0.18	0.35~0.80		0.040	0.040	Z				
	D	<0.17			0.035	0.035	TZ				
Q255	A	0.18~0.28	0.40~0.70	0.30	0.050	0.045	Z	≥255	510	≥24	强度较高，用于承受中等载荷的零件，如键、链、拉杆、转轴、链轮、链环片、螺栓及螺纹钢筋等
	B				0.045						
Q275		0.28~0.38	0.50~0.80	0.30	0.050	0.045	Z	≥275	610	≥20	

例如，Q235-A 表示碳素结构钢，屈服极限为 235MPa，A 级质量，镇静钢。

碳素结构钢有 Q195、Q215、Q235、Q255、Q275 五个钢种，其中 Q235A 钢由于价格低廉，又具有良好的强度、塑性、焊接性、切削加工性等，在制药设备制造中应用广泛。

(二) 优质碳素结构钢

优质碳素结构钢也叫优质碳素钢，是以其含碳量的多少来区分的。其牌号以钢中平均含碳量的万分数（两位数字）表示。如 45 表示优质碳素结构钢，平均含碳量为万分之四十五，即 0.45% 。

优质碳素结构钢按含碳量不同分为三类。

含碳量 C≤0.25% 的优质碳素结构钢为低碳钢，常用钢号有 10、15、20、25 等。低碳钢强度较低但塑性较好，冷冲压及焊接性能良好，在制药设备中广泛应用。

含碳量 C = 0.25% ~0.60% 的优质碳素结构钢为中碳钢，中碳钢的强度与塑性适中，焊接性能较差，不适于制造设备壳体，多用于制造各种机械零件如轴、齿轮、连杆等。常用牌号有 30、35、40、45、50、55、60 等，在制药机械中以 45 号钢应用最广。

含碳量 C > 0.60% 的优质碳素结构钢为高碳钢，钢的强度和硬度均较高，塑性差，常用来制造弹簧。常用的牌号有 60、65、70 号钢。

优质碳素结构钢的化学成分、力学性能和用途如表 2-2 所示。

表 2-2 优质碳素结构钢的化学成分、力学性能和用途

牌号	化学成分/%			力学性能					应用举例
	C	Si	Mn	σ_b/MPa	σ_s/MPa	δ_s/%	ψ/%	a/kJ	
08F	0.05 ~0.11	≤0.03	0.25 ~0.50	295	175	35	60		属低碳钢，强度、硬度低，塑性、韧性好。其中 08F、10F 属沸腾钢、成本低、塑性好，用于制造冲压件和焊接件，如壳、盖、罩等。15F 用于钣金件。08 ~25 钢常用来做冲压件，焊接件，锻件和渗碳钢，制作齿轮、销钉、小轴、螺钉、螺母等。其中 20 钢用量最大
10F	0.07 ~0.13	≤0.07	0.25 ~0.50	315	185	33	55		
15F	0.12 ~0.18	≤0.07	0.25 ~0.50	355	205	29	55		
08	0.05 ~0.11	0.17 ~0.37	0.35 ~0.65	325	195	33	60		
10	0.07 ~0.13	0.17 ~0.37	0.35 ~0.65	335	205	31	55		
15	0.12 ~0.18	0.17 ~0.37	0.35 ~0.65	375	225	27	55		
20	0.17 ~0.23	0.17 ~0.37	0.35 ~0.65	410	245	25	55		
25	0.22 ~0.29	0.17 ~0.37	0.50 ~0.80	450	275	23	50	71	
30	0.27 ~0.34	0.17 ~0.37	0.50 ~0.80	490	295	21	50	63	属中碳钢。综合力学性能好。多在正火，调质状态下使用，主要用于制造齿轮，轴类零件，如曲轴、传动轴、连杆、拉杆、丝杆等。其中 45 钢应用最广泛
35	0.32 ~0.39	0.17 ~0.37	0.50 ~0.80	530	315	20	45	55	
40	0.37 ~0.44	0.17 ~0.37	0.50 ~0.80	570	335	19	45	47	
45	0.42 ~0.50	0.17 ~0.37	0.50 ~0.80	600	355	16	40	39	
50	0.47 ~0.55	0.17 ~0.37	0.50 ~0.80	630	375	14	40	31	
55	0.52 ~0.60	0.17 ~0.37	0.50 ~0.80	645	380	13	35		
60	0.57 ~0.65	0.17 ~0.37	0.50 ~0.80	675	400	12	35		属高碳钢，具有较高的强度、硬度、耐磨性，多在淬火、中温回火状态下使用。主要用于制造弹簧、轧辊、凸轮等耐磨件与钢丝绳等，其中 65 钢是最常用的弹簧钢
65	0.62 ~0.70	0.17 ~0.37	0.50 ~0.80	695	410	10	30		
70	0.67 ~0.75	0.17 ~0.37	0.50 ~0.80	715	420	9	30		
75	0.72 ~0.80	0.17 ~0.37	0.50 ~0.80	1080	880	7	30		
80	0.77 ~0.85	0.17 ~0.37	0.50 ~0.80	1080	930	6	30		
85	0.82 ~0.90	0.17 ~0.37	0.50 ~0.80	1130	980	6	30		

续表

牌号	化学成分/%			力学性能					应用举例
	C	Si	Mn	σ_b/MPa	σ_s/MPa	δ_s/%	ψ/%	a/kJ	
15Mn	0.12 ~ 0.18	0.17 ~ 0.37	0.70 ~ 1.00	410	245	26	55		应用范围基本同于相对应的普通含锰量钢。由于其淬透性，强度相应提高了，可用于截面尺寸较大，或强度要求较高的零件。其中 65Mn 最常用
20Mn	0.17 ~ 0.23	0.17 ~ 0.37	0.70 ~ 1.00	450	275	24	50		
25Mn	0.22 ~ 0.29	0.17 ~ 0.37	0.70 ~ 1.00	490	295	22	50	71	
30Mn	0.27 ~ 0.34	0.17 ~ 0.37	0.70 ~ 1.00	540	315	20	45	63	
35Mn	0.32 ~ 0.39	0.17 ~ 0.37	0.70 ~ 1.00	560	335	18	45	55	
40Mn	0.34 ~ 0.44	0.17 ~ 0.37	0.70 ~ 1.00	590	355	17	45	47	
45Mn	0.42 ~ 0.50	0.17 ~ 0.37	0.70 ~ 1.00	620	375	15	40	39	
50Mn	0.48 ~ 0.56	0.17 ~ 0.37	0.70 ~ 1.00	645	390	13	40	31	
60Mn	0.57 ~ 0.65	0.17 ~ 0.37	0.70 ~ 1.00	695	410	11	35		
65Mn	0.62 ~ 0.70	0.17 ~ 0.37	0.90 ~ 1.20	735	430	9	30		
70Mn	0.67 ~ 0.75	0.17 ~ 0.37	0.90 ~ 1.20	785	450	8	30		

碳钢的品种有铸钢、锻钢、钢板、型钢和钢管等。

1. 铸钢和锻钢　铸钢用 ZG 表示，牌号有 ZG25、ZG35 等，用于制造各种承受重载荷的复杂零件，如制药机械中的泵壳、阀门、泵叶轮等。锻钢有 08、10、15、…、50 等牌号。用以制造法兰、管板等。

2. 钢板　钢板分薄钢板和厚钢板两大类。薄钢板厚度有 0.2 ~ 4 mm 的冷轧与热轧两种；厚钢板为热轧。制药设备中的低压容器主要用冷轧薄钢板制造。

3. 型钢　型钢主要有圆钢、方钢、扁钢、角钢、工字钢和槽钢。各种型钢的尺寸和技术参数可参阅有关标准。圆钢与方钢主要用来制造各类轴件；扁钢常用作各种桨叶；角钢、工字钢及槽钢可用作各种设备的支架、塔盘支撑及各种加强结构。

4. 钢管　钢管有无缝钢管和有缝钢管两类。无缝钢管有冷轧和热轧，冷轧无缝钢管外径和壁厚的尺寸精度均较热轧的高。普通无缝钢管常用材料有 10、15、20 等。另外，还有专门用途的无缝钢管，如热交换器用钢管、锅炉用无缝钢管等。有缝管、水煤气管分镀锌（白铁管）和不镀锌（黑铁管）两种。

二、铸　　铁

铸铁含碳量（质量分数）一般在 2.11% 以上，并含有 S、P、Si、Mn 等杂质。铸铁是脆性材料，抗拉强度较低，但具有良好的铸造性、耐磨性、减振性、耐腐蚀性能及切削加工性。铸铁生产成本低廉，因此在制药机械中得到普遍应用。

铸铁可分为灰铸铁、球墨铸铁、可锻铸铁、高硅铸铁等。

（一）灰铸铁

灰铸铁中的碳大部分或全部以自由状态的片状石墨形式存在，断口呈暗灰色。灰铸铁的抗压强度较大，抗拉强度很低，冲击韧性差，不适于制造承受弯曲、拉伸、剪切和冲击载荷的零件，在制药机械中，可制造承受压应力及要求消振、耐磨的零件，如支架、阀体、泵体（机座、管路附件等）（表 2-3）。

灰铸铁的牌号用名称 HT(灰铁二字的汉语拼音第一个字母)和抗拉强度值表示,如 HT100。

表 2-3 灰口铸铁的牌号、性能和用途

铸铁类别	牌号	σ_b/MPa	HBS	适用范围及应用举例
铁素体灰口铸铁	HT100	≥100	143~229	低负荷和不重要的零件,如盖、外罩、手轮、支架、重锤等
铁素体珠光体灰口铸铁	HT150	≥150	163~229	承受中等负荷的零件,如汽轮机泵体、轴承座、齿轮箱等
珠光体	HT200	≥200	170~241	承受较大负荷的零件,如汽缸、齿轮、油缸、阀壳、
灰口铸铁	HT250	≥250	170~241	飞轮、床身、活塞、刹车轮、联轴器、轴承座等
孕育铸铁	HT300	≥300	187~255	承受高负荷的重要零件,如齿轮、凸轮、车床卡盘、
	HT350	≥350	197~269	剪床和压力机的机身、床身、高压液压筒、滑阀壳体等

(二)球墨铸铁

球墨铸铁是在浇注前,往铁水中加入少量球化剂(如镁、钙等)、石墨化剂(如硅铁、硅钙合金),使碳以球状石墨结晶存在。

球墨铸铁在强度、塑性和韧性方面大大超过灰铸铁,甚至接近钢材。在酸性介质中,球墨铸铁耐蚀性较差,但在其他介质中耐腐蚀性比灰铸铁好。它的价格低于钢。由于它兼有普通铸铁与钢的优点,从而成为一种新型结构材料。过去用碳钢和合金钢制造的重要零件(如曲轴、连杆、主轴、中压阀门等),目前不少已改用球墨铸铁。

球墨铸铁的牌号用 QT、抗拉强度、伸长率表示。球墨铸铁的牌号、力学性能及用途见表 2-4 所示。

表 2-4 球墨铸铁的牌号、力学性能及用途

牌号	力学性能				应用举例
	σ_b/MPa	σ_s/MPa	δ/%	HBS	
	不大于				
QT400-18	400	250	18	130~180	汽车、拖拉机的轮毂、差速器壳、拨叉,中低压阀门,上、下水及输气管道,压缩机上高低压汽缸,电机机壳,齿轮箱等
QT450-10	450	310	10	160~210	
QT500-7	500	320	7	170~230	机器座架、传动轴、飞轮、电动机架,内燃机的机油泵齿轮、铁路机车车辆轴瓦等
QT600-3	600	370	3	190~270	曲轴、连杆、凸轮轴、气缸套,部分磨床、铣床、车床的主轴,机床蜗杆、蜗轮,轧钢机轧辊、大齿轮,小型水轮机主轴,气缸体,桥式起重机大小滚轮等
QT700-2	700	420	2	225~305	
QT800-2	800	480	2	245~335	
QT900-2	900	600	2	280~360	高强度齿轮,如汽车后桥螺旋锥齿轮,大减速器齿轮,内燃机曲轴、凸轮轴等

三、合 金 钢

合金钢是指在碳钢基础上有目的地加入某些元素所形成的钢种。钢中加入这些元素的目的是为了改善钢的性能,满足使用要求,这些元素称为合金元素。目前在合金钢中常用的合金元素有铬(Cr)、锰(Mn)、镍(Ni)、钛(Ti)、硅(Si)、硼(B)、钨(W)、钒(V)等。

铬不仅能提高金属耐腐蚀性能,也能提高抗氧化性能。当其含量达到 13% 时,能使钢的耐腐蚀能力显著提高，并增加钢的热强性。铬能提高钢的淬透性，显著提高钢的强度、硬度和耐磨性，但它使钢的塑性和韧性降低。

镍对钢铁性能有良好作用。镍能提高耐腐蚀性和低温冲击韧性。镍基合金具有更高的热强性能。镍被广泛应用于不锈耐酸钢和耐热钢中。它能提高淬透性，使钢具有很高的强度，而又保持良好的塑性和韧性。

钛为强脱氧剂，可提高强度，细化晶粒，提高韧性。在不锈钢中起稳定碳的作用，减少铬与碳化合的机会，防止晶间腐蚀，还可提高耐热性。

锰可提高钢的强度，增加锰含量对提高低温冲击韧性有好处。

铝为强脱氧剂，显著细化晶粒，提高冲击韧性，降低冷脆性。铝还能提高钢的抗氧化性和耐热性，对抵抗 H_2S 介质腐蚀有良好作用。铝的价格较便宜，所以在耐热合金钢中常用它来代替铬。

合金钢的牌号通常是由含碳量数字、合金元素符号、合金元素含量数字顺序组成。含碳量数字为两位数时表示平均含碳量的万分数，为一位数时表示平均含碳量的千分数；合金元素含量数字位于合金元素符号之后，通常表示合金元素平均含量的百分数，当合金元素平均含量 $<1.5\%$ 时不标数字。

例如，40Cr 钢平均含碳量为万分之四十，即 0.4%、平均含 Cr $<1.5\%$；1Cr18Ni9Ti 钢平均含碳量为千分之一，即 0.1%、平均含 Cr18%、Ni9%、Ti $<1.5\%$。

合金钢按其含合金元素量的多少可分为低合金钢（含合金元素总量小于 5%）、中合金钢［含合金元素总量（5% ~10%）］和高合金钢（含合金元素总量大于 10%）。按用途分为合金结构钢、合金工具钢和特殊性能钢。特殊性能钢分为不锈钢和耐热钢等。

（一）低合金高强度结构钢

“低合金”是指钢中含有合金元素总量 $\leq 5\%$。低合金高强度结构钢的力学性能明显高于相应的碳素结构钢，并且具有良好的塑性、韧性、耐腐蚀性和焊接性能。在制药机械中，低合金高强度结构钢广泛用于锅炉、化工容器和工艺管道等方面。

低合金高强度结构钢牌号表示方法与碳素结构钢相同，有 Q295、Q345、Q390、Q420、Q460 等，其用途举例见表 2-5，最常用的是 Q345 钢。

表 2-5　低合金高强度结构钢用途举例

牌号	原牌号	用途举例
Q295	09MnV，9MnNb，09Mn2，12Mn	车辆的冲压件、冷弯型钢、螺旋焊管、拖拉机轮圈、低压锅炉气包、中低压化工容器、输油管道、储油罐、油船等
Q345	12MnV，14MnNb，16Mn，18Nb，16MnRE	船舶、铁路车辆、桥梁、管道、锅炉、压力容器、石油储罐、起重及矿山机械、电站设备厂房钢架等
Q390	15MnTi，16MnNb，10MnPNbRE，15MnV	中高压锅炉气包、中高压石油化工容器、大型船舶、桥梁、车辆、起重机及其他较高载荷的焊接结构件等
Q420	15MnVN，14MnVTiRE	大型船舶、桥梁、电站设备、起重机械、机车车辆、中压或高压锅炉及容器及其大型焊接结构件等
Q460		可淬火加回火后用于大型挖掘机、起重运输机械、钻井平台等

（二）合金钢结构钢

合金钢的品种较多，有合金渗碳钢、合金调质钢、滚动轴承钢等。

1. 合金调质钢　调质钢通常经调质后使用，具有优良的综合机械性能，广泛用于制造轴、齿轮、连杆、螺栓、螺母等。它是制药机械零件用钢的主体。

调质钢分为碳素调质钢和合金调质钢两类。40、45、50是常用而廉价的碳素调质钢。合金调质钢的常用牌号有40Cr、35SiMn、35CrMo、40MnB等，最典型的钢种是40Cr，用于制造一般尺寸的重要零件。

2. 合金渗碳钢　渗碳钢通常经渗碳并淬火、低温回火后使用，具有外硬内韧的性能，主要用于制造承受强烈冲击载荷和摩擦磨损的机械零件，如变速齿轮，凸轮轴等。

渗碳钢分为碳素渗碳钢和合金渗碳钢两类。碳素渗碳钢为低碳钢，常用牌号有15、20等；合金渗碳钢的常用牌号有20Cr、20CrMnTi、20MnVB等，其中20CrMnTi应用最为广泛。

3. 不锈钢　一般把能够抵抗空气、蒸汽和水等弱腐蚀性介质腐蚀的钢称为不锈钢。能够抵抗酸、碱、盐等强腐蚀性介质腐蚀的钢称为耐酸钢。在日常习惯上把不锈钢和耐酸钢统称为不锈钢。不锈钢主要用来制造在各种腐蚀介质中工作的零件或构件，如制药设备中的各种机械设备、容器、管道、阀门和泵等，如表2-6所示。

不锈钢按化学成分可分为铬不锈钢和铬镍不锈钢两大类。目前还发展了节镍或无镍不锈钢。

（1）Cr不锈钢：Cr是不锈钢获得耐蚀性的基本合金元素。在铬不锈钢中，铬在氧化性介质中能生成一层稳定而致密的氧化膜，对钢材起到保护作用而具有耐腐蚀性。铬不锈钢耐蚀性的强弱取决于钢中的含碳量和含铬量。当含铬量大于12%时，钢的耐蚀性会有显著提高，而且含铬量愈多耐蚀性愈好。但是由于钢中碳元素的存在，使其与铬形成铬的碳化物而消耗了铬，致使钢中的有效铬含量减少，降低了钢的耐蚀性，故不锈钢含C量越低，则耐蚀性越高，但强度、硬度越低。大多数不锈钢的含碳量较低，为0.1%～0.2%。为了确保不锈钢具有耐腐蚀性能，使其含铬量大于12%，实际应用的不锈钢中的平均含铬量都在13%以上。最常用的铬不锈钢是Cr13型不锈钢。常用有1Cr13、2Cr13、3Cr13、4Cr13等含碳量较低的1Cr13、2Cr13，其耐蚀性、塑性、韧性均好于3Cr13、4Cr13，适用于制作腐蚀条件下，受冲击载荷的零件，如汽轮机叶片、水压机阀等；含碳量较高的3Cr13、4Cr13，经热处理后，硬度较高，适用于制作不锈钢弹簧、医疗器械和制药机械。

表2-6　不锈钢用途举例

牌号	用途
0Cr19Ni9	作为不锈钢，耐热钢使用最广泛，一般化工设备，食品用设备，原子能工业
1Cr18Ni9Ti	使用非常广泛适用于化工、食品、医药，原子能工业
00Cr19Ni11	比0Cr19Ni9碳含量更低的钢，耐晶间腐蚀优越，焊后可不进行热处理
00Cr17Ni12Mo2	在海水和其他各种介质中耐腐蚀性比0Cr19Ni9好，主要用作耐点腐蚀材料，耐晶间腐蚀性能好
1Cr18Ni12Mo2Ti	用于抗硫酸、磷酸、甲酸、乙酸设备，有良好的耐晶间腐蚀性
00Cr19Ni13Mo3	耐点腐蚀比00Cr17Ni12Mo2好，制作染料设备，有良好的耐晶间腐蚀
1Cr17	耐蚀性良好的通用钢种，建筑内装饰用，重油燃烧器部件，家庭用具，家用电器部件
1Cr13	具有良好的耐蚀性和机械加工性，制作刃具及一般用途
2Cr13	淬火状态下硬度高，耐蚀性良好，作气轮机叶片
3Cr13	比2Cr13淬火后的硬度高，作刃具、喷嘴、阀座、阀门等
1Cr17Ni2	具有较高的耐硝酸及有机酸的腐蚀性

（2）铬镍不锈钢：铬镍不锈钢除像铬不锈钢一样具有氧化铬薄膜的保护作用外，还因镍能使钢组织强化，使得铬镍钢在很多介质中比铬不锈钢更具耐蚀性。

常用的铬镍不锈钢牌号有 1Cr18Ni9Ti、0Cr17Ni12Mo2、00Cr17Ni14Mo2 等。这类不锈钢的含碳量较低，具有良好的耐腐蚀性、塑性和可焊性，适用于制作在腐蚀性介质（如大部分酸、碱、盐的水溶液）中工作的零件，如制药工业中的储槽、管道和容器等，尤其后两类是制造制剂设备的主要不锈钢材料。

（三）滚动轴承钢

滚动轴承钢主要用于制造滚动轴承。滚动轴承钢的牌号以字母“G”后附铬元素符号 Cr 及 Cr 含量的千分数表示，碳的含量不标出。例如 GCr15 表示含 Cr1.5% 的滚动轴承钢。

滚动轴承钢的常用牌号有 GCr9、GCr15、GCr15SiMn 等，最有代表性的是 GCr15。

四、有色金属

工业上使用的金属材料，可分为黑色金属和有色金属两大类。一般把铁及其合金称为黑色金属，而将其他金属及其合金称为有色金属。在制药工业中经常遇到腐蚀、低温等特殊生产条件，有色金属具有耐腐蚀性好、低温时塑性好和韧性高等特殊性能，因而在制药设备中经常采用有色金属及其合金，主要是铝、铜、钛及其合金。

（一）铝及其合金

纯铝具有银白色金属光泽，密度小（2.72 g/cm^3），导电、导热性能优良；铝在空气中易氧化，在表面形成一层致密牢固的氧化膜，因而抗大气腐蚀性能好；具有极好的塑性和低的强度，易于加工成形；还具有良好的低温塑性，直到 −253℃ 时其塑性和韧性也不降低。

纯铝的强度、硬度低，不适于制作受力的机械零件。向铝中加入适量的合金元素制成铝合金，可改变其组织结构，提高性能。常加入的元素主要有铜、锰、硅、镁、锌等，此外还有铬、镍、钛、锆等辅加元素。由于这些合金元素的强化作用，使得铝合金既具有高强度又保持纯铝的优良特性。

铝及其合金在制药设备中广泛应用。适于做储存易挥发性介质的容器、耐蚀设备、换热设备、低温设备。

铝合金分为形变铝合金和铸造铝合金两类。

1. 形变铝合金依据其性能特点分为防锈铝合金（主要是 Al-Mn 和 Al-Mg 系合金）、硬铝合金（主要有 Al-Cu-Mg 系）、超硬铝合金（Al-Zn-Mg-Cu 系）和锻铝合金（Al-Mg-Si-Cu 系）等。其牌号、化学成分、力学性能及用途见表 2-7。

2. 铸造铝合金主要有 Al-Si 系、Al-Cu 系、Al-Mg 系和 Al-Zn 系四种，其代号分别用 ZL1、ZL2、ZL3 和 ZL4 加两位数字的顺序号表示（ZL 表示“铸铝”）。其牌号、化学成分、力学性能及用途见表 2-8。

表 2-7　常用变形铝合金的牌号、化学成分、力学性能及用途

类别	牌号	化学成分/%								力学性能			用途举例
		Si	Fe	Cu	Mn	Mg	Zn	Ti	其他	σ_b/MPa	δ/%	HB	
防锈铝合金	5A05	0.5	0.5	0.10	0.3~0.6	4.8~5.5	0.20			280	20	70	中载零件，焊接油箱，油管，铆钉等
	3A21	0.6	0.7	0.20	1.0~1.6	0.05	0.10	0.15		130	20	30	焊接油箱，油管，铆钉等轻载零件及制品
硬铝合金	2A01	0.50	0.50	2.2~3.0	0.20	0.2~0.5	0.10	0.15		300	24	70	工作温度不超过100℃的中强铆钉
	2A11	0.7	0.7	3.8~4.8	0.4~0.8	0.4~0.8	0.30	0.15	Ni 0.10 Fe + Ni 0.7	420	18	100	中强零件，如骨架，螺旋桨叶片，铆钉
	2A12	0.50	0.50	3.8~4.9	0.3~0.9	1.2~1.8	0.30	0.15	Ni 0.10 Fe + Ni 0.7	470	17	105	高强，150℃以下工作零件，如梁，铆钉
超硬铝合金	7A04	0.50	0.50	1.4~2.0	0.2~0.6	1.8~2.8	5.0~7.0	0.10	Cr 0.10~0.25	600	12	150	主要受力构件，如飞机大梁，起落架
	7A09	0.50	0.50	1.2~2.0	0.15	2.0~3.0	5.1~6.1	0.10	Cr 0.16~0.30	680	7	190	同上
锻铝合金	2A50	0.7~1.2	0.7	1.8~2.6	0.4~0.8	0.4~0.8	0.30	0.15	Ni 0.10 Fe + Ni 0.7	420	13	105	形状复杂中等强度的锻件及模锻件
	2A70	0.35	0.9~1.5	1.9~2.5	0.20	1.4~1.8	0.30	0.02~0.1	Ni 0.9~1.5	415	13	120	高温下工作的复杂锻件，内燃机活塞
	2A14	0.6~1.2	0.7	3.9~4.8	0.4~1.0	0.4~0.8	0.30	0.15	Ni 0.10	480	19	135	承受高载荷的锻件和模锻件

表 2-8　常用铸造铝合金的牌号、化学成分、力学性能及用途

类别	代号	牌号	化学成分/%				力学性能(不低于)			用途举例
			Si	Cu	Mg	其他	σ_b/MPa	δ/%	HB	
铝硅合金	ZL102	ZAlSi12	10.0 ~ 13.0				145 155 135 145	4 2 4 3	50 50 50 50	形状复杂的零件，如飞机、仪器零件、抽水机壳体
	ZL104	ZAlSi9Mg	8.0 ~ 10.5		0.17 ~ 0.35	Mn0.2 ~ 0.5	195 235	1.5 2	70 70	220℃以下形状复杂零件，如电机壳体、汽缸体
	ZL105	ZAlSi5Cu1Mg	4.5 ~ 5.5	1.0 ~ 1.5	0.4 ~ 0.6		235 175	0.5 1	70 65	250℃以下形状复杂件，如汽缸头、机匣、液压泵壳
	ZL107	ZAlSi7Cu4	6.5 ~ 7.5	3.5 ~ 4.5			245 275	2 2.5	90 100	强度和硬度较高的零件
	ZL109	ZAlSi12Cu1Mg1Ni1	11.0 ~ 13.0	0.5 ~ 1.5	0.8 ~ 1.3	Ni 0.8 ~ 1.5	195 245	0.5 –	90 100	较高温度下工作的零件，如活塞
	ZL111	ZAlSi9Cu2Mg	8.0 ~ 10.0	1.3 ~ 1.8	0.4 ~ 0.6	Mn 0.1 ~ 0.35 Ti 0.1 ~ 0.35	255 315	1.5 2	90 100	活塞及高温下工作的其他零件
铝铜合金	ZL201	ZAlCu5Mn		4.5 ~ 5.3		Mn 0.6 ~ 1.0 Ti 0.15 ~ 0.35	295 335	8 4	70 90	温度为 175 ~ 300℃零件，如内燃机汽缸头、活塞
	ZL203	ZAlCu4		4.0 ~ 5.0			205 225	6 3	60 70	中等载荷、形状比较简单的零件
铝镁合金	ZL301	ZAlMg10			9.5 ~ 11.0		280	9	20	大气或海水中工作，承受冲击载荷外形简单的零件，如舰船配件、氨用泵体等
	ZL303	ZAlMg5Si1	0.8 ~ 1.3		4.5 ~ 5.5	Mn 0.1 ~ 0.4	145	1	55	
铝锌合金	ZL401	ZAlZn11Si7	6.0 ~ 8.0		0.1 ~ 0.3	Zn 9.0 ~ 13.0	245	1.5	90	结构形状复杂的汽车、飞机、仪器零件，也可制造日用品

（二）铜及其合金

纯铜呈紫红色，故又称紫铜，其密度为8.9g/cm^3，熔点为1083℃；具有面心立方晶格，无同素异构转变，无磁性；具有优良的导电性和导热性；在大气、淡水和冷凝水中有良好的耐蚀性。纯铜的强度不高，硬度较低，塑性好。

铜合金是在纯铜中加入合金元素后制成的，常用合金元素为锌、锡、铝、锰、镍、铁、铍、钛、锆、铬等。铜合金按主要合金元素的种类分为黄铜、青铜等。

1. 黄铜是以锌为主要合金元素的铜合金。黄铜按化学成分可分为普通黄铜和特殊黄铜；按工艺可分为加工黄铜和铸造黄铜。加工普通黄铜的牌号为H（黄）+表示铜平均百分含量的数字，如H68。在普通黄铜的基础上加入铝、铁、硅、锰、铅、锡、镍等元素形成特殊黄铜。加工特殊黄铜的牌号为H（黄）+主加元素符号（Zn除外）+铜平均百分含量+主加元素平均百分含量，如HPb59-1。

2. 青铜是以锌以外的其他元素为主要合金元素的铜合金。以锡为主要合金元素的青铜称为锡青铜，以锡以外的其他元素为主要合金元素的青铜称为无锡青铜（特殊青铜）。青铜的牌号为Q+主加元素符号+主加元素含量+其他元素含量，如QSn4-3为含4% Sn、3% Zn的锡青铜。

工业纯铜和黄铜具有极好的导热性，优越的低温力学性能和耐腐蚀性能，因而在制药行业中获得了广泛的应用，可用来制造GMP车间净化空调系统中的换热器等。青铜具有良好的耐腐蚀性和耐磨性，主要用来制造轴瓦、蜗轮等机械零件和泵壳、阀门等制药设备。

常用黄铜、青铜的牌号、化学成分、力学性能及用途见表2-9和表2-10。

表2-9 常用黄铜的牌号、化学成分、力学性能及用途

类别	牌号	化学成分/%				力学性能（≥）		用途举例
		Cu	Fe	Pb	其他	σ_b/MPa	δ/%	
加工普通黄铜	H62	60.5~63.5	≤0.15	≤0.08		294 412	40 10	散热器、垫圈、弹簧、螺钉、各种网
	H68	67~70	≤0.10	≤0.03		294 392	40 13	弹壳、冷凝器等
	H80	79~81	≤0.10	≤0.03		265 392	50 3	用于镀层及制装饰品；造纸工业用金属网
加工特殊黄铜	HPb59-1	57~60	≤0.5	0.8~1.9		343 588	25 3	又称快削黄铜，适用于热冲压及切削方法制作的零件
	HMn58-2	57~60	≤1.0	≤0.1	Mn 1.0~2.0	382 588	30 3	海轮制造业用零件及电信器材
	HSn62-1	61~63	≤0.10	≤0.10	Sn 0.7~1.1	294 392	35 5	船舶零件
	HAl60-1-1	58~61	0.7~1.5	≤0.40	Al 0.7~1.5	441	15	在海水中工作的高强度零件

续表

类别	牌号	化学成分/%				力学性能(≥)		用途举例
		Cu	Fe	Pb	其他	σ_b/MPa	δ/%	
铸造黄铜	ZCuZn38	60~63	≤0.8			295 295	30 30	一般结构件及耐蚀件，如法兰、阀座、螺杆、螺母、支杆、手柄等
	ZCuZn38Mn2Pb2	57~60	≤0.8	1.5~2.5	Mn 1.5~2.5	245 345	10 18	一般用途结构件，船舶、仪表上外形简单的铸件，如套筒、衬套、滑块、轴瓦等
	ZCuZn31Al2	66~68	≤0.8	≤1.0	Al 2.0~3.0	295 390	12 15	适于压力铸造，如电动机、仪表等压铸件及船舶、机械制造业的耐蚀零件
	ZCuZn16Si4	79~81	≤0.6	≤0.5	Si 2.5~4.5	345 390	15 20	接触海水工作的管配件，水泵、叶轮、旋塞及在空气、海水、油、燃料中工作的铸件

表 2-10　常用青铜的牌号、成分、力学性能及用途

类别	牌号	化学成分/%			力学性能		用途举例
		Sn	Al	其他	σ_b/MPa	δ/%	
锡青铜	QSn4-3	3.5~4.5		Zn 2.7~3.3	350 550	40 4	弹性件，化工机械的耐磨、耐蚀件，抗磁零件
	QSn4-4-2.5	3.0~5.0		Zn 3.0~5.0 Pb 1.5~3.5	600	4	飞机、拖拉机、汽车用轴承和轴套的衬垫
	QSn6.5-0.4	6.0~7.0		P 0.26~0.40	400 700	65 10	造纸业用铜网，弹簧及耐磨件
铝青铜	QAl7		6.0~8.5		420 1000	70 4	弹簧及其他耐蚀弹性件
	QAl9-4		8.0~10.0	Fe 2.0~4.0	500~600 800~1000	40 5	船舶及电器零件，耐磨件
	QAl10-4-4		9.5~11.0	Fe 3.5~5.5 Ni 3.5~5.5	650 1000	40 10	高强度耐磨件及500℃以下工作的零件，其他重要耐磨耐蚀件
铍青铜	QBe2			Be 1.8~2.1	500 1250	40 3	重要的弹簧及弹性件，耐磨件及在高速、高压、高温下工作的轴承
	QBe1.7			Be 1.6~1.85	440 1150	50 3.5	各种重要的弹簧和弹性元件
硅青铜	QSi3-1			Si 2.7~3.5 Mn 1.0~1.5	400 700	50 5	弹簧及弹性件，耐蚀件，蜗轮、蜗杆、齿轮等耐磨件

续表

类别	牌号	化学成分/%			力学性能		用途举例
		Sn	Al	其他	σ_b/MPa	δ/%	
铸造青铜	ZCuSn10Pb1	9.0~11.5		P 0.5~1.0	200 310	3 2	高载荷和高滑动速度下工作的耐磨件，如连杆、轴瓦、衬套、齿轮、蜗轮等
	ZCuPb15Sn8	7.0~9.0		Pb 13.0~17.0	170 200	5 6	表面高压且有侧压的轴承，冷轧机的铜冷水管，内燃机双金属轴瓦、活塞销等
	ZCuAl9Mn2	8.0~10.0		Mn 1.5~2.5	390 440	20 20	耐磨、耐蚀件，形状简单的大型锻件，管路配件

（三）钛及其合金

纯钛密度为4.51g/cm³，熔点为1688℃。纯钛具有同素异构转变，在882.5℃以下为α-Ti，在882.5℃以上为β-Ti。纯钛的比强度高，塑性及低温韧性好，耐蚀性很高。钛具有良好的压力加工工艺性能，但切削性能较差。

钛合金是以钛为基体，加入合金元素铝、锡、铬、钼、锰等合金元素组成的合金。按合金使用状态下的组织分类，可分为α型、β型、α+β型三种。钛合金牌号用“T+合金类别代号+顺序号”表示，T是钛的拼音字首，合金类别代号分别用A、B、C分别表示α型、β型、α+β型钛合金。例如：TA6表示6号α型钛合金，TC4表示4号α+β型钛合金。

1. α型钛合金　主要成分为钛中加入铝和锡，退火状态下的组织是单相α固溶体，这类合金不能热处理强化，α型钛合金室温强度比其他两类钛合金低，但在500~600℃使用时能保持高的高温强度，α型钛合金的焊接性能和压力加工性能好，并且组织稳定。

2. β型钛合金　主要成分为钛中加入铬、钼、钒等合金元素，这类合金经淬火后得到β固溶体的组织，具有较高的强度和冲击韧性，压力加工性能和焊接性能良好。缺点是组织和性能不太稳定，熔炼工艺较复杂，故应用较少。

3. α+β型钛合金　室温组织为α+β两相组织，它可通过热处理淬火+时效处理强化。α+β型钛合金力学性能范围宽，可适应各种不同的用途，其中钛-铝-钒合金（TC4）应用最广，它具有较高的强度和韧性，100~400℃使用具有较好的耐热性，锻造性能、冲压性能和焊接性能均较好。表2-11为一些常用钛及其合金的牌号及力学性能。

表2-11　常用工业纯钛和钛合金和牌号、成分、力学性能及用途

种类	牌号	质量分数		力学性能					特点及应用
		Al/%	其他元素/%	σ_b/MPa	δ/%	ψ/%	a_k/J·cm^{-2}	HBS	
工业纯钛	TA1	杂质元素不大于	0.495	343	25	50	105		机械：350℃以下工作的受力零件及冲压件，压缩机气阀，造纸混合器 造船：耐海水腐蚀的管道、阀门泵水翼、柴油机活塞、连杆、叶簧 宇航：飞机骨架、蒙皮、发动机部件等
	TA2		0.815	441	20	40	90		
	TA3		1.015	539	15	35	—		

续表

<table>
<tr><th rowspan="2">种类</th><th rowspan="2">牌号</th><th colspan="2">质量分数</th><th colspan="5">力学性能</th><th rowspan="2">特点及应用</th></tr>
<tr><th>Al/%</th><th>其他元素/%</th><th>σ_b/MPa</th><th>δ/%</th><th>ψ/%</th><th>a_k/J · cm^{-2}</th><th>HBS</th></tr>
<tr><td rowspan="12">钛合金</td><td>TA5</td><td>3.3 ~ 4.7</td><td>—</td><td>686</td><td>15</td><td>40</td><td>58.8</td><td>—</td><td>用途与工业纯钛相仿</td></tr>
<tr><td>TA7</td><td>4.0 ~ 6.0</td><td>Sn:2.0 ~ 3.0</td><td>785</td><td>10</td><td>27</td><td>29.4</td><td>241 ~ 321</td><td>飞机蒙皮、骨架、零件、压气机壳体、叶片,400℃以下工作的焊接零件等</td></tr>
<tr><td rowspan="3">TA8</td><td rowspan="3">4.5 ~ 5.5</td><td>Sn:2.0 ~ 3.0</td><td rowspan="3">981</td><td rowspan="3">10</td><td rowspan="3">25</td><td rowspan="3">19.6 ~ 29.4</td><td rowspan="3">—</td><td rowspan="3">500℃以下长期工作的结构件和各种零件</td></tr>
<tr><td>Cu:2.5 ~ 3.2</td></tr>
<tr><td>Zr:1.0 ~ 1.5</td></tr>
<tr><td rowspan="3">TB2</td><td rowspan="3">2.5 ~ 3.5</td><td>Cr:7.5 ~ 8.5</td><td rowspan="3">淬火:≤981;
时效:1373</td><td rowspan="3">18
7</td><td rowspan="3">40
10</td><td rowspan="3">29.4
14.7</td><td rowspan="3">—</td><td rowspan="3">焊接性能和压力加工性能好</td></tr>
<tr><td>Mo:4.7 ~ 5.7</td></tr>
<tr><td>V:4.7 ~ 5.7</td></tr>
<tr><td>TC1</td><td>1.0 ~ 2.5</td><td>Mn:0.7 ~ 2.0</td><td>588</td><td>15</td><td>30</td><td>44.1</td><td>—</td><td>400℃以下的板材冲压和焊接零件</td></tr>
<tr><td>TC4</td><td>5.5 ~ 6.8</td><td>V:3.5 ~ 4.5</td><td>902</td><td>10</td><td>30</td><td>39.2</td><td>≥329</td><td>400℃以下长期工作的零件,结构用的锻件,各种容器,泵,低温部件,舰艇耐压壳体,坦克履带</td></tr>
<tr><td>TC10</td><td>5.8 ~ 6.5</td><td>Sn:1.5 ~ 2.5
V:5.5 ~ 6.5</td><td>锻棒:1030
轧棒:1030</td><td>12
12</td><td>25
30</td><td>34.3
39.2</td><td>—</td><td>450℃以下工作的零件,如飞机结构零件、起落架,导弹发动机外壳、武器结构件等</td></tr>
</table>

第 3 节　非金属材料

非金属材料主要有各类高分子材料(简称高聚物,如塑料、橡胶、合成纤维及部分胶粘剂等)、陶瓷材料(各种陶器、耐火材料、玻璃、水泥及近代无机非金属材料等)和各种复合材料(玻璃钢、不透性石墨等)。

目前,制药机械材料仍将以金属材料为主,但随着高科技的发展,高分子材料及陶瓷材料将会越来越多的为制药机械所应用。

一、常用工程塑料

高分子材料主要是合成树脂、合成橡胶及合成纤维三大类,其中合成树脂类材料是目前最主要的工程结构材料。

工程塑料有热塑性塑料及热固性塑料两类。

热塑性材料是由可以经受反复受热软化(或熔化)和冷却凝固的树脂为基本成分制成的塑料,它的特点是遇热软化或熔融,冷却后又变硬,这一过程可反复多次。热固性塑料是由经加热转化(或熔化)和冷却凝固后变成不熔状态的树脂为基本成分制成的,它的特点是在一定温度下,经过一定时间的加热或加入固化剂即可固化,质地坚硬,既不溶于溶剂,也不能用加热的方法使之再软化。

（一）热塑性塑料

这类塑料的特点是加热时软化，可塑造成形，冷却后则变硬；此过程具有可逆性，可反复进行。它的优点是加工成形简便，具有较高的机械性能；缺点是耐热性和刚性较差。热塑性塑料的典型品种有聚氯乙烯（PVC）、聚乙烯（PE）、聚丙烯、聚苯乙烯等。近年来研制开发的氟塑料、聚酰亚胺等品牌更具有突出的特殊性能，如具有优良的耐蚀性、耐热性、耐磨性及绝缘性等，是性能优良的高级工程材料。

（二）热固性塑料

这类塑料的特点是加入添加剂后在一定条件下发生化学反应而固化，但固化后再加热将不再软化，也不溶于溶剂。这类塑料的优点是耐热性高，受压不易变形；缺点是机械性能不好。热固性塑料的典型品种有酚醛塑料、环氧树脂、氨基塑料以及近年来新研制开发的聚苯二甲酸二丙烯树脂制成的热固性塑料。

二、工业陶瓷

常用的工业陶瓷主要有传统工业陶瓷、特种陶瓷及金属陶瓷三大类。

传统的工业陶瓷主要是指绝缘瓷、化工瓷和多孔过滤陶瓷。多孔过滤陶瓷是制作制药设备填料的主要材料；绝缘瓷主要用来制作隔离电源与机械支承及连接用的绝缘器件；化工瓷是用于化工制药、食品等工业和实验室中的重要器件、耐蚀容器、管道、设备等的常用材料。

特种陶瓷也叫新型陶瓷，具有极强的耐高温而又不被氧化的优点，是很好的高温耐火结构材料。主要用来制作高速切削工具、量具、拉丝模具、耐火坩埚等机器具以及用来制作砂轮、耐高湿涂层涂料。

金属陶瓷是指由金属与陶瓷组成的非均质复合材料。金属陶瓷兼具金属和陶瓷的优点，因而它既具有金属所具有的高强度、高韧性，又具备陶瓷的高硬度、高耐火度、高耐蚀性能的综合优点，是制作高速工具、模具、刃具以及航空航天中某些耐热高强度的优良工程材料。

三、复合材料

复合材料是由两种或两种以上化学性质或组织结构不同的材料组合而成的材料。复合材料种类繁多，在制药机械中应用广泛的复合材料主要有玻璃钢、涂料、不透性石墨。

（一）玻璃钢

玻璃钢又叫玻璃纤维增强塑料。玻璃钢按其成形性能不同，可分为热塑性玻璃钢与热固性玻璃钢两个大类。

热塑性玻璃钢是以玻璃纤维为增强剂并以热塑性树脂为粘结剂制成的复合材料，它的机械性能达到甚至超过了某些金属，可代替某些有色金属制造轴承、齿轮、轴承架等精密机件。

热固性玻璃钢是以玻璃纤维为增强剂并以热固性树脂为粘结剂制成的复合材料，它具有质量轻、比弦度高、耐蚀性能好、介电性能优越及可成型性优良等优点，它的缺点是刚度较差，耐热性亦不高，易老化及蠕变。主要用来制作形状复杂的机器构件、护罩及车辆配件等。

（二）涂料

涂料是一种高分子胶体的混合物溶液，涂在物体表面，然后固化形成薄涂层，用来保护物体免遭大气腐蚀及酸、碱等介质的腐蚀。大多数情况下用于涂刷设备、管道的外表面，也可用于设备内壁的防腐涂层。

采用防腐涂层的特点是品种多、选择范围广、适应性强、使用方便、价格低、适于现场施工等。但是，由于涂层较薄，在有冲击及强腐蚀介质的情况下，涂层容易脱落，使得涂料在设备内壁画的应用受到了限制。常用的防腐涂料有防锈漆、底漆、大漆、酚醛树脂漆、环氧树脂漆以及某些塑料涂料，如聚乙烯涂料、聚氯乙烯涂料等。

（三）不透性石墨

不透性石墨是由各种树脂浸渍石墨消除孔隙后制成。它具有较高的化学稳定性和良好的导热性，热膨胀系数小，耐温度急变性好；不污染介质，能保证产品纯度；加工性能良好，相对密度小。它的缺点是机械强度较低，韧性较差。

不透性石墨的耐腐蚀性主要决定于浸渍树脂的耐腐蚀性。由于其耐腐蚀性强和导热性好，常被用作腐蚀性介质的换热器，也可以制作泵、管道和用作机械密封中的密封环及压力容器用的安全爆破片等。

GMP 规定制造设备的材料不得对药物性质、纯度、质量产生影响，其所用材质须有安全性、可辨别性及使用强度。因而在选用材料中应考虑与药物等介质接触时，在腐蚀性、气味性的环境下不发生反应、不释放微粒、不易附着或吸湿的性质，无论是金属材料还是非金属材料均应具有这些性质。

链接

小结

1. 金属材料的力学性能是金属材料重要的使用性能。常用的力学性能指标有：屈服强度（σ_s）、抗拉强度（σ_b）、伸长率（δ）、断面收缩率（ψ）、冲击韧性（a_k）、硬度（HB、HR、HV）和疲劳极限（σ_r）等。

2. 热处理是通过控制加热、保温和冷却过程来改变金属材料的组织，以改善金属材料的工艺性能和使用性能的重要方法，其核心问题是钢在加热和冷却过程中组织与性能的变化规律。常用热处理工艺包括退火、正火、淬火、回火及表面热处理和表面化学热处理。要求熟悉常用热处理工艺方法的特点及应用。

3. 工程材料一般可分为金属材料、高分子材料、陶瓷材料和复合材料等几大类。其中，在工程中应用最广泛的是金属材料。

金属材料是工程应用中的支柱材料，在现代工业特别是机械行业中占有极为重要的地位，金属材料具有良好的导电性、导热性、延展性和金属光泽，是目前用量最大、应用最广泛的工程材料。它包括黑色金属（钢铁等）、有色金属（如铝、铜、镁、钛及其合金）两类。

非金属材料是指除金属和合金以外的其余材料。非金属材料原料来源广，成形工艺简单，应用日益广泛，且具有一些特殊性能，是不可替代的工程材料。目前已成为机械工程材料中不可缺少的、重要的组成部分。

目标检测

一、填空题

1. 材料的性能一般分为________和________两大类。
2. 材料的力学性能主要包括________、________、________、________、________等。
3. 常用测定硬度的方法有________、________、和________测试法。
4. 常用的塑性指标有________和________。
5. 热处理分为________和________两大类。普通热处理包括________、________、________、________等。
6. 按化学成分可将钢分为________和________；按钢的用途不同分为________、________和________；按钢的质量可分为________、________和________。
7. 铸铁与钢是以它们含碳量的高低来区分的，一般含碳量高于________者为铸铁，低于此值为钢。
8. 根据铝合金的成分及生产工艺特点，铝合金分为________和________两类。
9. 常用的工业陶瓷主要有________、________及________三大类。
10. 金属材料在外力作用下发生________的能力称为塑性。
11. 纯铜外观呈________，故俗称________。
12. 钛合金是以钛为基体，加入合金元素________、________、________、________等合金元素组成的合金。按合金使用状态下的组织分类，可分为________型、________型、________型三种。
13. 非金属材料是除________以外的一切材料的总称，主要包括________、________、________。
14. 热塑性材料是由可以经受反复________和________的树脂为基本成分制成的塑料。热塑性塑料的典型品种有________、________、________、________等。
15、复合材料是由两种或两种以上________或________不同的材料组合而成的材料。复合材料种类繁多，在制药机械中应用广泛的复合材料主要有________、________、________。

二、单项选择题

1. 在测量薄片工件的硬度时，常用的硬度测试方法的表示符号是（　　）。
   A. HB　　B. HR　　C. HV　　D. HS
2. 材料抵抗外力作用不失效、不被破坏的能力叫（　　）。
   A. 强度　　B. 硬度　　C. 塑性　　D. 弹性
3. 表示金属材料屈服强度的符号是（　　）。
   A. σ_e　　B. σ_s　　C. σ_b　　D. σ_{-1}
4. 洛氏硬度标尺所用的压头是（　　）。
   A. 硬质合金球　　B. 金刚石四棱锥体　　C. 金刚石圆锥体　　D. 淬火钢球
5. 钢的低温回火的温度为（　　）。
   A. 400℃　　B. 350℃　　C. 300℃　　D. 250℃
6. 退火是将工件加热到一定温度，保温一段时间，然后采用的冷却方式是（　　）。
   A. 随炉冷却　　B. 在油中冷却　　C. 在空气中冷却　　D. 在水中冷却
7. 正火是将工件加热到一定温度，保温一段时间，然后采用的冷却方式是（　　）。
   A. 随炉冷却　　B. 在油中冷却　　C. 在空气中冷却　　D. 在水中冷却
8. 碳钢的淬火工艺是将其工件加热到一定温度，保温一段时间，然后采用的冷却方式是（　　）。
   A. 随炉冷却　　B. 在风中冷却　　C. 在空气中冷却　　D. 在水中冷却
9. 表面淬火后一般进行（　　），以满足工件表层的高硬度、高耐磨性要求。
   A. 低温回火　　B. 中温回火　　C. 高温回火　　D. 不做任何处理

10. 钢号为 45,其含碳量为(　　)。

A. 45%　　B. 4.5%　　C. 0.45%　　D. 0.045%

11. 下列材料牌号中,碳素结构钢是(　　)。

A. QSn4-3　　B. QT40-10　　C. HT100　　D. Q215

12. 碳素结构钢的含碳量低于(　　)时为低碳钢。

A. 0.25%　　B. 0.5%　　C. 0.6%　　D. 0.7%

13. 碳素结构钢的含碳量越高,则(　　)。

A. 材料的强度越高,塑性越低　　B. 材料的强度越低,脆性越高

C. 材料的强度越高,塑性不变　　D. 材料的强度变化不大,而塑性越低

14. $60Si_2Mn$ 是一种合金结构钢,元素符号前面的数字 60 表示的是(　　)。

A. 钢中合碳量的千分数　　B. 钢中含碳量的万分数

C. 钢中含碳量的百分数　　D. 钢中合金元素的总含量

15. 35CrMo 钢根据其组织和机械性能,在工业上主要作为一种(　　)使用。

A. 合金渗碳钢　　B. 合金弹簧钢　　C. 合金调质钢　　D. 滚动轴承钢

16. HT150 是(　　)的牌号?

A. 球墨铸铁　　B. 可锻铸铁　　C. 灰铸铁　　D. 白口铸铁

17. 下列材料中,(　　)是青铜?

A. H68　　B. 2A01　　C. QSn4-3　　D. HSn62-1

18. 牌号 5A05 表示(　　)。

A. 防锈铝　　B. 硬铝　　C. 超硬铝　　D. 锻铝

三、简答题

1. 说明下列机械性能指标符号所表示的意思:σ_s、a_k、σ_b、σ_r。
2. 什么是硬度?指出测定金属硬度的常用方法和各自的优缺点。
3. 什么是热处理?热处理的目的是什么?
4. 什么叫淬火?其主要目的是什么?淬火钢为什么要进行回火处理?
5. 说明下列牌号的意义:Q215A　1Cr18Ni9Ti　20　QSn4-3
6. 合全钢中经常加入哪些合金元素?如何分类?
7. 在制药设备中常采用哪种有色金属及其合金?有何特点?

第3章　制药设备常用机构

学习目标

通过本章的学习，应达到以下三点要求：

1. 掌握连杆机构、凸轮机构和间歇运动机构的原理、特点及应用。
2. 理解运动副、自由度等基本概念。
3. 了解平面运动简图的绘制方法。

第1节　基础知识

一、机器机构、构件与零件

在制药机械中，各种机器都是由若干的机构所组成，如连杆机构、凸轮机构、间歇运动机构以及其他一些常用机构等。如图3-1所示的圆盘药片计数装置就是由凸轮机构、槽轮机构和齿轮机构等组成。

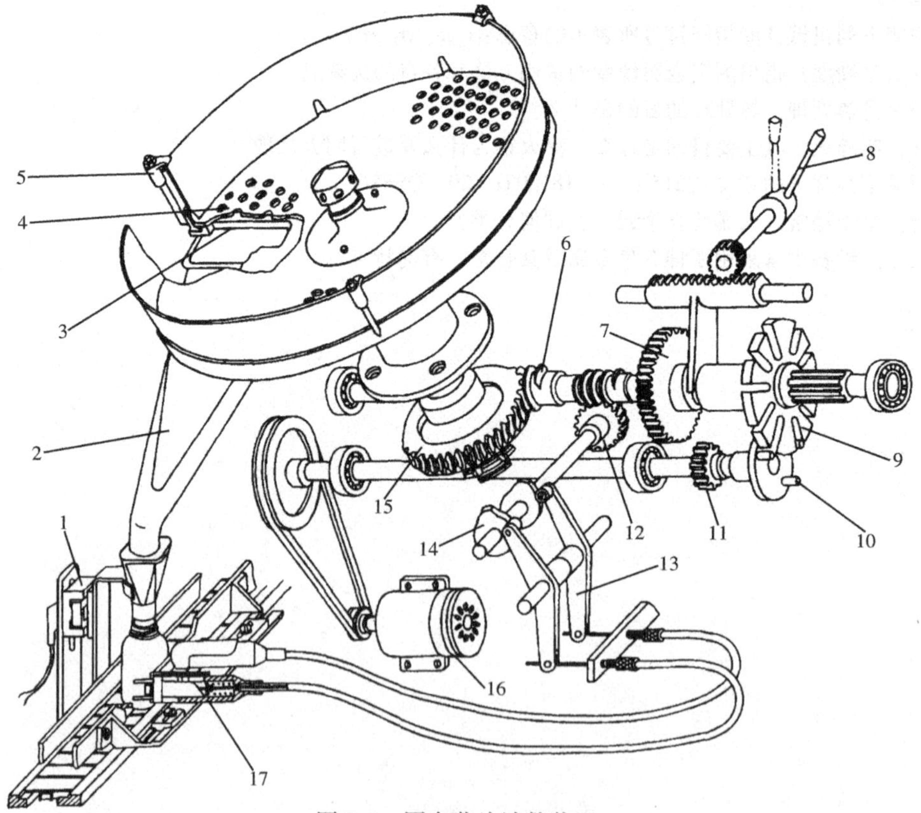

图3-1　圆盘药片计数装置

1. 电磁振动器；2. 落片漏斗；3. 托盘；4. 数片孔板；5. 压杆；6. 蜗杆；7. 大齿轮；8. 变换手柄；9. 槽轮；10. 曲柄轮；11. 小齿轮；12、15. 蜗轮；13. 摆动闸线拉杆；14. 控制凸轮；16. 电机；17. 挡瓶闸门

机构是由一个或几个构件组成并能实现运动的传递和转换的机械系统。机构又是由若干构件所组成。构件是机械系统的最小运动单元。而构件可以是一个零件,也可以是由几个零件构成的刚性整体零件,是机械系统的最小组成单元。构件与零件的主要区别在于:构件是运动的单元,它作为一个整体参与运动,而零件是制造的单元。

总之,机器由机构组成,机构由构件组成,而构件由一个或若干个零件组成。

二、运动副及其分类

机构是由若干个构件组合成的,相邻的两个构件应以适当的方式相互连接,才能保持确定的相对运动。两个构件直接接触而又能保持一定形式相对运动的连接称为运动副。根据运动副连接的两构件空间位置的不同,运动副可分为平面运动副和空间运动副。

(一) 平面运动副

若运动副只允许两构件在同一平面或相互平行平面内作相对运动,则称为平面运动副。平面运动副又可分为低副和高副。

1. 低副　两构件通过面接触组成的运动副称为低副。低副又可分为转动副和移动副。

(1) 转动副:若组成运动副的两构件只能在一个平面内作相对转动,则称该运动副为转动副,也称铰链。图 3-2 中所示构件 1 与 2 的连接就是转动副。

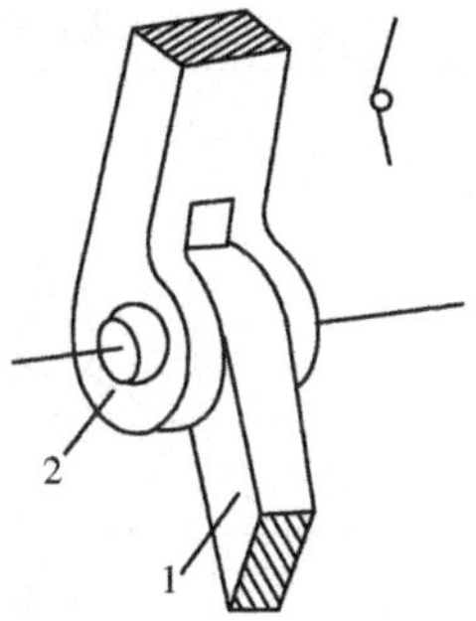

图 3-2　转动副及其代表符号

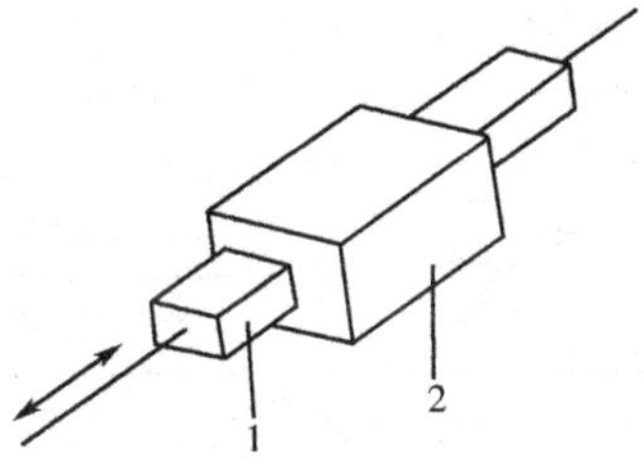

图 3-3　移动副

(2) 移动副:若组成运动副的两构件只能沿某一轴线作相对移动,则称该运动副为移动副。图 3-3 中所示构件 1 与 2 组成的运动副就是移动副。

2. 高副　两构件通过点或线接触构成的运动副称为高副。如图 3-4(a)所示的凸轮 1 与从动杆 2 及图 3-4(b)所示的轮齿 1 与轮齿 2 的连接都是高副。

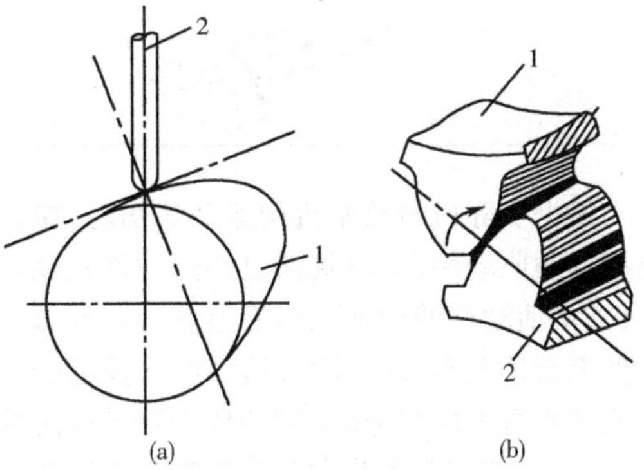

图 3-4　高副

(二) 空间运动副

若组成运动副的两构件只能作空间相对运动,则称该运动副为空间运动副。如图 3-5 所示即为常用的螺旋副和球面副。

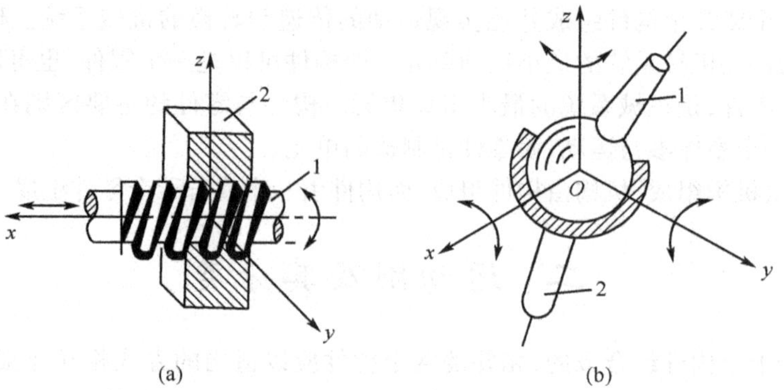

图 3-5 空间运动副

（a）螺旋副；（b）球面副

三、平面机构运动简图

实际构件的外形通常比较复杂，为了便于研究机械的运动，可以忽略构件的外形和运动副的结构，用简单的线条和符号表示构件和运动副，并按一定的比例定出各运动副的位置，这种能表达各构件相对运动关系的简图即为为机构运动简图。常用运动副的代表符号如表 3-1 所示。

表 3-1 运动副的代表符号

名称	代表符号	名称	代表符号
转动副	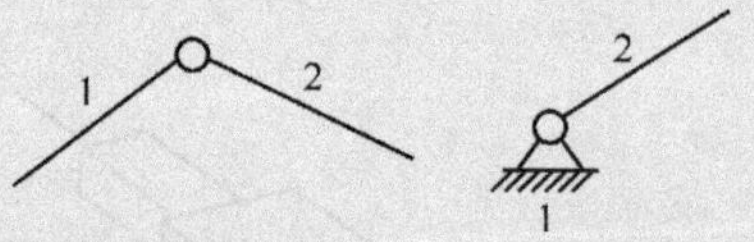	球面副	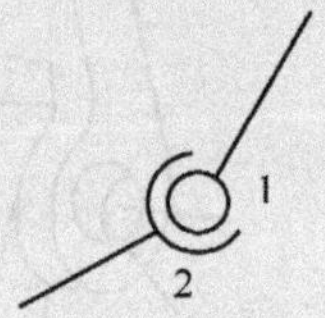
移动副	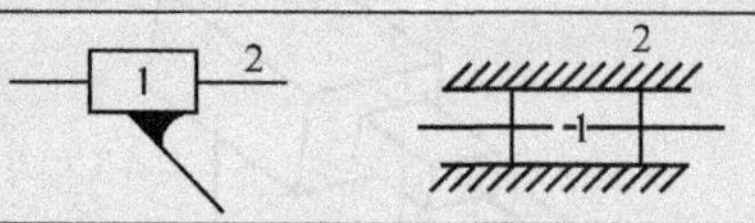		
高副	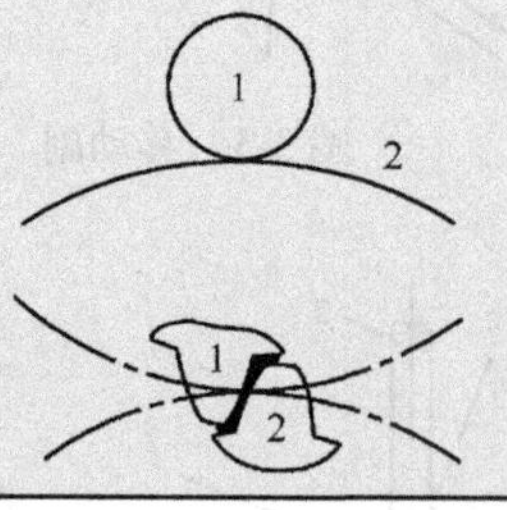	螺旋副	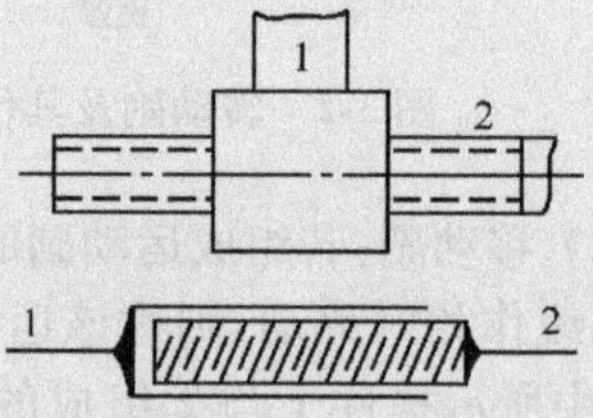

根据实际机械绘制机构运动简图时，应首先分析该机械的实际结构组成及其运动状况，找出机构的原动件（运动规律已知的构件）、从动件（随原动件的运动而运动的构件）和固定件（机架，支承活动件的构件），然后沿着传动路线一一确定各构件的运动副的种类和数量，测量出各构件上与运动有关的尺寸，然后再选择适当的比例尺和视图平面（一般以多数构件的运动所在面或其平行平面）用运动副的代表符号和简单线条绘制出该机构的运动简图。

现以图 3-6（a）所示的颚式粉碎机为例说明机构运动简图的画法。

（1）确定原动件、从动件及固定件：如图 3-6（a）所示，该机构是由偏心轴 2（主动件）、动颚 3、肘板（从动件 4）及机架 1（固定件）所组成的曲柄摇杆机构。

（2）确定各运动副的类型和数目：如图 3-6（a）所示，偏心轴 2 与机架 1 组成转动副 A，偏心轴2与动颚3组成转动副B,肘板4与动颚3组成转动副C,肘板4与机架1组成转动副D。整个机构共有4个转动副。

(3) 选择视图平面及比例尺,定出各运动副的相对位置:用构件和运动副的代表符号绘出机构运动简图[图3-6(b)]。

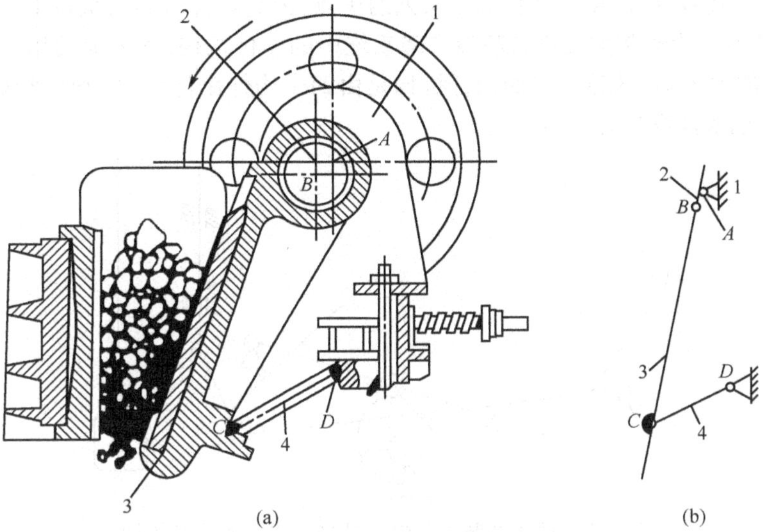

图3-6 颚式粉碎机

1. 机架;2. 偏心;3. 轴动颚;4. 肘板

四、平面机构的自由度

所谓机构的自由度,即机构所具有的独立运动数目。平面机构中的每个构件,在未用运动副与其他构件连接之前,都有三个自由度(在XOY平面直角坐标体系中有沿X轴、Y轴方向的两个移动和绕任意点的一个转动),而在连接之后,由于受到运动副的约束,失去某些自由度。平面低副使被连接构件失去两个自由度,保留一个自由度(构件的相对转动或移动),即其约束数为2(见图3-3);而组成平面高副的两个构件,失去了沿过接触点法线n-n方向的移动,但可绕接触点转动及沿过接触点切线t-t方向的移动(见图3-4)。所以平面高副仅使连接构件失去一个自由度,保留了两个自由度,即其约束数为1。

若一个平面机构由n个构件组成,其中1个构件为固定不动的机架,则该机构共有$n-1$个活动构件。每个活动构件在连接之前有3个自由度,则$n-1$个构件就有$3(n-1)$个自由度,而在连接之后,由于受运动副的约束,机构的自由度将大为减少。设在该机构中,组成的低副数是P_L个,组成的高副数是P_H个,则该机构的全部运动副的约束数就共有$2P_L+P_H$个。如W表示机构尚保留的自由度,则

$$W=3(n-1)-2P_L-P_H \tag{3-1}$$

W就是机构所具有的独立运动数目,即自由度。要使机构具有确定的运动,则原动件数目应等于机构的自由度。这就是机构具有确定运动的条件。

机构的自由度可能是一个,甚至多个,绝大多数机构都只有一个自由度,对这样的机构只要使其中一个构件按给定的运动规律运动,整个机构的运动便完全被确定。机构若能运动,则自由度必须大于零。

第2节 连杆机构

各构件之间均以低副相连接的机构称为连杆机构。由于它能实现多种运动形式的转换，并具有结构简单、制造容易、使用寿命长等一系列的优点，因此在许多制药机械上都可以看到它的应用。如图 3-7 所示为糖浆灌装设备喷嘴升降系统中的连杆机构，其主要功用是实现给定的运动规律或实现给定的运动轨迹。平面四杆机构是由四个构件用低副（转动副和移动副）组成的机构，是组成其他多杆机构的基础。

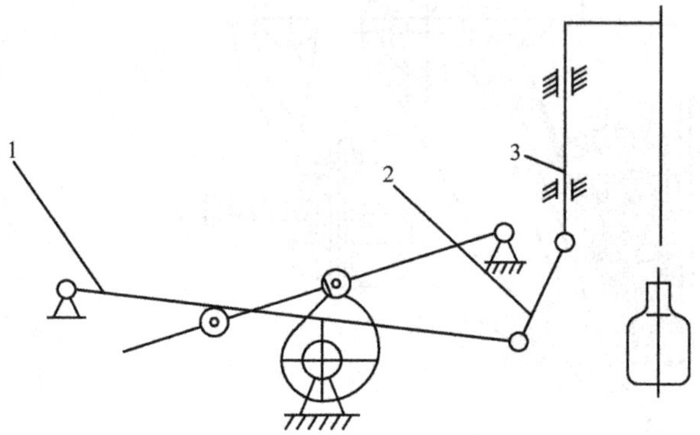

图 3-7 糖浆灌装设备喷嘴升降系统中的连杆机构

1. 摇杆；2. 连杆；3. 滑杆

平面四连杆机构包括铰链四杆机构及其演化机构。

一、铰链四杆机构

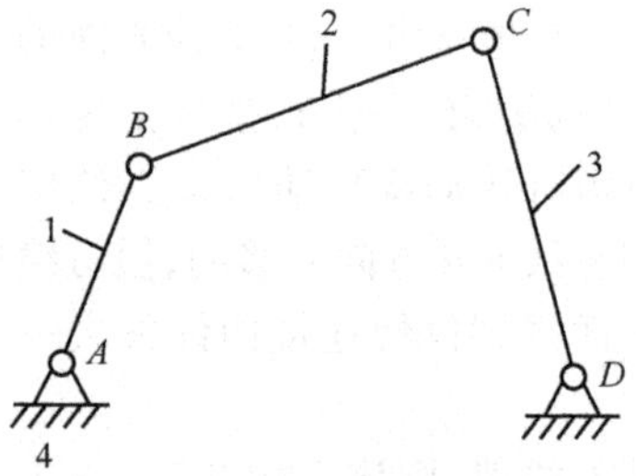

图 3-8 铰链四杆机构

凡由转动副（铰链）连接的四杆机构即称为铰链四杆机构，其机构简图的基本形式如图 3-8 所示。固定不动的杆 4 称为机架，与机架相连的杆 1 与杆 3 称为连架杆，连接两连架杆的称为连杆。

在铰链四杆机构中连杆 2 通常作复杂的平面运动，连架杆 1 和 3 绕各自的回转中心 *A* 和 *D* 转动。其中能作整周回转运动的称为曲柄，仅能在某一角度范围内摆动的称为摇杆。

铰链四杆机构有以下三种基本类型。

（一）曲柄摇杆机构

铰链四杆机构中若两连架杆一为曲柄，一为摇杆；则该四杆机构称为曲柄摇杆机构。

曲柄摇杆机构能将整周回转运动转换为往复摆动。在这种情况下曲柄为原动件，做等速转动；摇杆为从动件做变速往复摆动。

图 3-9 ~ 图 3-11 所示为曲柄摇杆机构的应用实例。图 3-9 为颚式粉碎机机构，图 3-10 为搅拌机机构，图 3-11 为雷达控制机构。

曲柄摇杆机构也能使摆动转换为整周回转运动。此时，摇杆为原动件，作往复摆动，而曲柄为从动件作整周回转运动。如图 3-12 所示的家用缝纫机的踏板机构即是这种情况的应用实例。

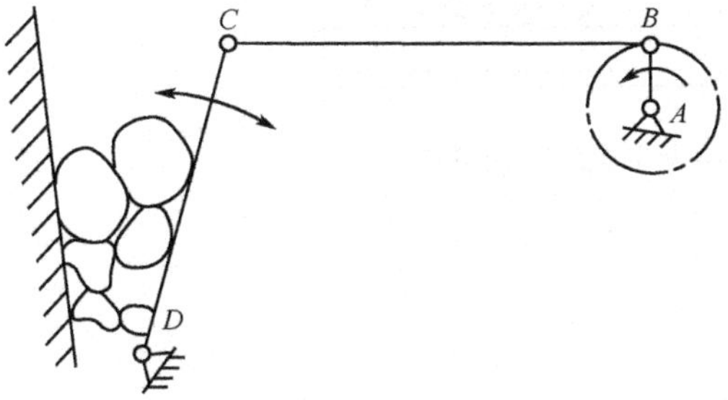

图 3-9　曲柄摇杆机构——颚式粉碎机机构

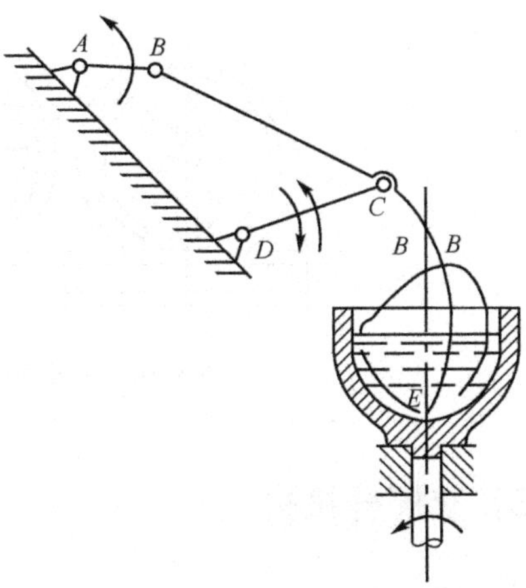

图 3-10　曲柄摇杆机构——利用连杆平面运动的搅拌机机构

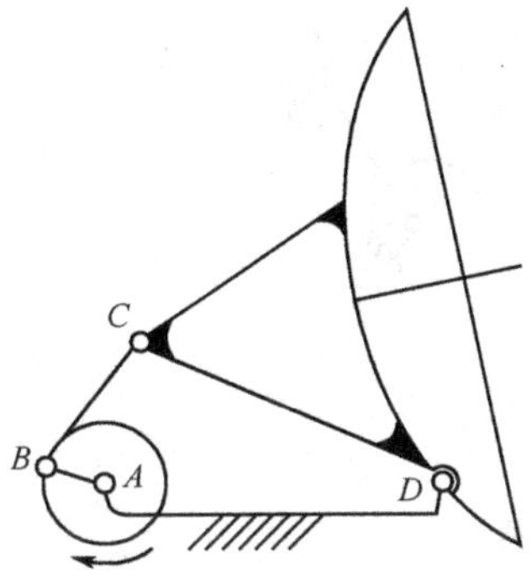

图 3-11　曲柄摇杆机构——雷达控制机构

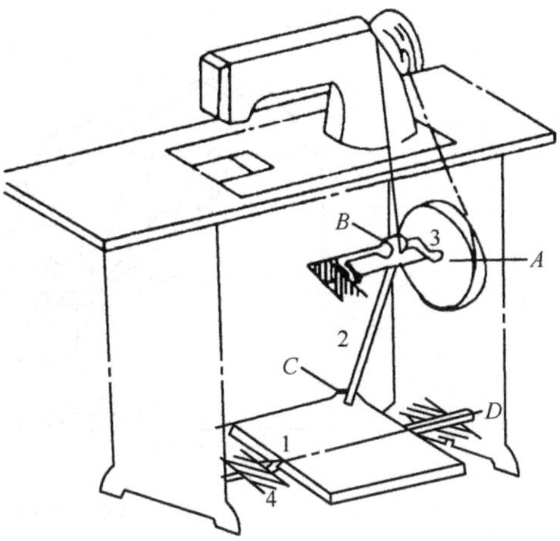

图 3-12　曲柄摇杆机构——家用缝纫机的踏板机构

（二）双曲柄机构

在铰链四杆机构中，当两连架杆均为曲柄时称为双曲柄机构。如图 3-13 所示的惯性筛机构和图 3-14 所示的火车车轮的联动机构等都是它的应用实例。

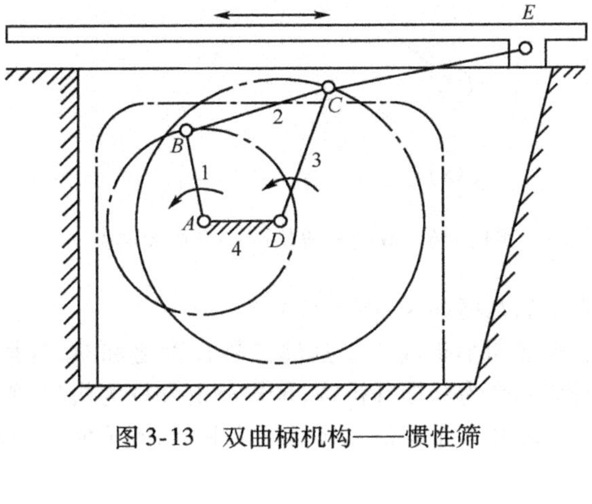

图 3-13　双曲柄机构——惯性筛

图 3-14　双曲柄机构——火车车轮联动机构

（三）双摇杆机构

在铰链四杆机构中，若两连架杆均为摇杆时称为双摇杆机构。如图 3-15 所示港口码头的鹤式起重机机构和图 3-16 所示的飞机起落架机构等都是它的应用实例。

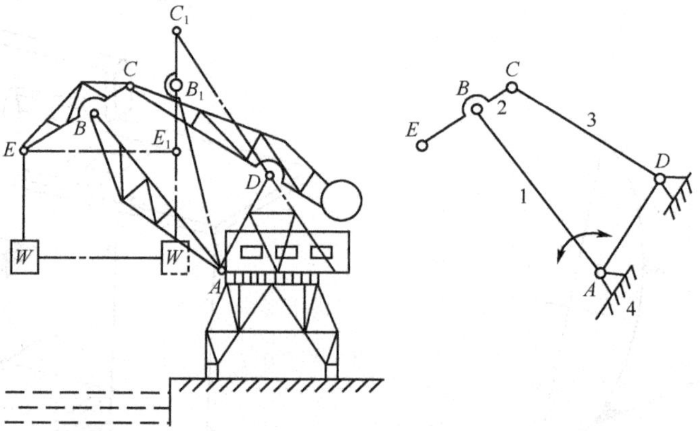

图 3-15　双摇杆机构——鹤式起重机

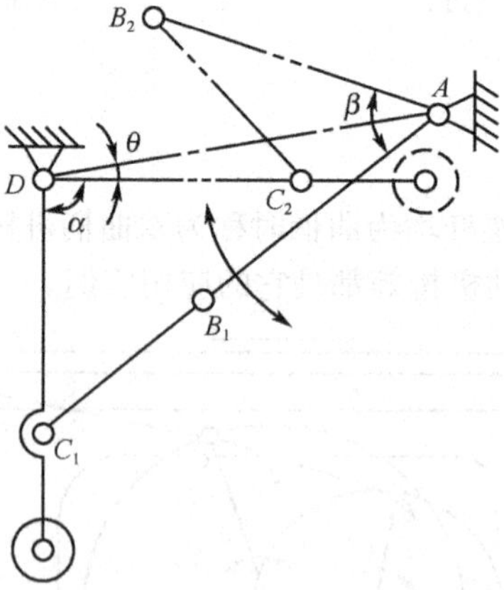

图 3-16　双摇杆机构——飞机起落架

铰链四杆机构三种类型的判据如下（图 3-17）：

当最短杆与最长杆长度之和小于或等于其他二杆长度之和时，若最短杆为机架，则为双曲柄机构；最短杆的对杆为机架，则为双摇杆机构；最短杆的邻杆为机架，则为曲柄摇杆机构。

当最短杆与最长杆长度之和大于其他二杆长度之和时，不论何杆为机架，均为双摇杆机构。

运动副情况 \ 机架	4	1	2	3
铰链四杆机构	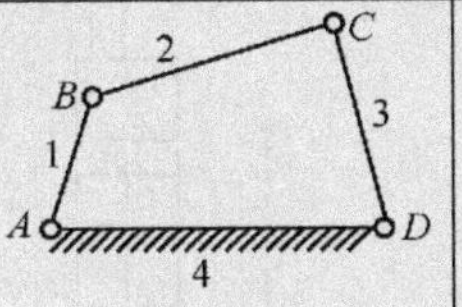 曲柄摇杆	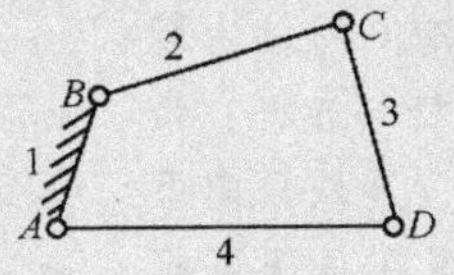 双曲柄	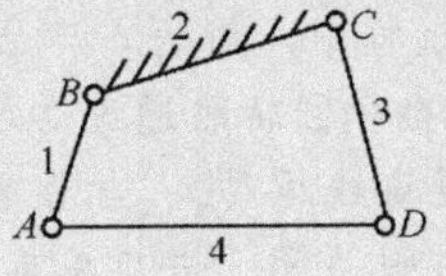 曲柄摇杆	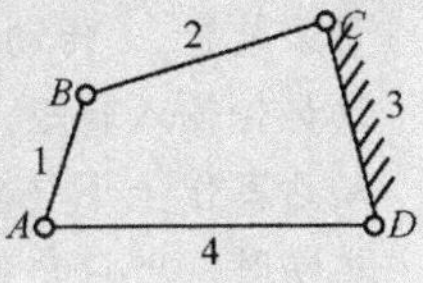 双摇杆

图 3-17 铰链四杆机构三种类型

二、铰链四杆机构的演化机构

（一）曲柄滑块机构

具有一个移动副和三个转动副的机构称为曲柄滑块机构，如图 3-18 所示。

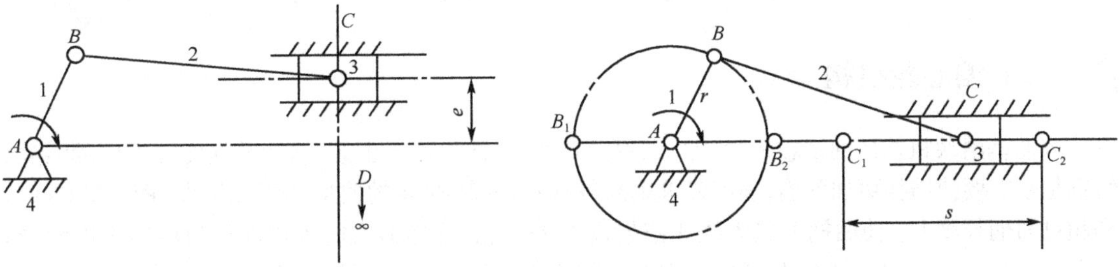

图 3-18 曲柄滑块机构

曲柄滑块机构是由曲柄摇杆机构演变而来的（当摇杆为无限长时），其中与机架 4 构成移动副的块状构件 3 称为滑块。当曲柄 1 连续转动时，滑块 3 将沿导轨作往复直线移动。图中曲柄回转中心 A 到滑块导轨中心线的距离 e 称为偏距，当 $e \neq 0$ 时称为偏置式曲柄滑块机构，见图 3-18(a)；当 $e=0$ 时称为对心式曲柄滑块机构，见图 3-18(b)。在对心式曲柄滑块机构中，曲柄（滑块）为主动件连续回转（滑块往复移动）时，通过连杆转换为滑块的往复移动（曲柄的回转运动），如压缩机（内燃机）。在曲轴回转一周的过程中，曲柄与连杆两次共线，且与导轨的中心线重合，对应滑块移动的两个极限位置 C_1、C_2 之间的距离 s 称为滑块的行程。显然它与曲柄的长度 r 之间有如下关系

$$s=2r$$

由于对心式曲柄滑块机构较偏置式曲柄滑块机构工作行程大，受力情况好，因此在制药生产中应用广泛，图 3-19 所示为曲柄滑块机构在药品包装设备中的送盒机构中的应用。

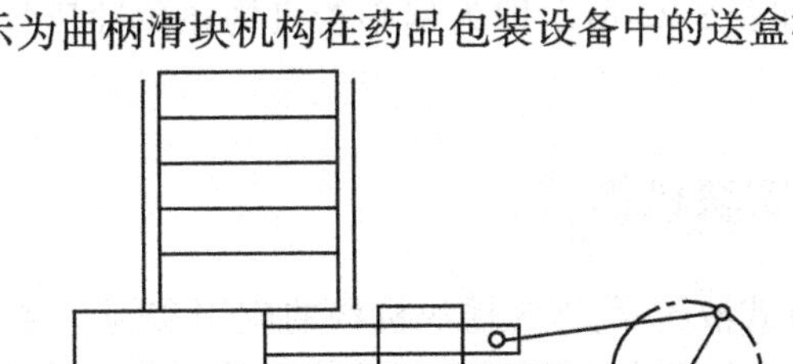

图 3-19 曲柄滑块机构——送盒机构

图 3-20 所示为应用曲柄滑块机构的药物灌装计量泵装置。传动过程中，曲柄 2 与凸轮 1 同轴由驱动齿轮输入转矩，曲柄回转时通过活塞杆（连杆）带动活塞作上下往复直线运动。当活塞（滑块）向下运动时，出口单向阀关闭，进口单向阀在负压下打开，定量吸入药液；当活塞向上运动时，进口单向阀在液体压力下关闭，出口单向阀打开（由凸轮 1 控制），计量泵中的定量药液通过管路送到灌装头并快速灌装到包装瓶或袋中。

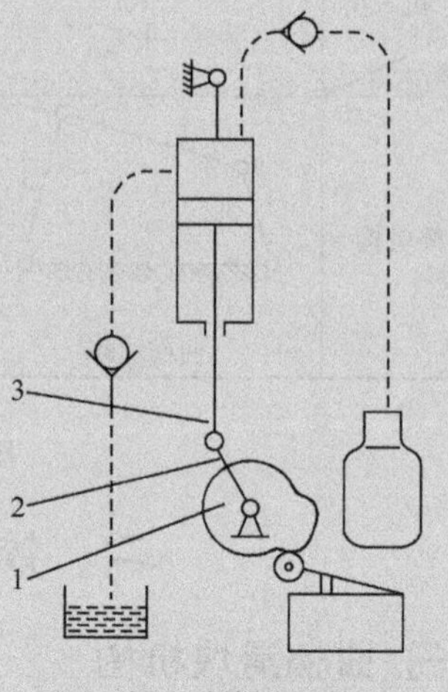

图 3-20 计量泵传动系统示意图
1. 凸轮;2. 曲柄;3. 活塞杆

链 接

（二）偏心轮机构

当曲柄滑块机构的曲柄较短时，如图 3-21(a)所示，往往出于工艺、结构及强度等方面的需要，特别是在需要使结构更加紧凑，强度要求更高时，而将回转副 B 的曲柄销半径扩大[图 3-21(b)]，到超过曲柄长度 l_{AB}，使曲柄 1 成为绕 A 点转动的偏心轮，这样形成的机构即称为偏心轮机构，如图 3-21(c)所示，其回转轴心 A 与圆几何中心 B 间的距离，称为偏心距 e(即曲柄的杆长)。

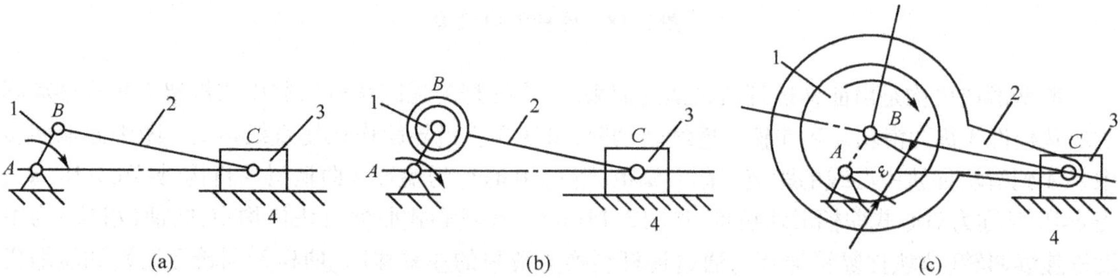

图 3-21 偏心轮机构

偏心轮机构不仅结构简单，而且增大了轴颈尺寸，提高了偏心轮轴颈的强度和刚度，所以它广泛用于承受较大冲击载荷或曲柄长度受到限制的机构中。偏心轮机构只能由曲柄作主动件，滑块作从动件，如冲床。如图 3-22 所示即为偏心轮机构在单冲压片机上的应用——上冲运动机构。

（三）摇块机构和定块机构

图 3-23 所示为一摆缸式液压泵，即为摇块机构的应用实例。这里将摇块 3 做成了圆形，它仅能绕其圆心摆动。当曲柄 1 转动时，柱塞 2 与摇块 3 的相对运动即完成了吸入或压出液体的功能。

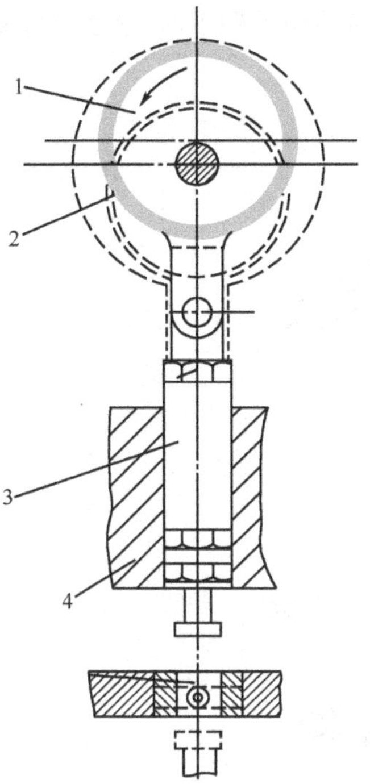

图3-22　偏心轮机构在单冲压片机上的应用

1. 偏心轮;2. 滑套;3. 上冲;4. 机架

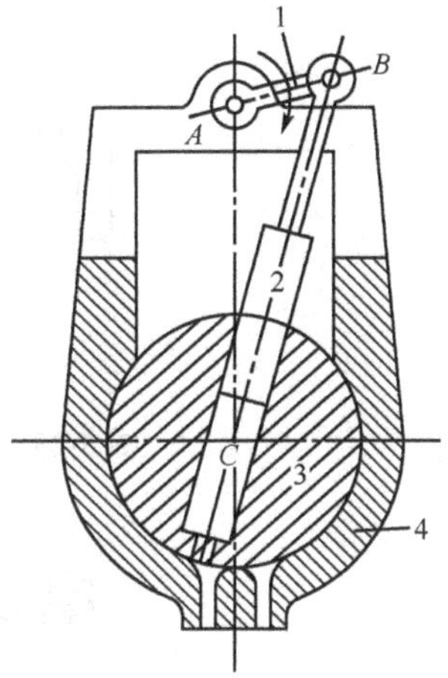

图3-23　摇块机构应用实例——摆缸式液压泵

图3-24所示为用于摇摆式制粒机的传动机构，由带传动、蜗杆蜗轮传动、曲柄摇块机构和齿条齿轮机构组合成的。电动机经带传动驱动蜗杆转动，蜗轮上安装一偏心销，铰链连接连杆下端，连杆（齿条）上端与齿轮啮合。连杆（齿条）的平面运动带动齿轮作往复摆动，摆角小于360°；制粒滚筒轴与齿轮轴以凹凸嵌入式联轴器浮动连接，也作往复摆动。齿条且在导向板压紧导向作用随齿轮摆动，与曲柄摇块机构运动相同。

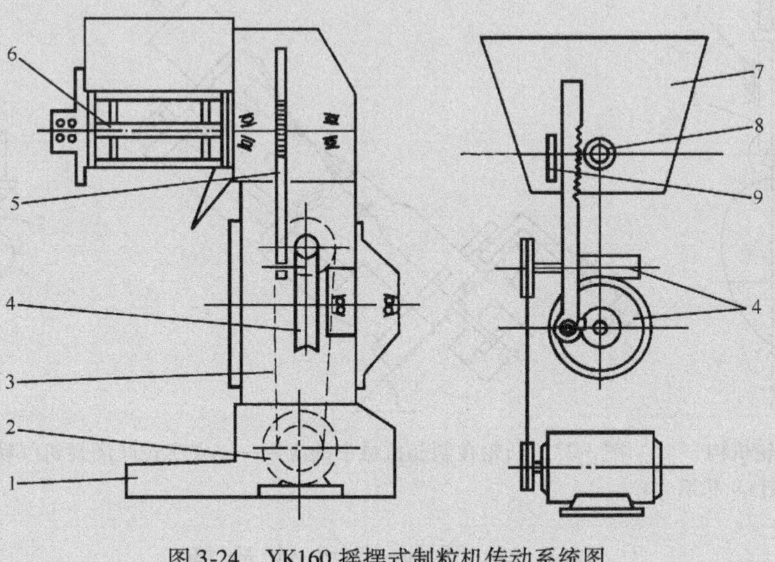

图3-24　YK160摇摆式制粒机传动系统图

1. 机座;2. 电机;3. 带传动;4. 蜗杆蜗轮;5. 连杆(齿条);6. 制粒滚筒轴;7. 制粒料斗;8. 齿轮;9. 导向板

链接

图3-25所示的手摇唧筒,即为定块机构的应用实例。当摇动手柄1时,活塞便在缸体3中作往复移动,完成吸排液体的功能。

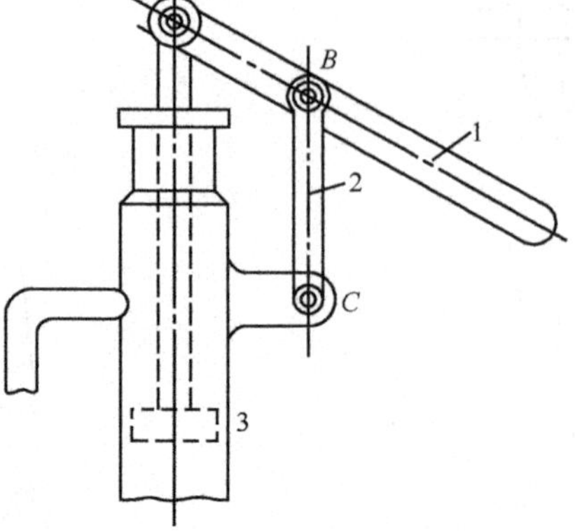

图3-25　定块机构应用实例——手摇唧筒

第3节　凸轮机构

凸轮机构主要由凸轮、从动杆及机架三个构件组成。凸轮是一个具有不规则曲线轮廓或凹槽的构件。在凸轮机构里,凸轮一般用作主动件,并作等速转动或往复直线移动。与凸轮轮廓接触并传递动力和实现预定运动规律的构件即为从动杆,它一般作往复直线运动或摆动,如图3-26所示。凸轮机构广泛应用于各种制药机械中,如图3-27所示。

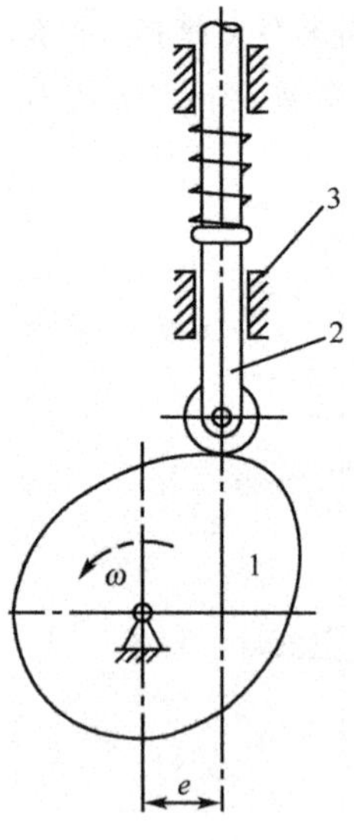

图3-26　凸轮机构

1. 凸轮;2. 从动杆;3. 机架

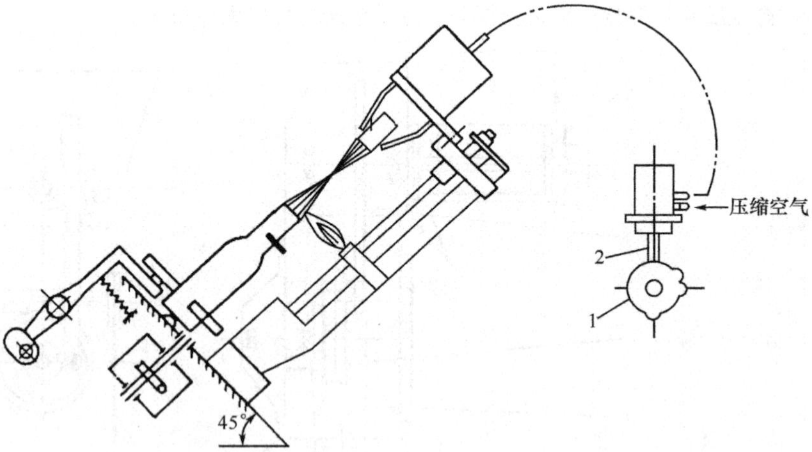

图3-27　凸轮在制药机械中的应用——安瓿拉丝灌封机气动拉丝封口机构

一、凸轮机构工作原理

图3-28所示的凸轮机构是活塞式内燃机的进气机构。当凸轮从图示位置逆时针转动时,凸

轮轮廓将推动进气阀门推杆迅速上升至最高位置,使进气阀门在短时间内完全打开,气缸快速进气;凸轮继续转动时,进气阀门推杆在弹簧力的推动下将下降到最低位置并保持一段时间,将进气阀门关闭,直到下一个循环再进气前为止。

图 3-29 为组合机床等机器中常用的行程控制凸轮机构。凸轮 1 固定在机器的运动部件上并随之一起移动,当到达预定位置时,其轮廓将接触并推动电气行程开关(或液压行程阀)的从动杆 2,使之产生电信号(或液压信号),从而使移动部件变速、变向或停止运动等,以实现机器的自动工作循环、变向或停机等要求。

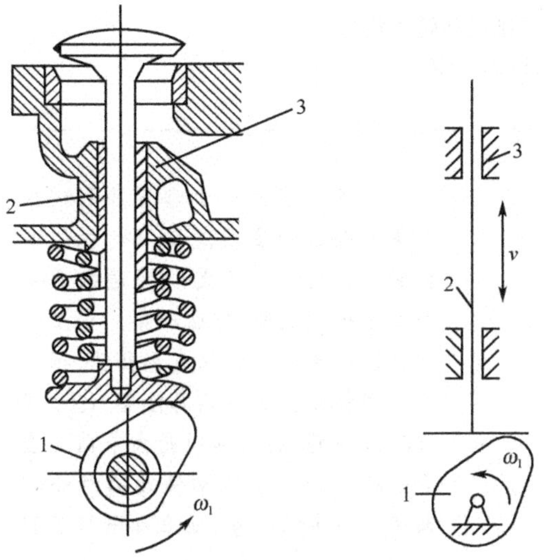

图 3-28　控制内燃机进(排)气阀门的凸轮机构
1. 凸轮;2. 进气阀门;3. 机架

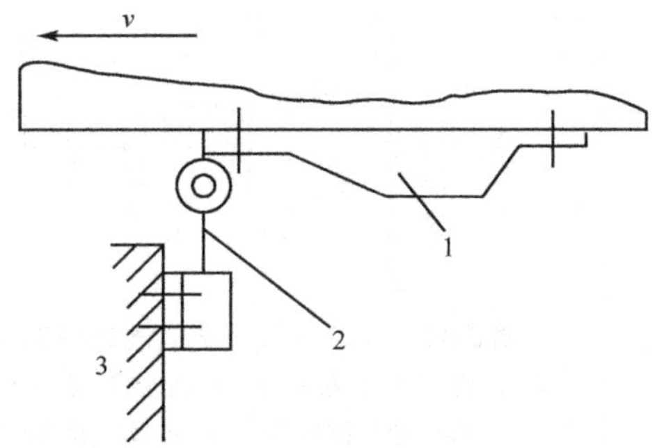

图 3-29　行程控制凸轮
1. 凸轮;2. 从动杆;3. 机架

小李在某药厂粉针剂生产车间轧盖岗位工作。有一天,他发现轧刀总成在完成工艺动作时出现个别铝盖包合边有毛边。小李按照机器的传动路线、简单行星轮系、移动凸轮和调整螺钉逐一认真检查,终于找出了故障的原因,发现这是设备的振动引起的故障,他立即进行了简单的调整,确保生产顺利进行。请你分析一下,该故障的原因是什么? 如何排除?

提示:

轧刀总成的传动系统如图 3-30 所示。

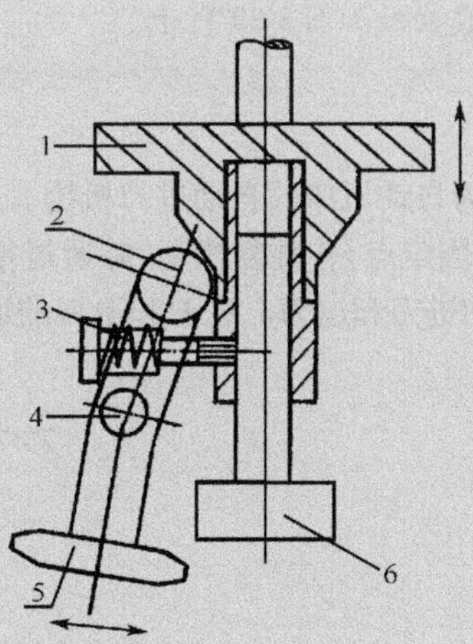

图 3-30　粉针抗生素瓶轧盖机系统图
1. 移动凸轮;2. 滚轮;3. 复位弹簧;
4. 转销;5. 轧刀;6. 压瓶头

案例3-1

图 3-31 为缝纫机中的挑线凸轮机构。安装在挑线板 2 上的小滚轮嵌在圆柱凸轮 1 的螺旋状沟槽内,螺旋的形状决定了挑线板 2 的运动情况。当凸轮 1 绕自身轴线连续转动时,通过其沟

槽推动小滚轮作相对移动，于是挑线板 2 绕机架 3 的轴 O 摆动，并使穿在挑线板右上方小孔中的针线被拉紧并不断向前输送。

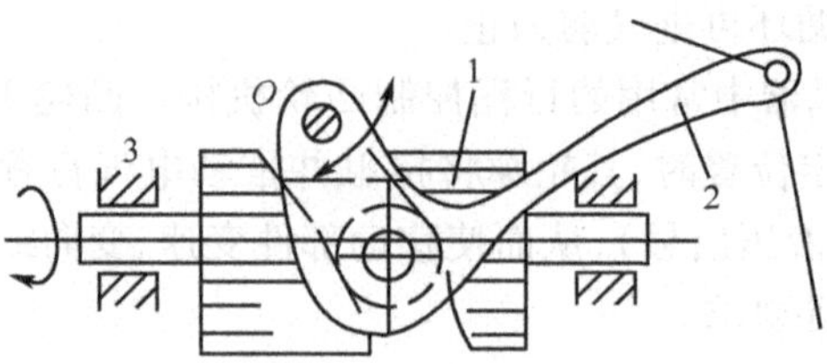

图 3-31 缝纫机中的挑线凸轮机构

1. 凸轮；2. 挑线板；3. 机架

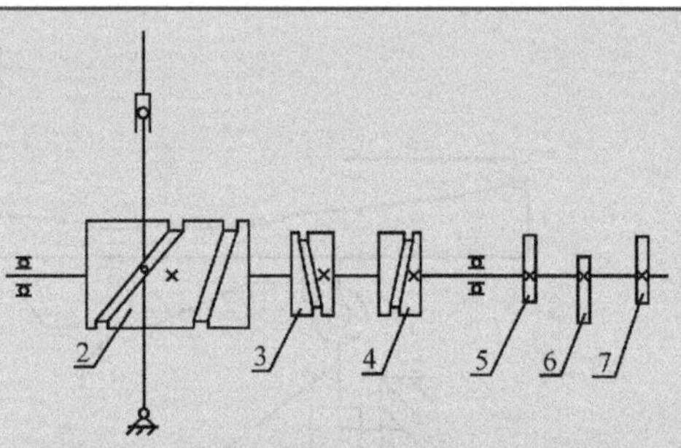

图 3-32 全自动安瓿洗烘灌封机组主传动轴

1. 摆杆；2. 齿条移动圆柱凸轮；3. 出瓶圆柱凸轮；4. 定位圆柱凸轮；5. 拉丝钳架盘凸轮；6. 开闭钳盘凸轮；7. 火头盘凸轮

小王在某药厂小容量注射剂生产车间全自动安瓿洗烘灌封机组灌药岗位工作。由灭菌烘箱送来的安瓿瓶常出现倒瓶、碎瓶现象。小王按照机器的主传动轴的盘形凸轮、槽凸轮和圆柱凸轮逐一认真检查，终于找出了故障的原因，发现是齿条前后左右凸轮 2 的滚子从动件在圆柱凸轮凹槽中有卡滞现象，他立即进行了润滑，确保生产顺利进行。请你分析一下，该故障的原因是什么？如何排除？

提示：

主传动轴如图 3-32 所示。

案例3-2

图 3-33 为自动机床的自动进刀机构。当具有凹槽的圆柱凸轮 1 回转时，其凹槽的侧面迫使推杆 2 绕 C 点（固定点）作往复摆动，并通过推杆上端的扇形齿与刀架底部的齿条啮合运动，从而操纵刀架的自动进刀和退刀。进刀和退刀的运动规律完全取决于圆柱凸轮 1 上曲线凹槽的形状。

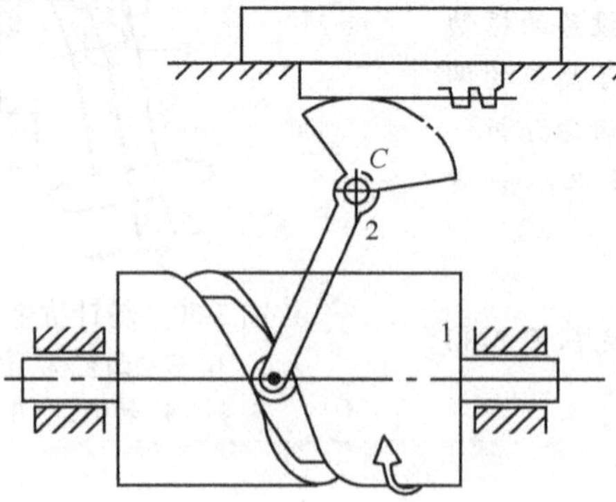

图 3-33 自动机床的自动进刀机构

1. 圆柱凸轮；2. 从动杆

圆柱凸轮在制药设备中获得了广泛的应用。如图 3-34 所示为大容量注射剂量杯式负压灌装机的自动托瓶定位装置。传动过程中，立轴由下部齿轮输入动力，带动瓶托立柱组和瓶肩定位套组及上真空盘同步顺时针回转。每个瓶托立柱有连接滚子在立式圆柱凸轮槽道中按位移曲线上下移动，实现接瓶、托瓶、瓶肩定位、负压排气、计量灌装药液、下降退肩、传瓶送瓶等一系列动作。

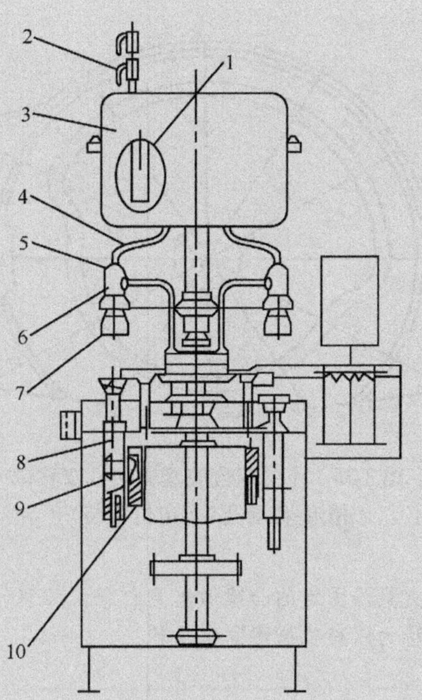

图 3-34　量杯式负压输液剂灌装机

1. 计量标；2. 进液调节阀；3. 盛料桶；4. 硅胶管；5. 真空吸管；6. 瓶肩定位套；7. 橡胶喇叭口；8. 瓶托；9. 瓶子；10. 升降圆柱凸轮

链接

不难看出，凸轮的轮廓形状决定了从动件的运动轨迹，换句话说，凸轮有什么样的轮廓形状，从动杆就有什么样的运动轨迹。

二、凸轮机构的分类及特点

凸轮机构通常有以下几种分类方法。

1. 按凸轮的形状分类

(1) 盘形凸轮：盘形凸轮的轮廓位于(短)圆柱体的圆周方向上，其轮廓上的各点到轴线有规律地变化，如图 3-35(a)所示。

(2) 移动凸轮：当盘形凸轮的基圆(基圆柱)为无穷大时，则凸轮的轮廓曲线演化为一条直线，同时凸轮的转动演化为凸轮的移动，这种凸轮称为移动凸轮，如图 3-35(b)所示。

(3) 圆柱凸轮：圆柱凸轮的轮廓位于圆柱体的端面上，可视为将移动凸轮的侧面围绕在一圆柱面上而形成。如图 3-35(c)所示。

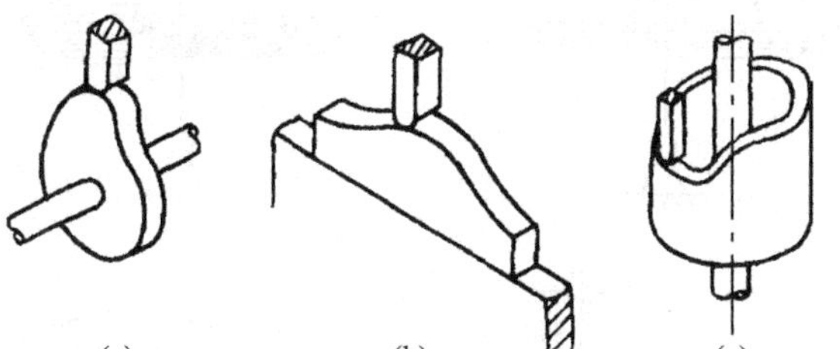

(a)　(b)　(c)

图 3-35　凸轮轮廓类型

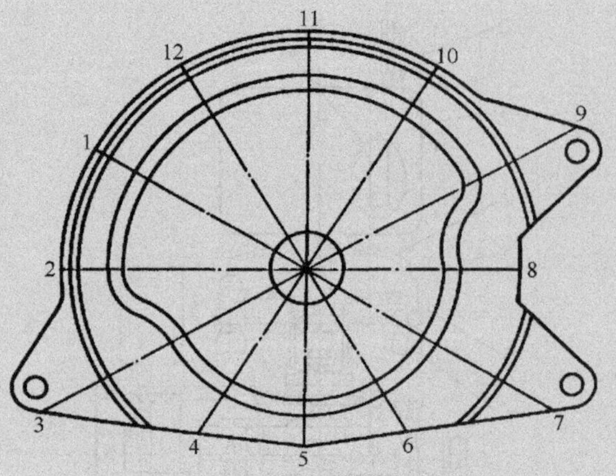

图 3-36　十二工位胶囊帽夹具双移位槽形-移动凸轮（定位安装）

图 3-36 是全自动胶囊充填机胶囊十二工位夹具的胶囊帽夹具带动囊帽让位复位的盖板凸轮之下端面图。其中盘形槽凸轮是驱动囊帽夹具携带囊帽在径向方向分度定位，如 2～3 工位向内过渡让位，4～8 工位处让位区，且在 5 工位完成向下夹具中囊身充填药物，8～9 工位为复位过渡区，10 工位上下囊壳对正是合囊动作，11 工位仍上下对正是出囊动作位，12 工位是吸尘净孔工位，1 工位是理囊、分囊工位。此外，在 8～3 工位的外缘有控制上胶囊夹具升降的圆柱端凸轮。由蜗形凸轮销盘机构推动顺时针间歇旋转的胶囊夹具，其中上夹具沿固定的凸缘做垂直位移，相当于相对运动的移动凸轮副。因此，该双作用的凸轮又可称为双移位槽形固定凸轮。

链　接

由此可见，圆柱凸轮可以展开为移动凸轮，而移动凸轮又是盘形凸轮的特例。因此盘形凸轮是凸轮中的最基本的型式，应用也最多。

上述三类凸轮有众多的结构形式，如图 3-37 所示。

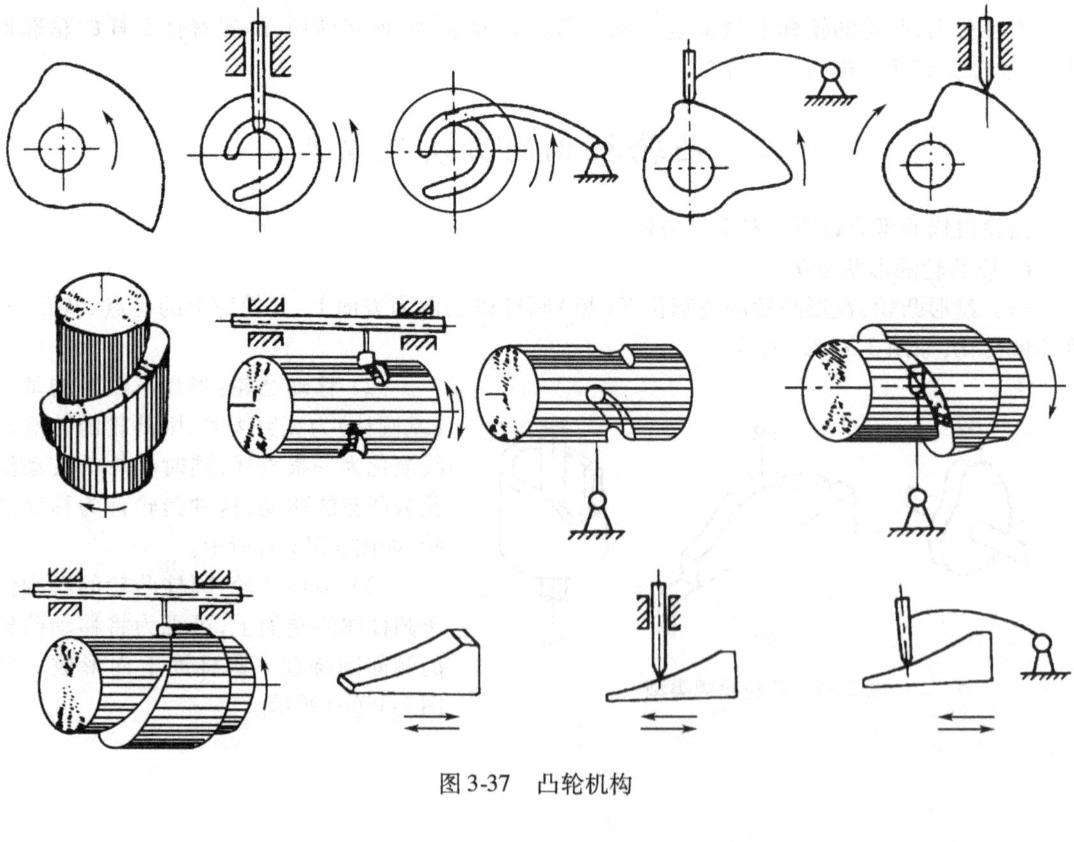

图 3-37　凸轮机构

2. 按从动杆的形状分类

（1）尖端从动杆：如图 3-38（a）、（b）所示，这种从动杆的结构简单，但较易磨损，所以仅适用于作用力不大且速度较低的场合。

（2）滚子从动杆：如图 3-38（c）、（d）所示，这种从动杆由于滚子与凸轮外廓之间的接触为滚动，磨损较小，常用于传递较大动力的传动。

（3）平底从动杆：如图 3-38（e）、（f）所示，这种从动杆的最大优点是凸轮对推杆的作用力始终垂直于从动杆的底边，故受力较为平稳，而且由于凸轮与平底的接触面易形成油膜，润滑良好，所以特别适用于高速传动。

凸轮机构具有以下特点：从动杆的运动规律可任意拟定，并且它只取决于凸轮的轮廓曲线的形状；结构简单紧凑，可高速起动，动作准确可靠；凸轮轮廓与从动杆之间的接触为点接触或线接触，易于磨损，故而凸轮机构多适用于传递动力不大的场合。

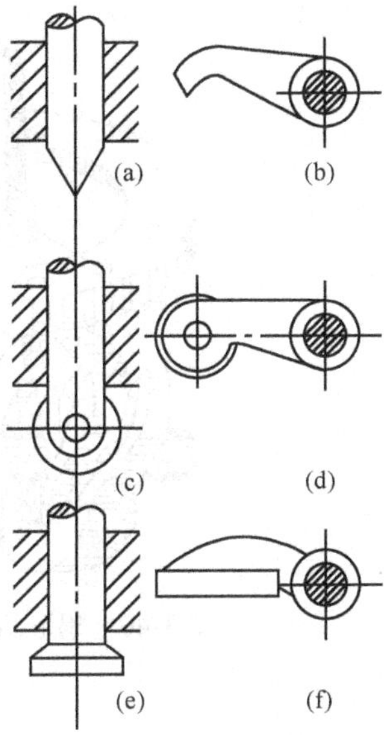

图 3-38　凸轮推杆类型

第 4 节　间歇运动机构

能够实现主动件连续转动、从动件作有规律的时动、时停运动的机构称为间歇运动机构。间歇运动机构的类型较多在制药机械中应用最多的是棘轮机构和槽轮机构（图 3-39、图3-40）。

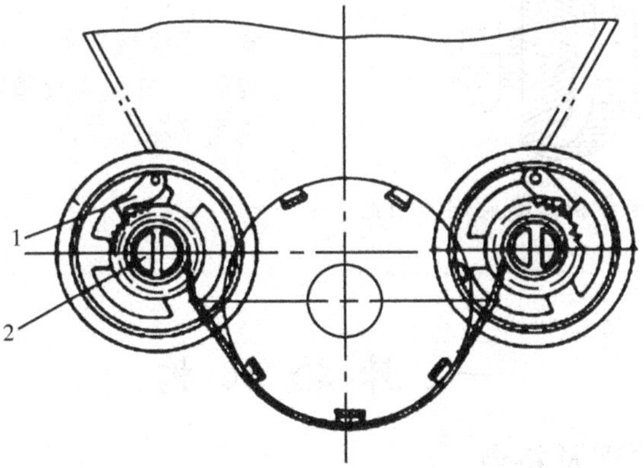

图 3-39　棘轮机构在制药机械中的应用——摇摆式颗粒机自动锁紧装置

1. 棘轮；2. 棘爪

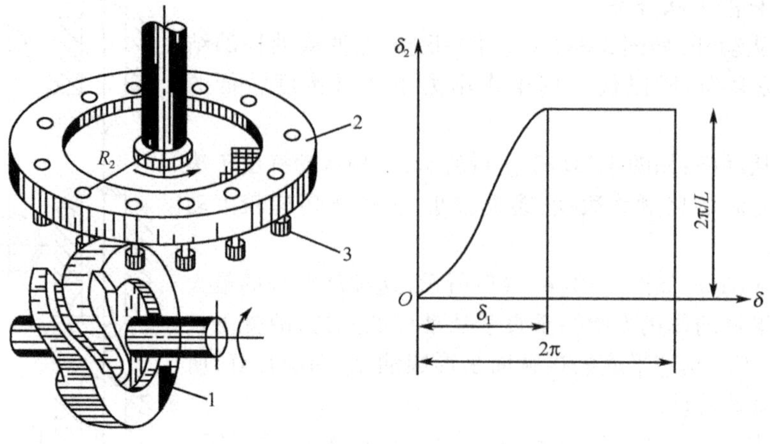

图 3-40　蜗形凸轮机构在制药机械中应用——十二工位胶囊夹具转位机构

1. 蜗形凸轮;2. 立轴销盘;3. 分度滚子圆销

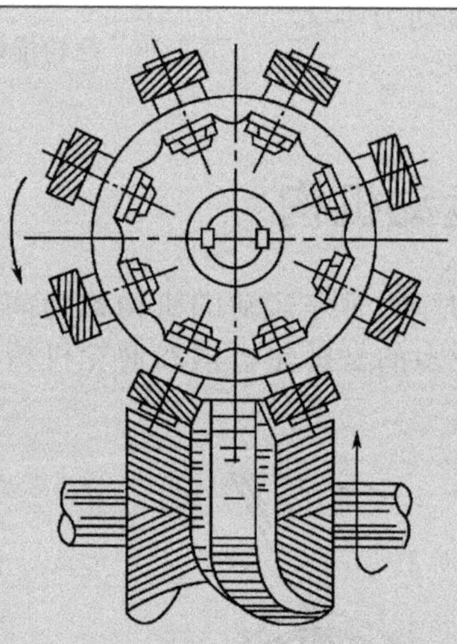

图 3-41　八工位辐射销盘式右旋蜗形凸轮

蜗形凸轮销盘机构又称作福格森机构，它在制药设备中获得了广泛的应用。如间歇转动的拨瓶盘，全自动胶囊充填机的夹具转盘（8 工位）与药粉充填剂量盘（6 工位）。主动件是蜗形凸轮，连续回转，有右旋螺线（如图 3-40）和左旋螺线；从动件是有一定数量滚子的销盘（图 3-41）。当蜗形凸轮顺时针方向（齿轮端看）连续旋转时，销盘也顺时针方向间歇旋转。它能实现精确分度，运转时比槽轮机构平稳。

链 接

一、棘 轮 机 构

（一）棘轮机构原理及特点

图 3-42 是由曲柄连杆机构带动的棘轮机构。它主要由棘爪 2、棘轮 3 组成。

摇杆 1 与棘轮 3 可分别绕机架上的同一轴线 O 转动，有时还设有弹簧和止退棘爪。在棘轮机构中，一般棘爪为主动件，棘轮为从动件。在图 3-42 中，曲柄连续转动，则摇杆往复摆动。当摇杆逆时针摆动时，棘爪推动棘轮相应逆时针转过一定角度（由摇杆摆角决定），此时止退棘爪在棘轮齿背上滑过。当摇杆顺时针摆动时，棘爪在棘轮的齿背上滑过，而止退棘爪插在棘轮齿槽中，阻止棘轮转动。如此，摇杆连续往复摆动可以使棘轮作有规律的单向间歇运动。图 3-42 为内啮棘轮，其工作原理与外啮棘轮相似。

棘轮转角的大小，取决于主动摇杆的摆角大小，其调节方法一般有以下两种：

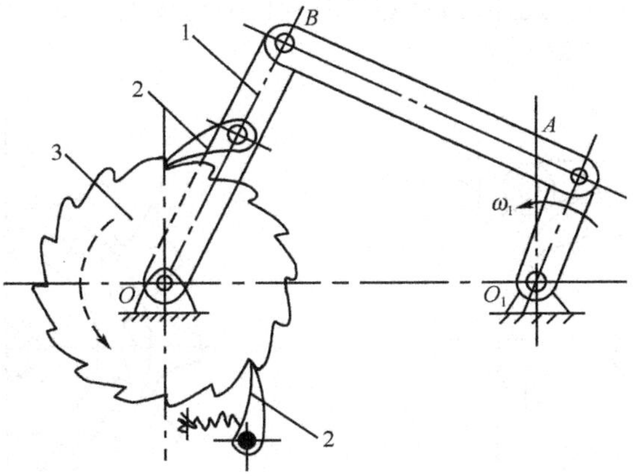

图 3-42　棘轮机构的组成和工作原理

1. 摇杆；2. 棘爪；3. 棘轮

1. 改变主动推杆的摆角大小，见图 3-43(a)。

2. 在棘轮上加一遮板，见图 3-43(b)。这样，棘爪行程的一部分在遮板上滑过而不与棘轮接触，只有当棘爪插入棘轮齿槽后才能推动棘轮转动。由此只要适当地变更遮板位置，就可以改变棘轮转角的大小。

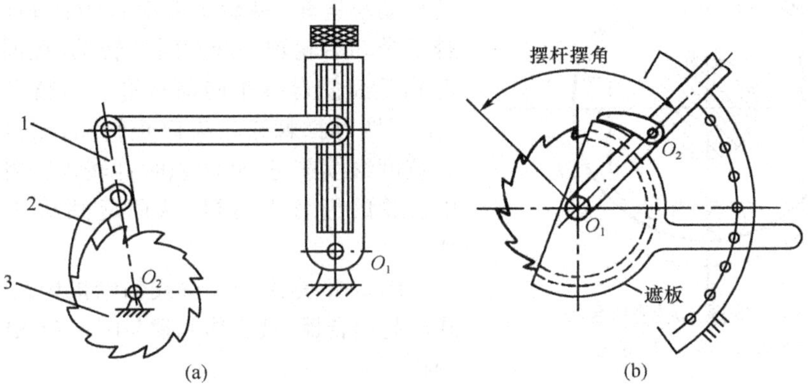

图 3-43　棘轮转角调节

1. 摇杆；2. 棘爪；3. 棘轮；4. 遮板

棘轮机构具有结构简单、制造安装方便、运动可靠等特点，故广泛用于制药机械中，以实现制动、周期性送进、分度等功能。它的缺点是传递的动力不大，转动平稳性差，棘爪在棘轮齿背上滑过时，有较大的冲击及噪声，而且爪尖容易磨损，所以只适用于转速不高且间歇转角不大的场合。

(二) 棘轮机构的类型及应用

棘轮机构按工作原理可以分为齿式棘轮机构(图 3-44、图 3-45)和摩擦式棘轮机构(图 3-46)；按啮合方式可以分为外棘轮机构(图 3-44)和内啮合棘轮机构(图 3-45)。

图 3-44 为起重、牵引设备中的棘轮制动器。当动力装置驱动棘轮 1 逆时针转动时，重物被提升，此时棘爪 2 在棘轮的齿背上滑过。若在提升重物的过程中，由于设备故障或意外停电而造成动力源被切断时，棘爪 2 将插入棘轮齿槽中，制止其顺时针转动，从而可防止重物失去控制

从空中加速坠落而造成事故。此外，当重物提升到任何需要的高度位置时，也可以人为切断动力源（以节约能源）而保持重物不动。

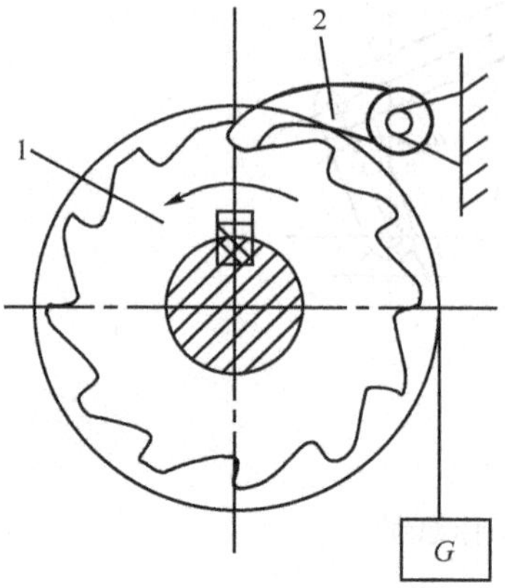

图 3-44　用作制动器的棘轮机构

1. 棘轮；2. 棘爪

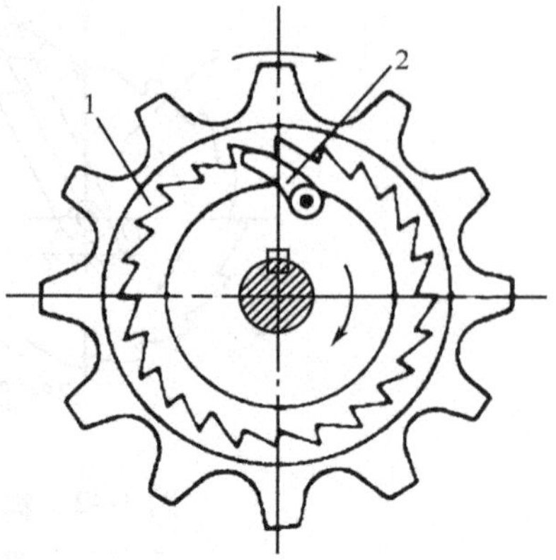

图 3-45　用作超越离合器的棘轮机构

1. 棘轮；2. 棘爪

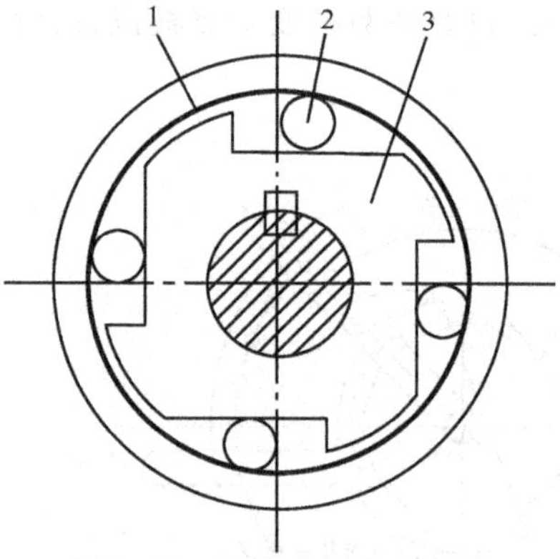

图 3-46　摩擦式超越离合器

1. 外环；2. 滚子；3. 星轮

图 3-45 为自行车后轮轴的内啮合齿式棘轮机构。当骑车者用力蹬转主动大链轮并通过链条带动从动小链轮，棘轮 1 顺时针方向转动时，便通过棘爪带动后轮轴一起顺时针转动（此时棘轮为主动件），从而使自行车向前行进。当骑车者停止蹬车（如下坡）时，棘轮相应停止转动，而自行车借惯性或坡度继续前进，此时顺时针转动的棘爪将从不转的棘轮的齿背上滑过，从而起到从动超越主动的作用。

图 3-46 是滚子摩擦式棘轮机构，它是一种摩擦式超越离合器，其工作原理与图 3-45 相似，请读者来分析。

二、槽 轮 机 构

槽轮机构也是一种常用的间歇运动机构，又叫马尔他机构，它有外啮合图 3-47、图 3-48 和内啮合图 3-49 两种。

图 3-47(a) 所示为外啮合槽轮机构，它主要由销轮 1 和槽轮 2 所组成。图中主动销轮以匀角速度 ω_1 逆时针转动，当其圆销 A 刚进入从动槽轮的径向槽时，销轮上的外锁止弧 abc 的尖点 a 刚好到达槽轮上的内锁止弧 efg 的中点 f，即槽轮刚被解除锁止，因此在圆销 A 的拨动下，槽轮开始顺时针转动；当销轮转过 $2\varphi_1$（槽轮相应转过 $2\varphi_2$）角时，圆销 A 刚从槽轮的径向槽中脱出，见图 3-47(b)，此时销轮上的外锁止弧 abc 的尖点 c 到达槽轮另一段内锁止弧 $e'f'g'$ 的中点 f'，开始锁住槽轮，因此销轮继续转动而槽轮停止不动。当销轮继续转过 $360°-2\varphi_2$，回到起始位置时，又重复上述传动过程，开始进行第二个工作循环。这样，槽轮机构将连续旋转运动转化为时转时停的间歇旋转运动。

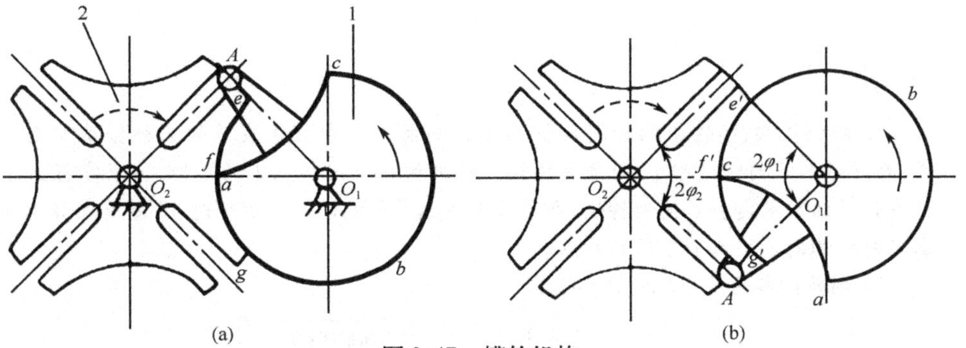

图3-47 槽轮机构

(a) 圆销刚进入槽轮径向槽;(b) 圆销开始脱出槽轮径向槽

1. 销轮;2. 槽轮

上述槽轮机构为单销外啮合槽轮机构,销轮转一周,槽轮转动一次,两者的转向相反。若在销轮上安装多个圆销,则销轮转一周,槽轮就转动多次,即多圆销外啮合槽轮机构,见图3-48;当需要槽轮与销轮的转向相同时,可采用内啮合槽轮机构,见图3-49。

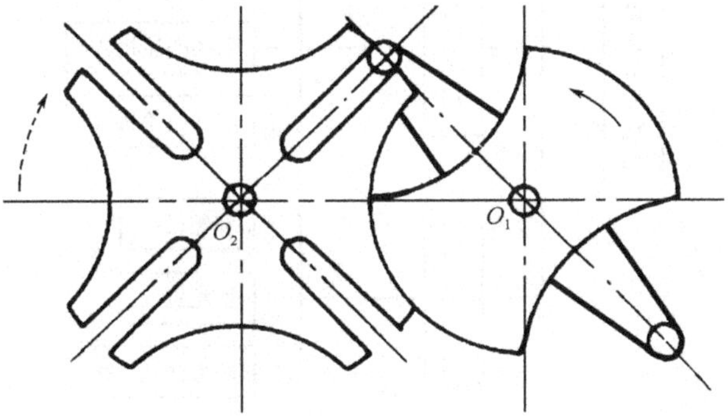

图3-48 双圆销外啮合槽轮机构

槽轮的转动角度取决于槽轮上的槽数;槽数越多,转动角越小。但槽轮的槽数越少,槽轮的角速度及角加速度越大,引起的冲击、振动越大,因此通常槽轮的槽数取4~8个。

槽轮机构具有转位迅速、工作可靠、结构简单、制造方便及工作效率高等优点,其缺点是不能像棘轮机构那样,可改变转动角度的大小,且制造装配精度要求较高,所以一般用于要求间歇地转过一固定角度的装置中,如图3-50电影放映机的送片装置中的槽轮机构。

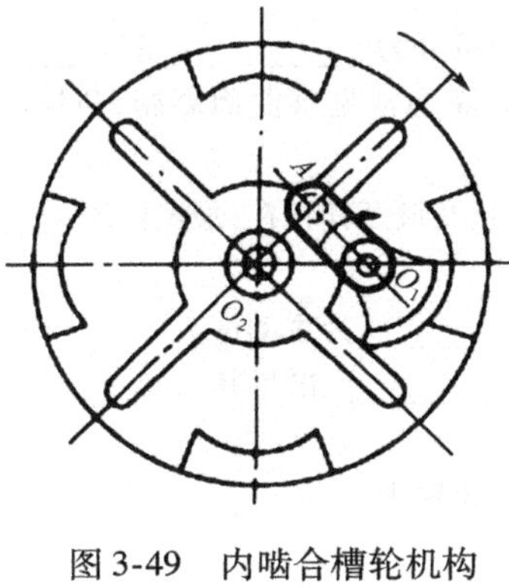

图3-49 内啮合槽轮机构

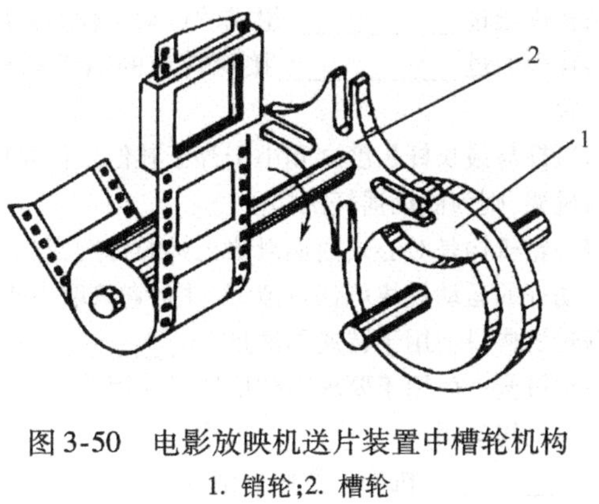

图3-50 电影放映机送片装置中槽轮机构

1. 销轮;2. 槽轮

小结

1. 四杆机构、凸轮机构和间歇机构是在制药设备中应用较多的三种传动控制方式，在学习本章内容过程中，应着重比较三种机构在应用特点上的不同，力求掌握上述三种传动的基本类型和使用特性，在学习上述三种机构的基本原理时，要着重理解为什么三种机构的应用有着不同的特点。

2. 制药设备的常用机构分类示意方框图如下：

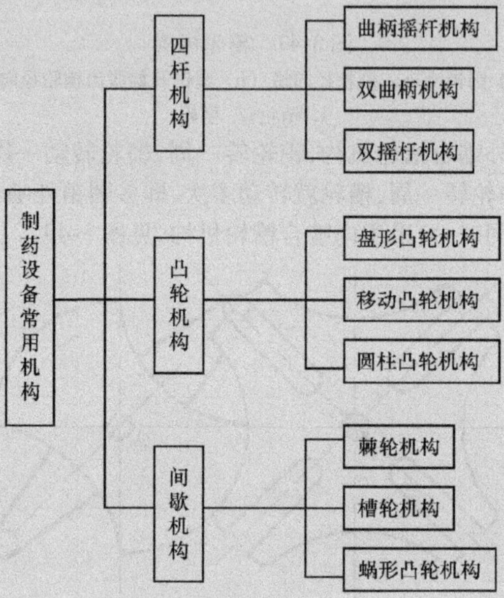

目标检测

一、填空题

1. 构件是________的单元，而零件是________的单元。
2. 两构件通过________组成的运动副称为低副。低副又可分为________和________。
3. 两构件通过________接触构成的运动副称为高副。高副常见有曲面高副、凸轮高副、齿轮高副。
4. 当短杆与最长杆长度之和小于等于其他二杆长度之和时，且有最短杆存在；最短杆的________为机架，则为曲柄摇杆机构。
5. 偏心轮机构是对心式曲柄滑块机构的特例，它只能以________为主动件。
6. 从动杆的运动规律可任意拟定，并且它只取决于凸轮的________的形状。
7. 棘轮机构只适用于转速不高且________不大的场合。
8. 槽轮机构一般用于要求间歇地转过一固定________的装置中。
9. 槽轮机构又叫________机构。
10. ________机构又称作福格森机构。

二、单项选择题

1. 组成运动副的两构件只能在一个平面内作相对转动的是(　　)。
   A. 移动副　　B. 转动副　　C. 齿轮高副　　D. 凸轮高副
2. 机构的(　　),即机构所具有的独立运动数目。
   A. 低副数　　B. 运动度　　C. 活动度　　D. 自由度
3. 曲柄滑块机构是由(　　)演变而来的。
   A. 曲柄摇杆机构　　B. 双曲柄机构　　C. 双摇杆机构　　D. 偏心轮机构
4. 曲柄摇杆机构也能使摆动转换为整周回转运动。此时,摇杆为原动件,作往复摆动,而曲柄为从动件作整周回转运动。其典型实例是(　　)。
   A. 起落架　　B. 颚式破碎机　　C. 缝纫机　　D. 惯性筛
5. (　　)的轮廓位于(短)圆柱体的圆周方向上,轮廓各点到轴线有规律地变化。
   A. 盘形凸轮　　B. 移动凸轮　　C. 圆柱凸轮　　D. 蜗形凸轮
6. 移动凸轮又是(　　)的特例。
   A. 盘形凸轮　　B. 槽形凸轮　　C. 圆柱凸轮　　D. 蜗形凸轮
7. 棘轮机构的驱动棘爪通常由(　　)带动。
   A. 盘形凸轮　　B. 圆柱凸轮　　C. 曲柄连杆机构　　D. 曲柄滑块机构
8. 自行车的超越机构的实质是(　　)。
   A. 齿式棘轮机构　　B. 摩擦式棘轮机构　　C. 外棘轮机构　　D. 内啮合棘轮机构
9. 外啮合槽轮机构中主动销轮以匀角速度 ω_1 逆时针转动,在圆销 A 的拨动下,槽轮(　　)转动。
   A. 开始逆时针　　B. 开始顺时针　　C. 终止顺时针　　D. 终止逆时针
10. 当要求福格森机构的销盘顺时针转动时,主动件也顺时针转动时,应该选用(　　)蜗形凸轮。
   A. 右旋螺线　　B. 左旋螺线　　C. 辐射轴线　　D. 平行轴线

三、简答题

1. 试述绘制机构运动简图的基本步骤。
2. 请比较对心式曲柄滑块机构与偏置式曲柄滑块机构、偏心轮机构。
3. 简述凸轮机构的分类与特点。
4. 说出棘轮转角的调节方法。
5. 叙述蜗形凸轮机构相比棘轮机构和槽轮机构的特点。

第 4 章　制药设备机械传动

学习目标

通过本章的学习，应达到以下三点要求：

1. 掌握带传动、链传动和齿轮传动在制药设备中的应用及维护保养方法。
2. 理解带传动、链传动和齿轮传动的基本原理。
3. 了解轮系传动。

一般机器都是由原动机、传动装置和工作机构三个部分组成的。传动装置是原动机和工作机构之间的“桥梁”，它的作用是将原动机的运动和动力传递给工作机构，并进行减速、增速、变速传递或改变运动形式等，以满足工作机构对运动速度、运动形式以及动力等方面的要求。

传动装置按工作原理可分为机械传动、流体传动和电力传动三类。其中机械传动具有运动形式的转换方便、变速范围大、传动比准确、环境温度对传动的影响小以及传递的动力大、工作可靠、寿命长等优点，因而广泛应用于在汽车、拖拉机、金属切削机床等机器中，在制药机械中的应用也相当广泛，其重量和成本等均占整机的 50% 以上。本章主要讨论带传动、链传动和齿轮传动这三种最常用的机械传动。

第 1 节　带　传　动

案例4-1

小张刚刚分配到某药厂片剂生产车间压片岗位工作。有一天，他打算启动 ZP-33 型旋转式压片机。在他打开电源，合上离合器后，发现电机正常运转，但转盘静止不动。小张按照机器的传动路线逐一认真检查，终于找出了故障的原因，发现这是设备的常见故障，他立即进行了简单的维修，确保生产顺利进行。请你分析一下，该故障的原因是什么？如何排除？

提示：

旋转式压片机传动系统如图 4-1 所示。

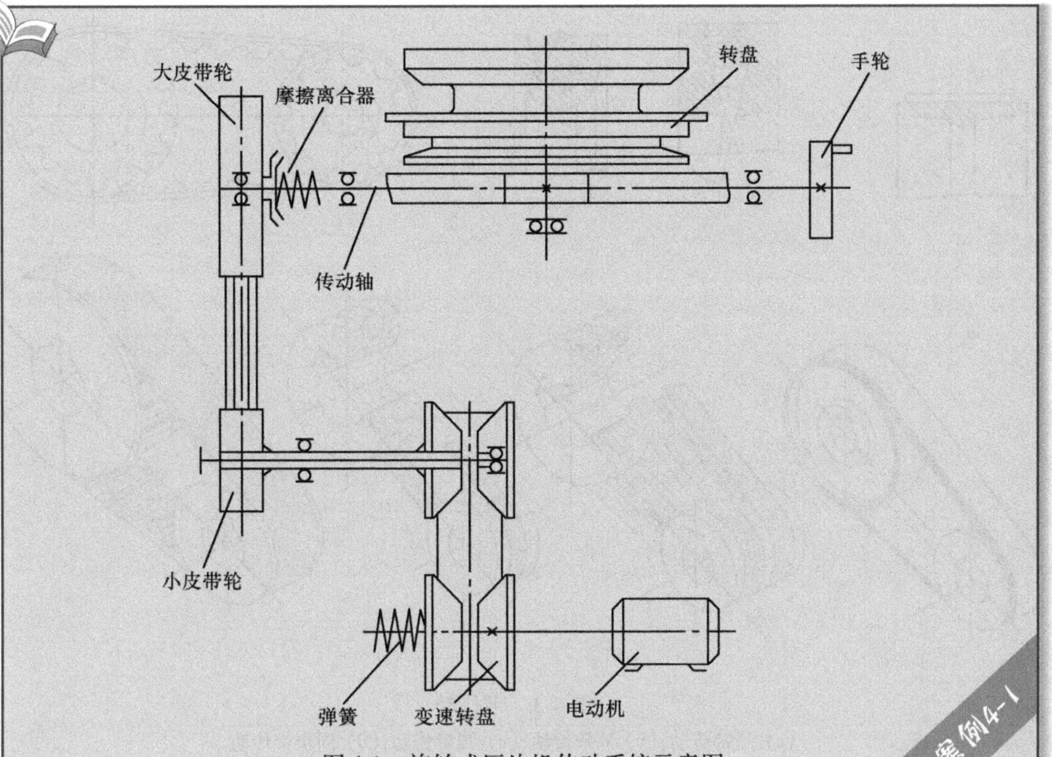

图 4-1　旋转式压片机传动系统示意图

一、带传动原理、类型、特点及应用

（一）带传动原理

带传动由主动带轮、从动带轮和传动带所组成（图 4-2），利用传动带把主动轴的运动和动力传递给从动轴。

带传动是靠带与带轮之间的摩擦力来进行工作的。这是因为，带安装时必须张紧，这使得带在运转之前就有初拉力。这样，在带与带轮的接触面之间就有正压力。当主动带轮转动时，带与带轮的接触面之间产生摩擦力，于是主动带轮靠摩擦力驱动挠性带运动，带又靠摩擦力驱动从动带轮转动。所以，带传动是靠带与带轮之间的摩擦力来进行工作的，一旦带与带轮间的摩擦力不足，带传动将发生打滑现象。

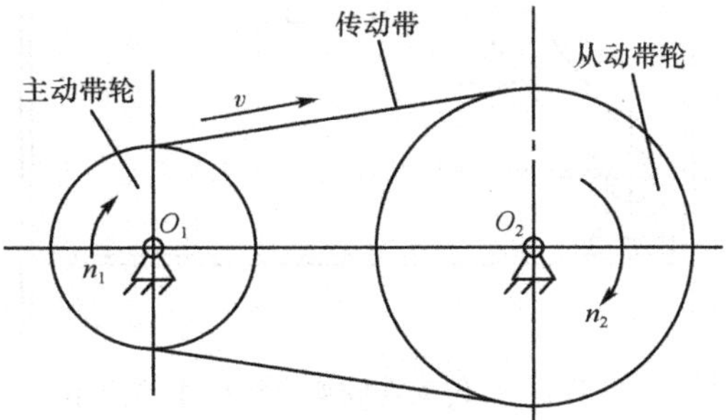

图 4-2　带传动

（二）带传动的类型

带传动一般分为平带传动、V 带传动、圆带传动、同步带传动等（图 4-3）。

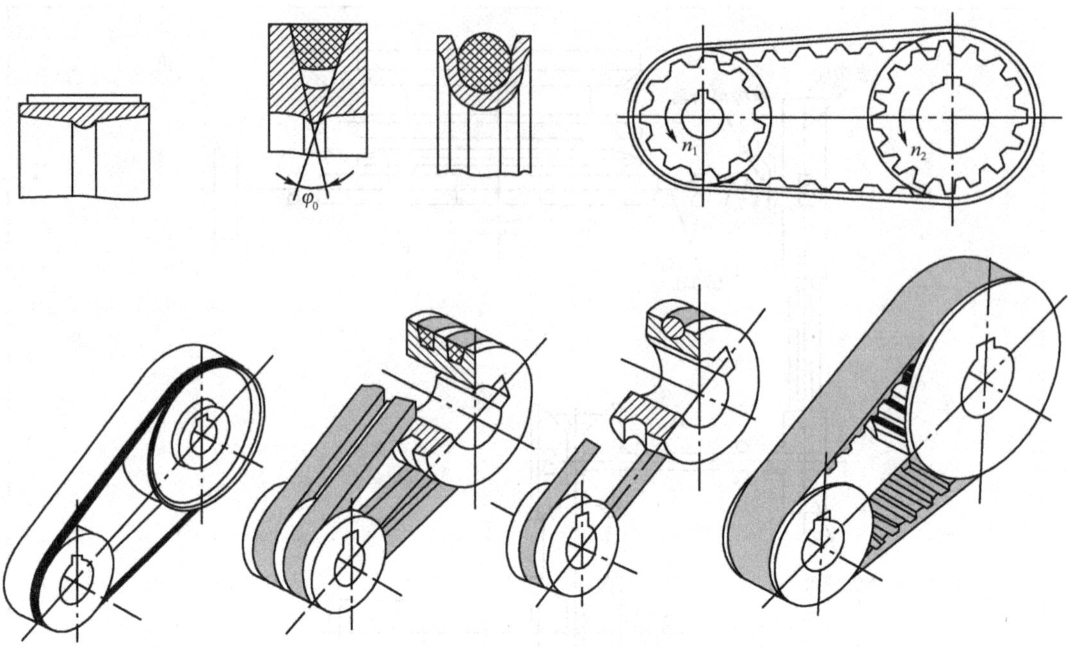

图 4-3　带传动

(a) 平带传动;(b) V 带传动;(c) 圆带传动;(d) 同步带传动

1. 平带传动[图 4-3(a)]　平带的横截面为矩形,已标准化。常用的平带有帆布芯平带、编织平带、锦纶片复合平带等,其中帆布芯平带应用最广。

2. V 带传动[图 4-3(b)]　V 带的横截面为梯形,已标准化。理论分析表明,在同样张紧的情况下,V 带与轮槽间的压紧力比平带与带轮间的压紧力大得多,故 V 带与带轮间的摩擦力也大得多,所以 V 带的传动能力比平带大得多,因而获得了广泛的应用。目前在制药设备、机床、空气压缩机、带式输送机和水泵等机器中均广泛采用 V 带传动。图 4-4 为带传动在胶囊充填机中的应用。

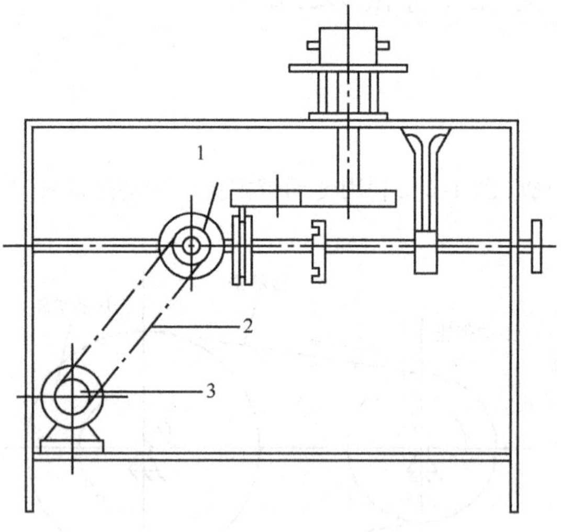

图 4-4　带传动在胶囊充填机中的应用

1. 从动轮;2. 传动带;3. 主动轮

3. 圆带传动[图 4-3(c)]　圆带的横截面为圆形,常用皮革制成,也有圆绳带和圆锦纶带等。圆带传动只适用于低速、轻载的机械,如真空吸尘器、缝纫机的传动机构等。

4. 同步带传动[图 4-3(d)]　平带传动、V 带传动、圆带传动均是靠摩擦力工作的。与此不同,同步带传动是靠带内侧的齿与带轮外缘的齿相啮合的正压力来传递运动和动力的,因此不打滑,传动比准确,但制造精度和安装精度要求较高。

由于V带的传动能力比平带大得多，因而在制药设备中获得了广泛的应用。但V带也存在在传动过程中打滑的现象，这对保证稳定的传动比是不利的。但是，带在传动中打滑，可以防止设备在运行过程中出现的"卡死"现象给电机带来的损害，起到保护电机的作用。随着自动控制系统在制药设备中的广泛应用，特别是在一些较为精密、复杂、高速的设备中，同步带正在逐渐取代V带。如GZP28高速压片机就采用了同步带，用以保证稳定的传动比，而由完善的自动控制系统来对电机进行自动保护。

链接

（三）带传动的特点及应用

带传动的主要优点是：带传动过载时能自动打滑，起安全保护作用；胶带具有弹性，能缓冲吸振，因此传动平稳、噪声小；传动距离长，可用于中心距较大的传动；结构简单，成本低廉，制造、安装、维修方便。其主要缺点是：不能保证恒定的传动比；传递功率较小，且传动效率低；带的寿命较短，同时对轴和轴承的压力大，提高了对轴和轴承的要求；轮廓尺寸大，结构不紧凑；不适宜用于高温、易燃等场合。因此，带传动适用于在一般工作环境条件下，对传动比无严格要求，传递中、小功率，且中心距较大的两轴之间的传动。

二、带传动主要几何参数

三角带传动的主要几何参数有：传动比 I、带轮的包角 α 及三角带的计算长度 L。

（一）传动比计算公式如下

$$i=\frac{n_1}{n_2}=\frac{d_2}{d_1} \tag{4-1}$$

式中，n_1、n_2 分别为主、从动带轮的转速，单位为r/min；d_1、d_2 分别为主、从动带轮的直径，单位为mm。

（二）带轮包角 α

带与带轮接触面的弧长所对应的中心角，称为带轮包角，如图4-5中的 α_1、α_2。包角越大，接触的弧就越长，产生的摩擦力的总和也越大，因而，传递动力的能力就越大。一般包角 α 不应小于120°。大带轮的包角 α_2 总比小带轮的包角 α_1 大，包角 α_1 的计算式为

$$\alpha_1=180°-2\theta$$

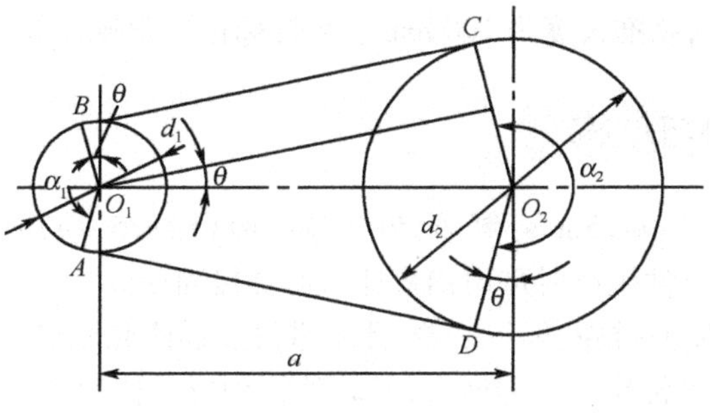

图4-5 带传动的几何尺寸

由于 θ 很小，取 $\theta \approx \sin\theta = \frac{d_2 - d_1}{2a} \cdot \frac{180^\circ}{\pi}$ 代入上式得

$$\alpha_1 = 180^\circ - \frac{d_2 - d_1}{a} \cdot \frac{180^\circ}{\pi} \geqslant 120^\circ \tag{4-2}$$

设带长为 L，则

$$L = 2AD + \overset{\frown}{DC} + \overset{\frown}{AB} = 2a\cos\theta + \frac{\pi}{2}(d_1 + d_2) + \theta(d_2 - d_1)$$

以 $\cos\theta \approx 1 - \frac{1}{2}\theta^2$ 及 $\theta \approx \frac{d_2 - d_1}{2a}$ 代入上式得

$$L \approx 2a + \frac{\pi}{2}(d_1 + d_2) + \frac{(d_2 - d_1)^2}{4a} \tag{4-3}$$

三、普通V带和带轮

(一) V带结构与材料

图4-6为V带的横截面构造简图。由图可知V带由包布层、顶胶层、抗拉体和底胶层四部分组成。包布层多由胶帆布制成，它是V带的保护层。顶胶层和底胶层由橡胶制成，当胶带在带轮上弯曲时可分别伸张和收缩。抗拉体用来承受基本的拉力，有两种结构：由一层线绳制成的绳芯[图4-6(a)]或由几层棉帘布构成的帘布芯[图4-6(b)]。绳芯结构的V带柔韧性好，抗弯强度高，适用于转速较高、带轮直径较小的场合；帘布芯结构的V带抗拉强度较高，制造方便。现在，生产中越来越多地采用绳芯结构的V带。

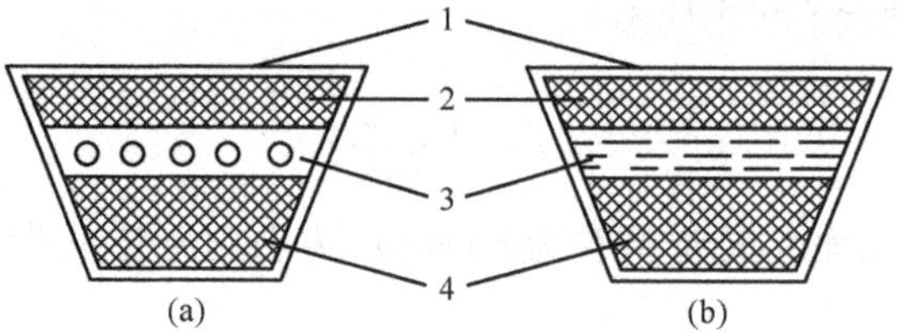

图4-6　V带的构造

1. 包布层；2. 顶胶层；3. 抗拉体；4. 底胶层

普通V带的尺寸已标准化(GB/T 11544—1997)，有Y、Z、A、B、C、D、E七种型号，截面尺寸和承载能力依次增大。标准V带均制成无接头的整圈，其长度系列可参见有关标准。

V带的标记内容和顺序为型号、基准长度和标准号。例如，标记"A1000 GB/T 11544—1997"表示A型普通V带，基准长度为1000mm。V带标记通常压印在带的顶面上。

(二) V带轮材料与结构

V带轮常用铸铁(带速 $v \leqslant 25\mathrm{m/s}$)制成，带速较高时($v \geqslant 25 \sim 45\mathrm{m/s}$)宜用铸钢，功率小时，可用铝合金或工程塑料，单件生产时可用钢板冲压后焊接而成。

V带轮有四种形式：实心带轮、辐板带轮、孔板带轮及椭圆轮辐带轮，如图4-7所示。V带轮结构取决于它的直径，随着带轮直径的增大，带轮的结构形式依次选择：实心带轮、辐板带轮、孔板带轮、椭圆轮辐带轮。

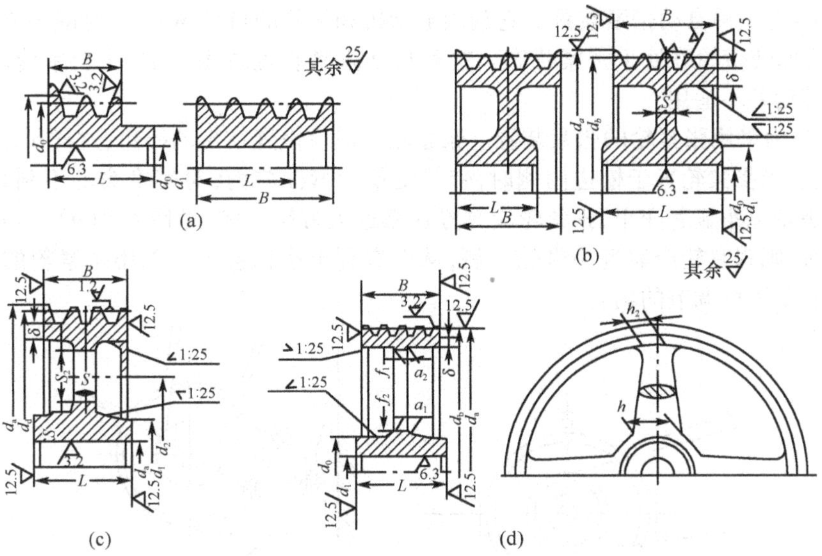

图 4-7　V 带轮结构

(a) 实心带轮;(b) 辐板带轮;(c) 孔板带轮;(d) 椭圆轮辐带轮

四、带传动的失效、张紧、安装与维护

(一) 带传动的失效

带传动的失效形式主要是:带的疲劳损坏和带在带轮上打滑。

带的疲劳是带受交变应力作用的结果。在带传动过程中,带的横截面上有两种应力:因带的张紧、传递载荷以及带绕上带轮时的离心力而产生的拉应力;因带绕上带轮时弯曲变形而产生的弯曲应力。拉应力作用在整个带的各个截面上,而弯曲应力只在带绕上带轮时才产生。带在运转过程中时弯时直,因而弯曲应力时有时无,即产生了交变应力,带是在交变应力的作用下工作的,这是带产生疲劳断裂的根本原因。

一般情况下,两种应力中弯曲应力较大,为了保证带的寿命,就要限制带的弯曲应力。带的弯曲应力与带轮直径大小有关,带轮直径越小,带绕上带轮时弯曲变形就越大,带内弯曲应力就越大。为此,对每种型号的 V 带,都规定了许用的最小带轮直径。

带在带轮上打滑是因为带与带轮间的摩擦力不足造成的,所以增大带与带轮间的摩擦力可以防止打滑现象。增大摩擦力的措施主要有:适当增大带的张紧力;增大带与小带轮的包角;适当提高带速。

(二) 带传动的张紧装置

带传动中,V 带长期在拉力的作用下,会发生塑性变形而伸长,导致带的松弛和初拉力的减小,从而使传动能力降低,甚至引起打滑而不能正常工作。适当增大带的张紧力,也就增大了带与带轮之间的压力,带与带轮之间的摩擦力也就增大了,因此必须及时进行张紧,才能保证带一直处于正常的工作状态。常见的张紧装置见图 4-8。

图 4-8(a)、(b)为调整中心距的张紧装置。当带打滑时,即可用调节螺钉来增大中心距,使张紧力达到预定的要求。这是结构简单、调整方便、应用最普遍的一种张紧装置。

图 4-8(c)为一种自动张紧装置。它利用电动机和托架的自重 W 产生对固定支座的支承点 O 的旋转力矩而使带始终处于张紧状态。这种自动张紧装置适用于中、小功率传动的张紧,对大功率的带传动并不适用。

图 4-8(d)为采用张紧轮的张紧装置。张紧轮一般应设置在带的松边,这样所需的张紧力较小,便于张紧。当张紧轮置于松边内侧时,带只受单向弯曲应力,对带寿命的不利影响较小;同时为了不使小轮包角显著变小,张紧轮应放置在靠近大带轮一侧,见图 4-8(d)。当张紧轮设置在松边外侧时,则张紧轮应靠近小带轮一侧,从而有利于小轮包角。采用张紧轮的张紧装置通常适用于中心距不可调节的场合。

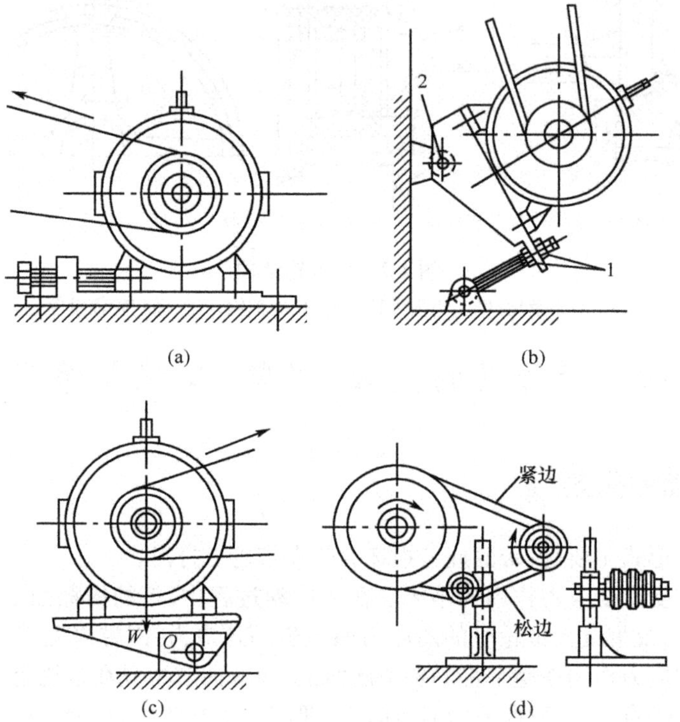

图 4-8 带传动的张紧装置

(a)、(b) 调控中心距张紧;(c) 自动调节中心距张紧;(d) 用张紧轮张紧

五、带传动的安装、使用与维护

传动带是易损件,正确的安装、使用和维护,能够延长带的使用寿命,确保带传动的正常运转。在安装、使用和维护过程中,应注意以下几点:

1. 由于带是一个封闭的整体,无法打开,为了便于传动带的装、拆,带轮应布置在轴的两端。

2. 带传动的中心距尽量做到可调整。安装传动带时,在缩短中心距后把带套上去。不应硬撬,以免损伤带,降低带的使用寿命。

3. 安装时,主动带轮与从动带轮的轮槽应对正,不要使带扭曲,如图 4-9(a)所示,不要出现图 4-9(b)和(c)的情况,使带的侧面受损。

4. 带的张紧程度应适当,使张紧力适当。张紧力过大会降低带的使用寿命,过小则将导致摩擦力不足而出现打滑现象。

5. 带传动装置应安装防护罩,以保证操作人员的安全。

6. 带传动通常同时使用同一型号的 V 带 3 ~ 5 根,应注意新旧不同的 V 带不得混用,以避免载荷分配不均，加速带的损坏。

7. 严防传动带与矿物油、酸、碱等易腐蚀带的介质接触，带也不宜在阳光下暴晒，以免变质。

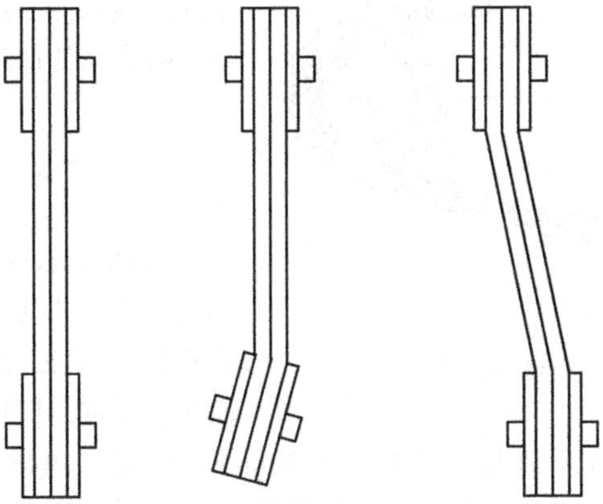

图4-9　带传动的安装

第2节　链　传　动

小李在某药厂胶囊剂生产车间胶囊充填岗位实习。有一次，他启动全自动胶囊填充机后，听见设备发出不正常的声响。小李很警觉，反复开停机，按着传动路线查找可能出现故障的零件，终于发现是传动链由于润滑剂混入了粉尘，而且长时间运转使得传动链已经很松了，正是由于这两个原因导致了传动异常，请你帮小李考虑一下，如何排除故障。

提示：

全自动胶囊填充机示意图如图4-10所示。

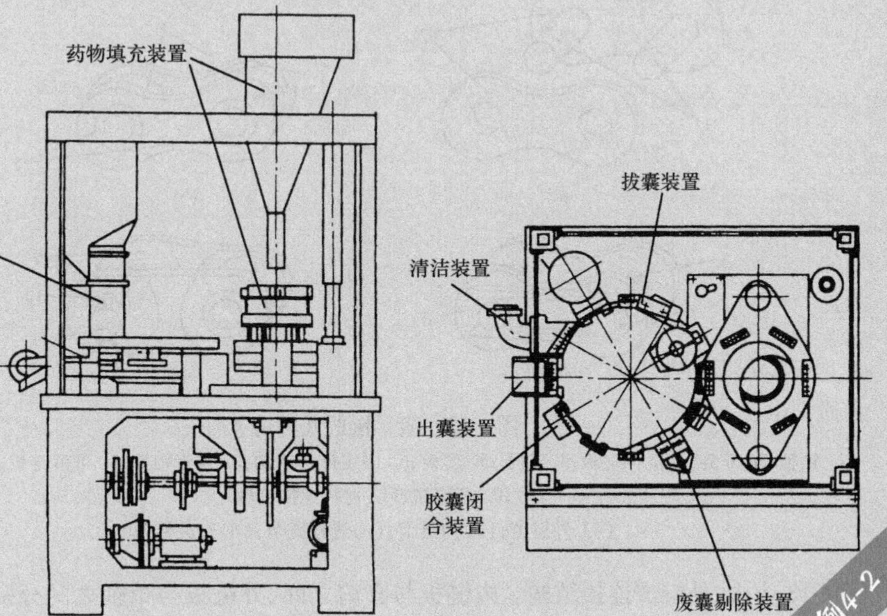

图4-10　全自动胶囊填充机示意图

案例4-2

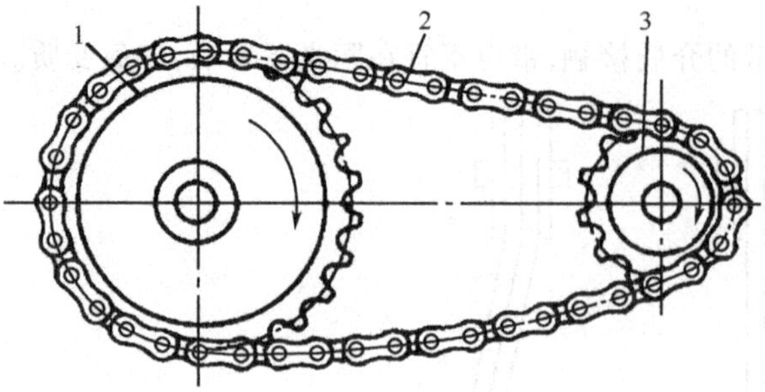

图 4-11 链传动

1. 主动轮;2. 传动链条;3. 从动轮

链传动由主动轮、闭合的传动链条、从动轮组成。链传动是利用可以屈伸的链条作为中间挠性构件,并通过链节与具有特殊齿形的链轮啮合来传递运动和动力的。见图 4-11。

一、链 的 类 型

按用途不同,链有传动链、起重链及曳引链三种。起重链主要用于起重机械中提升重物($v\leqslant 0.25$m/s);曳引链主要用于运输机械中拖引重物($v\leqslant 2\sim 4$m/s);传动链主要用来传递动力;通常在中等速度下工作($v\leqslant 20$m/s),在制药机械中应用广泛。

按结构不同,传动链可分为套筒滚子链、齿形链等。在制药等轻工机械中,大多使用的是滚子链。下面我们着重介绍套筒滚子链。

二、套筒滚子链的结构

(一) 套筒滚子链链条的结构

滚子链链条是多个链节以铰链形式连接起来的挠性组件。链节是组成链条的基本结构单元,链节一般可分为外链节、内链节和接头链节(连接链节或过渡链节)几种,见图 4-12。内链节和外链节交替串接排列,形成一条不闭合的链条,再用一个接头链节将两端连接起来形成闭合的套筒滚子链链条。

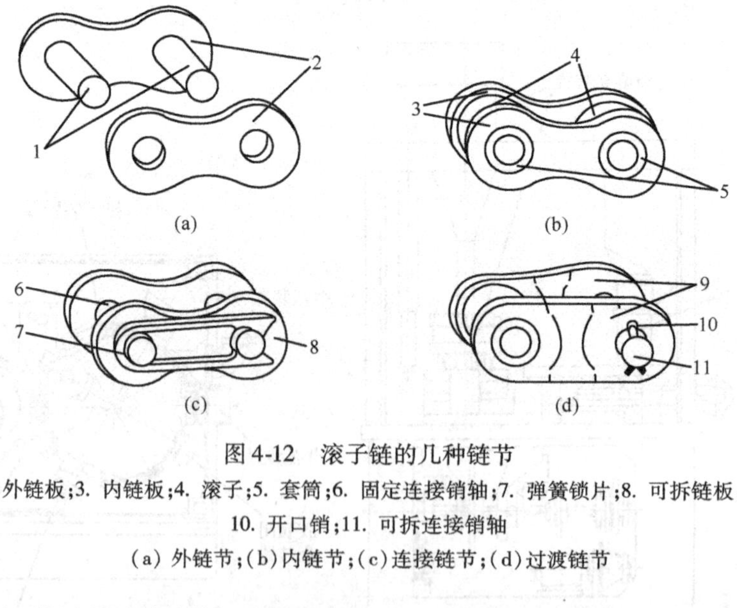

图 4-12 滚子链的几种链节

1. 销轴;2. 外链板;3. 内链板;4. 滚子;5. 套筒;6. 固定连接销轴;7. 弹簧锁片;8. 可拆链板;9. 弯链板;10. 开口销;11. 可拆连接销轴

(a) 外链节;(b)内链节;(c)连接链节;(d)过渡链节

图 4-13 为内、外链节连接结构。内链板与套筒之间、外链板与销轴之间分别用过盈配合连接而构成内、外链节;滚子与套筒之间、套筒与销轴之间则为间隙配合而形成动连接。内、外链节可相对挠曲,套筒则绕销轴自由转动,当链条与链轮啮合,即链条绕过链轮时可以自由地弯曲;同时,

滚子沿链轮齿廓滚动,链轮轮齿与链条的滚子之间为滚动摩擦,可以减小链条和链轮轮齿的磨损。内、外链板制成 8 字形,以使链板各横截面的抗拉强度大致相同,并减轻链条的重量和惯性力。

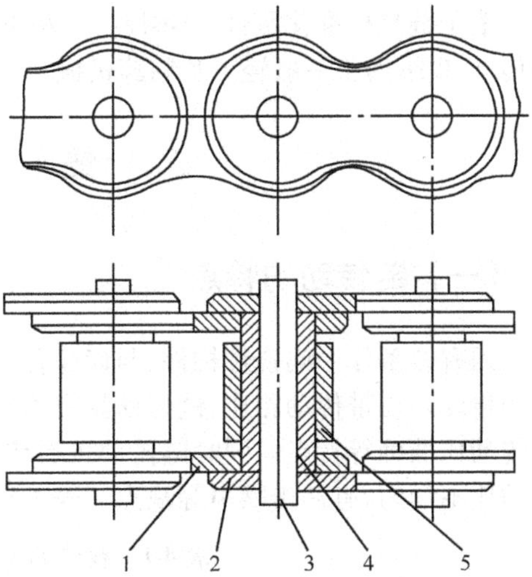

图 4-13　内、外链节连接结构

1. 内链板;2. 外链板;3. 销轴;4. 套筒;5. 滚子

当链条的链节数为偶数时,内、外链节交替串接,虽然可以自行封闭,但链条的装拆比较困难。为此应改用一个连接链节来替换一个外链节,以便于拆装。由于连接链节一侧的外链板 8[图 4-12(c)]为可拆链板,它与销轴之间装拆方便,是专门用作装拆的链节。为防止该外链板在工作过程中脱落,必须加装止锁件将其锁住。常用的止锁件有钢丝锁销、弹簧锁片和开口销等,见图 4-14。同理,当链节数为奇数时,可以采用一个带弯板的过渡链节[图 4-12(d)]作为装拆链节。由于过渡链节中的弯链板的受力情况不好,所以应尽量不用过渡链节。一般情况下,链条的链节数应尽量采用偶数,避免使用奇数。

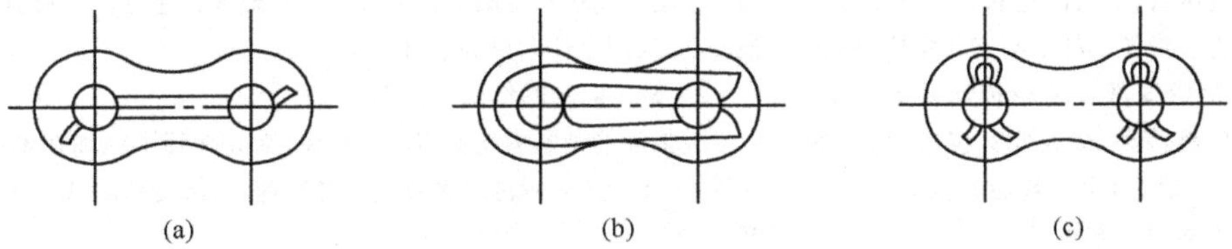

图 4-14　接头链节的几种常用的止锁方式

(a) 钢丝锁销;(b) 弹簧锁片;(c) 开口销

(二) 套筒滚子链链轮的结构

链轮的结构形式见图 4-15。在选择时,对于小直径的链轮可选择整体实心式;中等尺寸的可选择孔板式;大直径的可选择焊接式;当齿圈损坏,需经常更换时,可采用螺栓连接式。

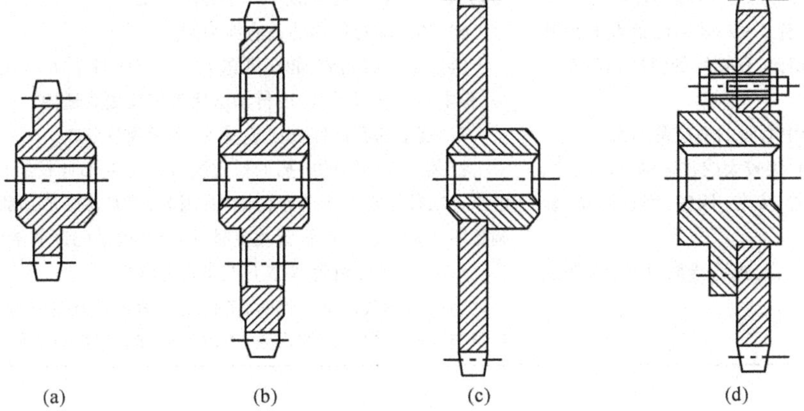

图 4-15　链轮常见的结构形式

(a) 整体实心式;(b) 孔板式;(c) 焊接式;(d) 螺栓连接式

滚子链是标准化零件。GB1243—76 规定滚子链分为 A、B 两级。A 级用于重载、高速和重要传动；B 级用于一般轻工及制药机械。

三、链传动的特点和应用

（一）链传动的特点

因有链条作中间挠性构件，与齿轮传动相比，链传动具有能吸振缓冲并能适用于较大中心距的传动。与带传动相比，链传动具有摩擦损耗小、效率高、结构紧凑、承载能力大、不打滑、平均传动比准确等特点。同时链传动也有传递运动的速度不宜过高、只能在中低速下工作、瞬时传动比不均匀、有冲击噪声等缺点。表 4-1 详细列出了链传动与齿轮传动、带传动的特点对比。

表 4-1　链传动与齿轮传动、带传动的特点比较

链传动与齿轮传动比较	链传动与带传动比较
1）链传动的制造与安装精度要求低 这是因为链传动是一种具有中间挠性件的非共轭啮合传动，链轮的齿形可以有较大的灵活性。链轮的加工与安装精度、链传动的中心距精度都较齿轮传动要求为低。对于已有的链传动，欲改变其技术参数（如传动比、中心距等）也比较容易实现。在安装与维修方面简单方便 2）链轮齿受力较小，强度较高，磨损也较轻 通常链轮有较多的齿同时与链条啮合，接触位置接近齿根并且齿槽圆弧半径大，齿根应力集中小；而直齿圆柱齿轮传动一般只有 1 ~2 对齿接触。因此，链轮的承载能力相对增大，齿面磨损也比齿轮轻 3）链传动有较好的缓冲、吸振性能 由于链条是挠性件并具有一定的弹性，再加上链条的每个铰链内部均能贮存润滑油，因此它与只有 1 ~2 对刚性很大的齿啮合的齿轮传动相比，有较好的缓冲和吸振能力 4）链传动中心距的适应范围大 特别在中心距较大或在多轴传动场合，链传动易于布置、安装、调整，而且简单、轻巧、经济 5）在链条上配置适当附件后，易于实现输送功能	1）链传动的传动比准确，传动效率较高 链传动没有弹性滑动和打滑，因此与带传动相比，链传动能保持准确的平均传动比和较高的机械效率。对要求转速恒定的两轴传动和多轴传动，采用链传动更为适宜 2）链条对轴的作用力较小 链传动的预紧力比带传动小得多，因此减轻了施加在轴和轴承上的压力，减少了轴承的摩擦损失。在低速时，链传动的这一优点更为突出 3）链传动的尺寸较紧凑 在传递相同功率的情况下，链条比常用的胶带要窄些，链轮直径也比带轮小些，所以链传动的结构尺寸要比带传动紧凑 4）链条装拆比较方便 链条可以在连接链节处拆开，容易安装和拆卸。而胶带一般均是制成无端的，它要越过带轮边缘才能套进去，安装比较困难。特别当带轮位于轴承之间时更是如此 5）链传动能在较大传动比和较小中心距情况下工作 链传动允许的包角可小于带传动，因此链传动的传动比范围比带传动大一些，也更能在较小的中心距下工作 6）链传动对环境的适应能力强 链条由金属制成，能在更恶劣的环境条件下工作，诸如在高温、油污、粉尘和泥沙等场合，链传动远比带传动更为适用 7）链条的磨损伸长比较缓慢，张紧调节量较小 链条工作期间的磨损伸长比胶带拉伸变形伸长缓慢，并且伸长量可以设法控制在一个节距范围内，因此，不必像带传动那样要求频繁地调整中心距。在设计张紧装置时，链传动要求的调节量也较小 8）链传动在可燃气体下工作安全可靠 当在可燃气体下工作时，链传动不像带传动那样有胶带打滑发热和带与轮间摩擦生热的现象，所以不会有引起燃烧的危险

（二）链传动的应用

在不能采用齿轮传动和带传动的情况下，如两轴平行而且中距较大同时要求平均传动比不变，便于拆装，特别是温度变化较大或潮湿、粉尘的恶劣环境中，通常采用链传动。图 4-16 为链传动在制药机械中的应用。

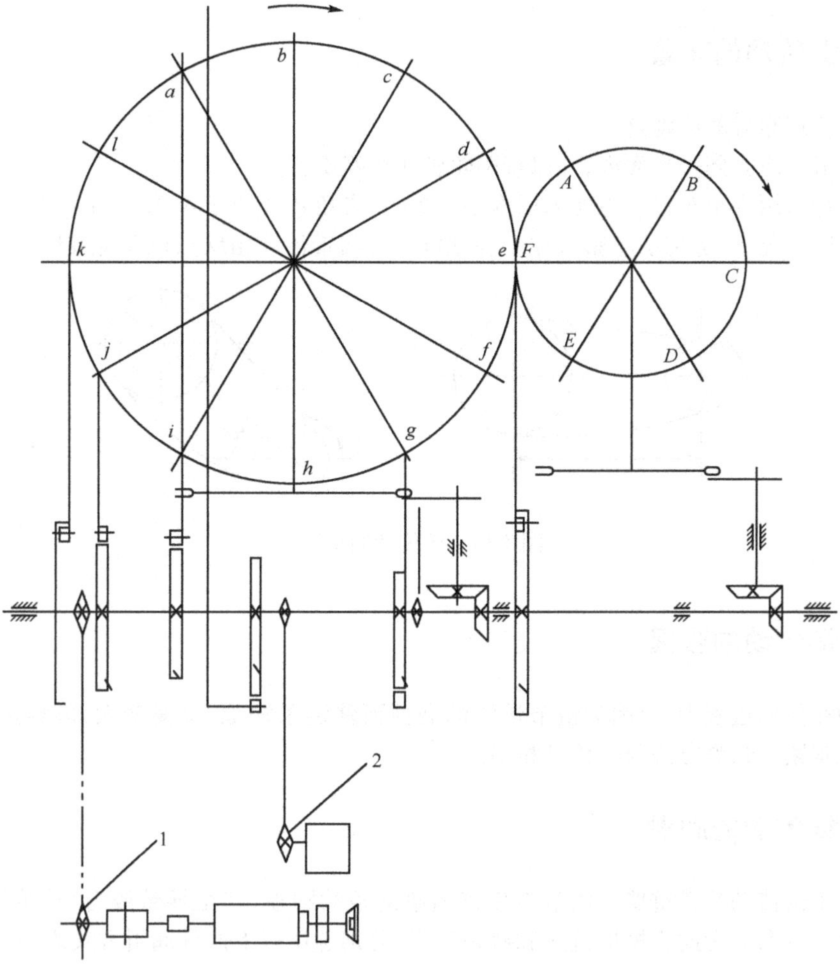

图 4-16　链传动在制药机械中的应用——胶囊充填机传动系统

1. 主传动链轮；2. 测速器传动链轮

随着现代科学技术的发展，链呈现了多元化趋势，在普通型、加重型的基础上，派生出一系列轻窄型链，变异出带 O 形密封圈自润滑的链以及弹簧滚子、金属与橡胶混装滚子的低噪声链；链节距除向大、小节距两端延伸外，还在小节距范围内插入了新的节距，使小节距分布更密，更适用于不同工况的传动，呈现了“个性化”特征；在尺寸相同的条件下，派生出一系列不同疲劳强度、不同拉伸强度，甚至不同磨损性能的变异链；出现了耐高温、耐腐蚀、耐粉尘、耐强力磨损以及适于输送各种物料结构形式的链；在材料应用方面，除黑色金属材料（包括不锈钢材料）外，非金属材料的应用亦日渐广泛，如工程塑料、橡胶，还有复合材料等。

链 接

四、链传动的布置、张紧和润滑

(一) 链传动的布置

链传动合理布置的原则是:

(1) 两链轮应在同一平面内,并保持两轮轴线相互平行。

(2) 尽量采用水平布置。不能采用水平布置时,夹角 ϕ 应小于 45°,见图 4-17。

(3) 一般情况下,链传动应紧边在上、松边在下(与带传动相反),以避免咬链,见图 4-17。

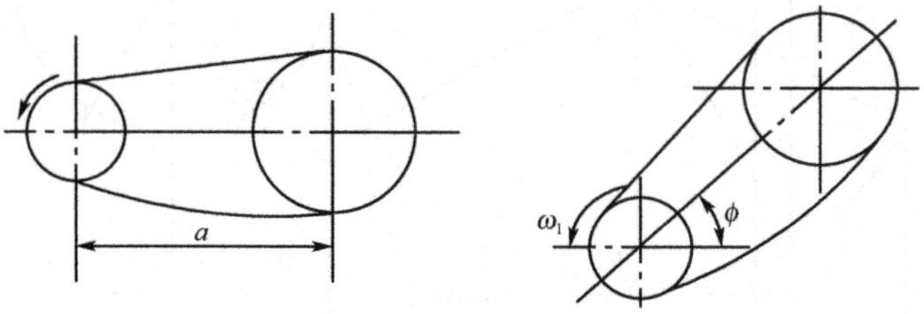

图 4-17 链传动的布置

(二) 链传动的张紧

链传动在使用过程中,会因为链节铰链的磨损而使链条松弛、垂度变大,影响正常传动,为此必须进行张紧。张紧方法与带传动相似。

(三) 链传动的润滑

润滑对于链传动非常重要。润滑不良将加速链条的磨损,甚至导致胶合,严重影响链传动的质量和使用寿命。为此应根据链速和链条节距,分别选用以下四种润滑方式之一,见图 4-18。

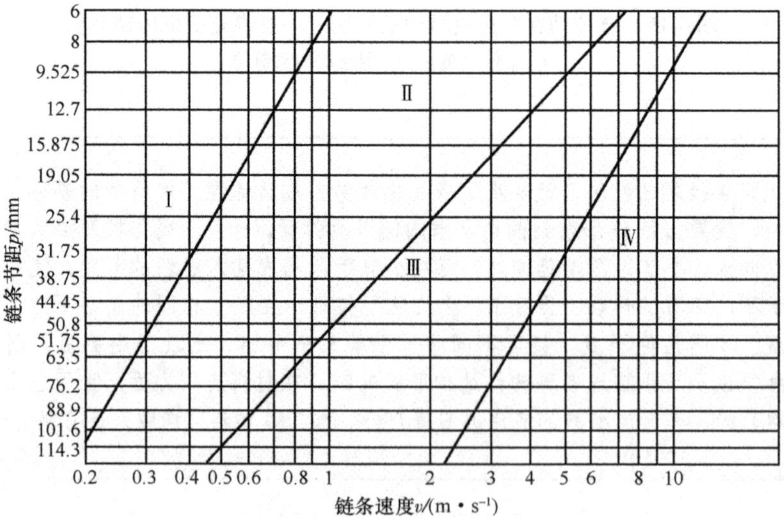

图 4-18 链传动的润滑

图中区域Ⅰ可用油壶或油刷人工定期加油；区域Ⅱ可用油杯滴油润滑；区域Ⅲ可用油浴或飞溅润滑；区域Ⅳ则采用压力循环润滑。润滑油可选用 30 号（环境温度为 5 ~ 25℃时）、40 号（环境温度为 25 ~ 35℃）、50 号（环境温度为 35 ~ 45℃）、60 号（环境温度为 45 ~ 55℃）、70 号（环境温度为 55 ~ 65°）机械油。润滑方法和供油量见表 4-2。

表 4-2　链传动润滑方法和供油量

方式	润滑方法	供油量
人工润滑	用刷子或油壶定期在链条松边内、外链板间隙中注油	每班注油一次
滴油润滑	装有简单外壳，用油杯滴油	单排链，每分钟供油 5 ~ 20 滴，速度高时取大值
油浴供油	采用不漏油的外壳，使链条从油槽中通过	链条浸入油面过深，搅油损失大，油易发热变质，一般浸油深度为 6 ~ 12mm
飞溅润滑	采用不漏油的外壳，在链轮侧边安装甩油盘，飞溅润滑，甩油盘圆周速度 $v > 3\text{m/s}$。当链条宽度大于 125mm 时，链轮两侧各装一个甩油盘	甩油盘浸油深度为 12 ~ 35mm
压力供油	采用不漏油的外壳，油泵强制供油，喷油管口设在链条啮入处，循环油可起冷却作用	每个喷油口供油量可根据链节距及链速大小查阅有关手册

第 3 节　齿轮传动

小王刚到某药厂片剂生产车间压片岗位实习。师傅教他压片机充填量的调节方法。他很快就知道如何调节片剂的充填量了，但他始终弄不清楚，为什么自己把手柄旋转了好几圈，片剂的充填量高度只是变化了很少的几毫米。你能帮小王解释其中的道理吗？到底是哪些零件在这里起到了关键的作用？

提示：

压片机充填调节装置如图 4-19 所示。

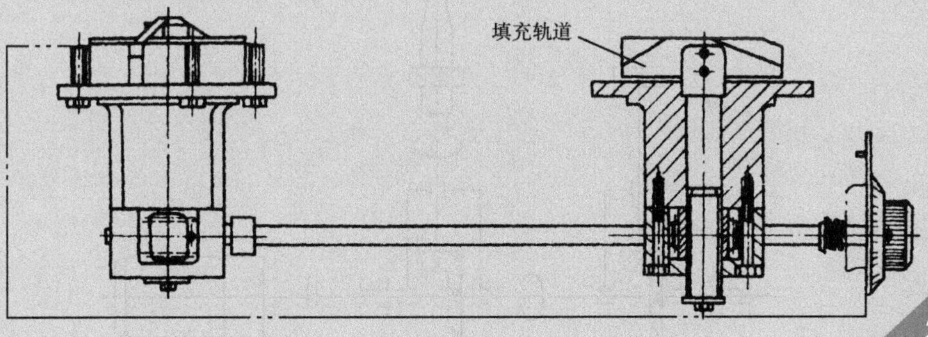

图 4-19　ZP-33 型压片机充填调节装置

案例4-3

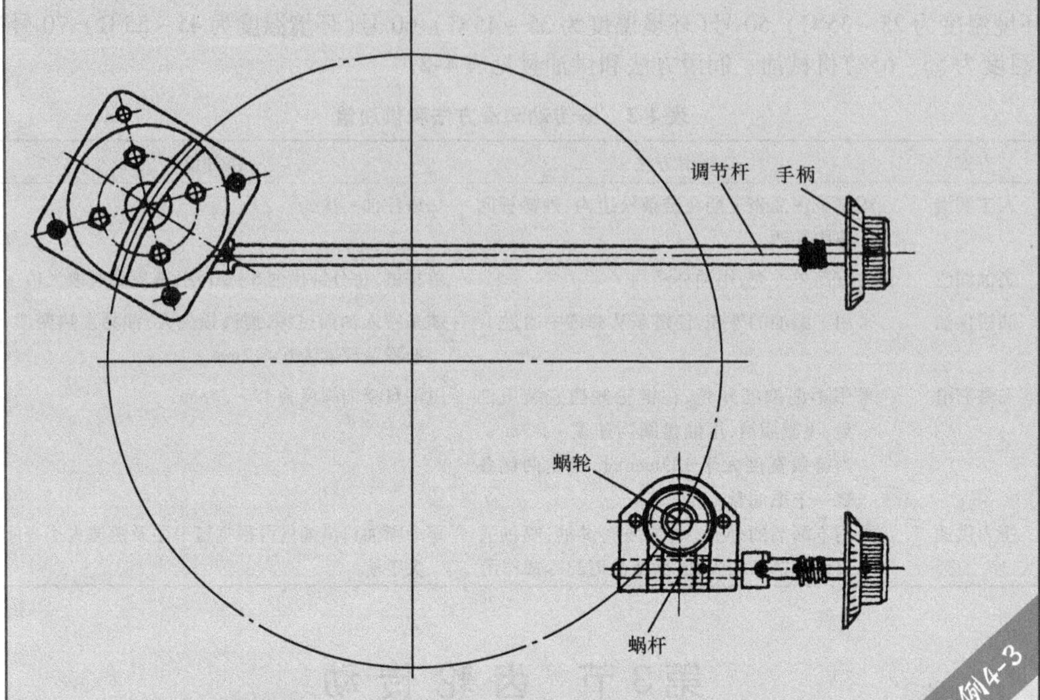

图 4-19 ZP-33 型压片机充填调节装置(续)

齿轮传动是由主动齿轮带动从动齿轮,并通过齿间啮合完成机械传动的。与其他传动机构相比,齿轮传动传递的功率速度范围大、瞬时传动比恒定、传动平稳、能实现两轴任意角度(平行、相交或交错)的传动、效率高,寿命长、结构紧凑、外廓尺寸小等优点。缺点是齿轮的制造、安装、维护的要求较高,因而成本较高。

齿轮传动在制药机械中应用非常广泛,图 4-20 所示为齿轮传动在安瓿灌封机中的应用。

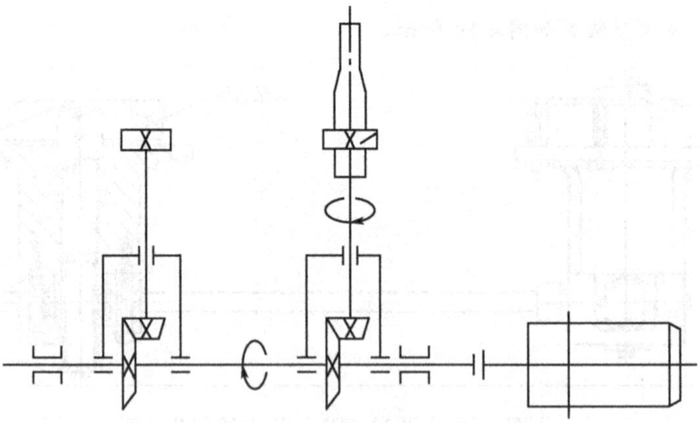
图 4-20 齿轮传动在安瓿灌封机中的应用

一、齿轮传动的分类

按照两齿轮轴线的相对位置可分为以下三种。

1. 用于两平行轴间的传动——圆柱齿轮传动，如图 4-21 所示。圆柱齿轮是目前应用最为广泛的一种齿轮，它的外形是圆柱体。

圆柱齿轮按齿向可分为直齿圆柱齿轮、斜齿圆柱齿轮。齿轮上的轮齿与轴线平行的称为直齿圆柱齿轮；轮齿与轴线倾斜成一个角度（称为螺旋角）的称为斜齿圆柱齿轮[图 4-21(d)]。直齿与斜齿圆柱齿轮又可按啮合方式分为外啮合齿轮[图 4-21(a)]、内啮合齿轮[图 4-21(b)]及齿轮齿条[图 4-21(c)]。若将两个螺旋角大小相等，方向相反的斜齿圆柱齿轮组合成一体就形成了一种能传递较大功率的人字齿轮[图 4-21(e)]。

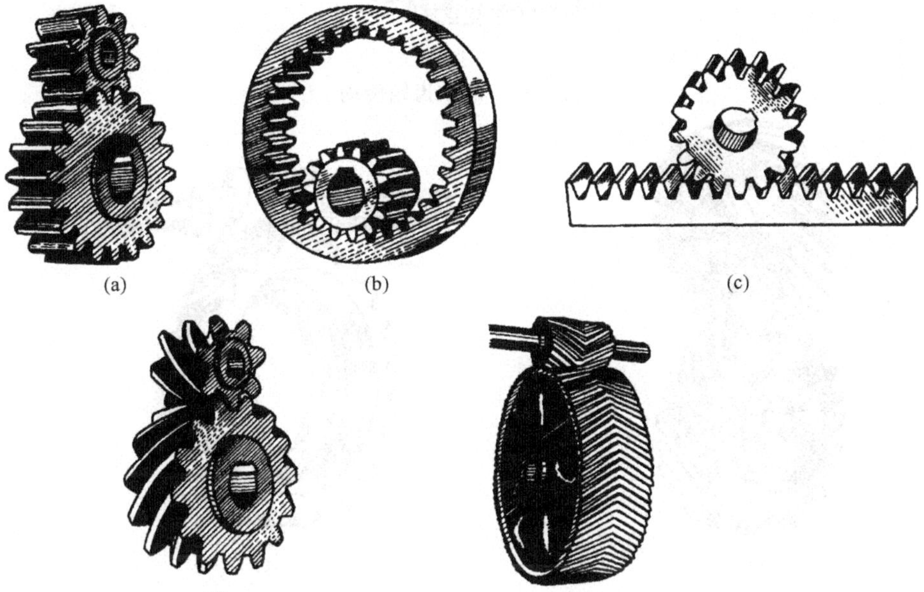

(a)　(b)　(c)　(d)　(e)

图 4-21　圆柱齿轮传动

2. 用于相交两轴间的传动——圆锥齿轮传动。圆锥齿轮又称伞齿轮，其轮齿排列在截头圆锥体的外表面上。从齿形来分，圆锥齿轮有直齿圆锥齿轮、斜齿圆锥齿轮及圆弧齿圆锥齿轮，分别如图 4-22(a)、(b)、(c)所示。圆锥齿轮传动可以改变旋转运动的轴线方向，在制药机械中应用极其广泛。

3. 用于空间交错两轴间的传动——螺旋齿轮传动，如图 4-23(a)所示。所谓空间交错两轴是指两轴轴线既不平行也不相交。两轴在空间交错可以是任意角度交错，但在实际工业生产中以采用空间交叉垂直的两轴最为常见。当两轴在空间互相交叉垂直而且传动比又要求很大时，常采用蜗轮蜗杆传动，见图 4-23(b)。蜗轮蜗杆传动是螺旋齿轮传动的一种特殊形式，在制药机械中，由于其传动比极大，通常由蜗杆带动蜗轮作为减速器，应用于各种制药设备。

按齿廓曲线分为渐开线齿轮、摆线齿轮及圆弧曲线齿轮三种。目前在工业上应用最广泛的是渐开线齿轮。

按齿轮的工作条件可分为：

1. 开式齿轮传动　齿轮暴露在外，不能防尘且润滑不良，因而轮齿易于磨损，寿命短，只能用于低速或低精度的场合。

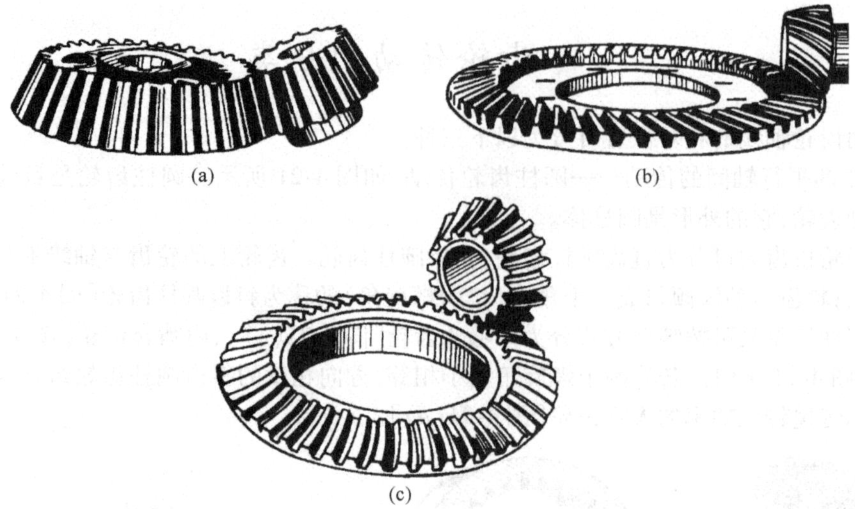

图 4-22 圆锥齿轮传动

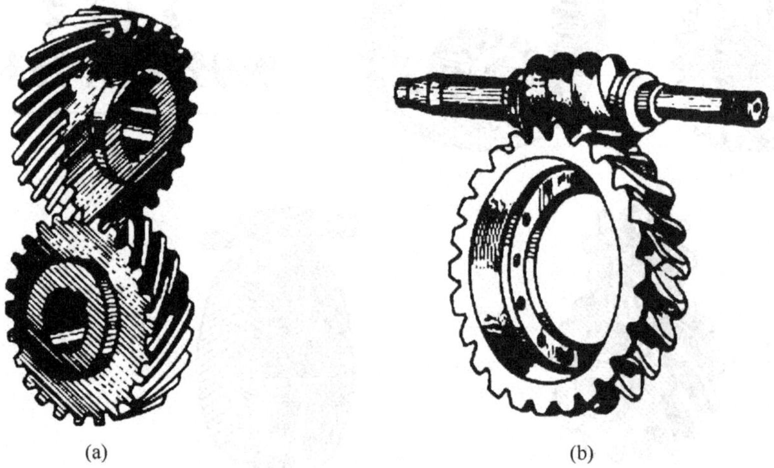

图 4-23 空间交错两轴间的传动

2. 闭式齿轮传动　齿轮安装在密闭的箱体内，密封条件好，且易于保证良好的润滑，使用寿命长，均用于较重要的场合。由于 GMP 对制药设备的密闭性、润滑性能要求较高，所以闭式齿轮传动在制药机械中应用最为广泛。

3. 半开式齿轮传动　性能介于开式齿轮和闭式齿轮传动之间，通常在齿轮的外面安装有简易的罩子，虽没有密封性，但也不致使齿轮暴露在外。

二、齿轮的几何参数和传动比

直齿圆柱齿轮是齿轮传动中最基本的一种形式，下面以直齿圆柱齿轮为例介绍齿轮的几何参数和传动比。

（一）齿轮基本几何参数（图 4-24）

齿间距 e：齿间（两齿相邻的空间）在齿轮任意圆周上的弧长。

齿厚 s：轮齿在齿轮任意圆周上的弧长。

齿顶圆 d_a：通过齿轮各齿顶端所在的圆，即齿轮的外径。

齿根圆 d_f：通过齿轮各齿底部所在的圆。

分度圆 d：假想的齿轮计算、制造的基准圆，在此圆上，齿厚与齿间距相等。

齿顶高 h_a：分度圆到齿顶圆间的径向距离。

齿根高 h_f：分度圆到齿根圆间的径向距离。

全齿高 h：齿顶圆到齿根圆间的径向距离，$h = h_a + h_f$。

周节 p：分度圆上相邻两齿对应点之间的弧长。它等于分度圆上的齿厚 s 和齿间距 e 的和，即 $p = s + e$。

齿宽 b：轮齿沿轴向的宽度。

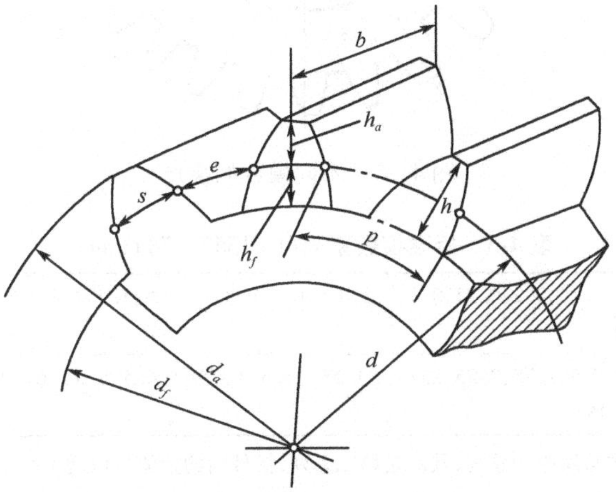

图 4-24　齿轮基本几何参数

（二）模数和压力角

1. 模数　设 d 为齿轮分度圆直径，z 为齿数，p 为该圆周上的周节，则

$$zp = \pi d$$

$$d = \frac{p}{\pi} z$$

从上式来看，由于 π 是无理数，在进一步计算其他参数时必然会出现一连串的无理数，这将给齿轮的计算、制造和互换等带来麻烦。为方便起见，将比值 $\frac{p}{\pi}$ 规定为整数或较完整的有理数，称为模数，以 m 表示，即

$$m = \frac{p}{\pi} = \frac{d}{z} \tag{4-4}$$

则

$$d = mz \tag{4-5}$$

模数是齿轮几何尺寸计算中的一个重要参数，单位为 mm。模数越大，轮齿所能承受的外力也越大。图 4-25 为不同模数的齿形。

为了便于计算、制造和互换，齿轮的模数已标准化，如表 4-3 所示。

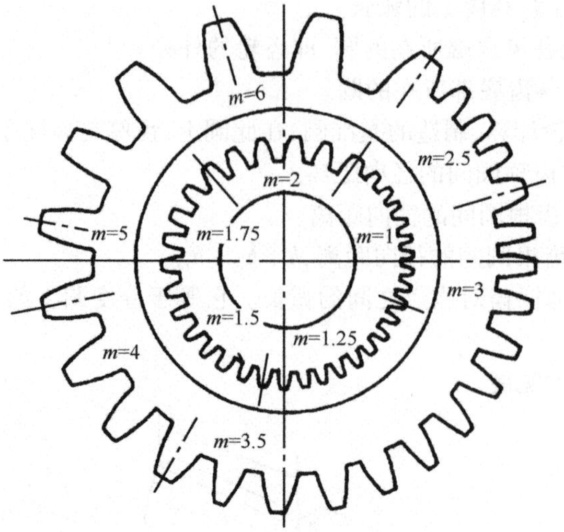

图 4-25　不同模数的齿形

表 4-3　标准模数系列(GB1357—78)(mm)

第一系列	0.1,0.12,0.15,0.2,0.25,0.3,0.4,0.5,0.6,0.8,1,1.25,1.5,2,2.5,3,4,5,6,8,10,12,16,20,25,32,40,50
第二系列	0.35,0.7,0.9,1.75,2.25,2.75,(3.25),3.5,(3.75),4.5,5.5,(6.5),7,9,(11),14,18,22,28,(30),36,45

注:①选用模数时,应优先采用第一系列,其次是第二系列,括号内的数值尽可能不用。②本标准适用于渐开线圆柱齿轮。渐开线圆锥齿轮及蜗杆蜗轮传动可参考采用。③习惯上把模数系列划分为三段,0.1~1 叫做小模数,1~8 叫做中等模数,8~50 叫做大模数。有时中等模数的范围扩大到 10。

2. 压力角　用渐开线作为齿廓的齿轮为渐开线齿轮,由于渐开线齿轮具有制造、安装方便等优点,所以在制药机械中广泛应用。

图 4-26(a)为渐开线的形成原理。当一直线 BK 沿圆 O 做纯滚动时,直线 BK 上任一点 K 的轨迹 K_0K 就是该圆的渐开线。圆 O 称为渐开线的基圆,基圆半径用 r_b 表示,渐开线的形状取决于基圆半径 r_b 的大小;直线 BK 称为渐开线的发生线;渐开线所对应的中心角 θ_K 称为渐开线 K_0K 的展角。渐开线齿轮轮齿两侧的齿廓就是由两段对称的渐开线组成的,如图 4-26(b)所示。

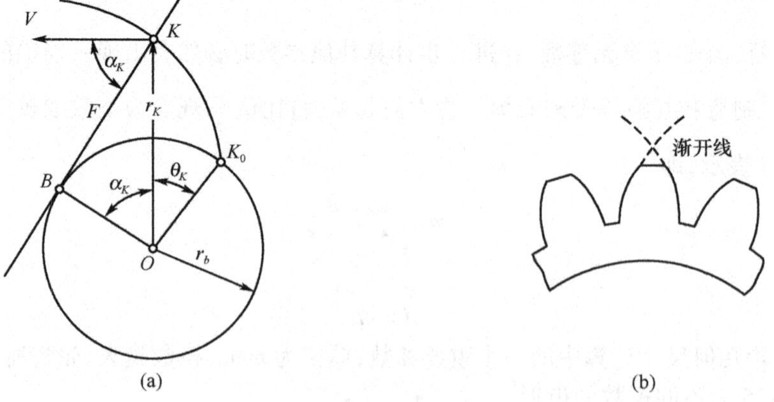

图 4-26　渐开线齿廓

(a) 渐开线形成原理;(b) 渐开线齿廓

当一对渐开线齿廓是点互相啮合时,所谓压力角是指齿廓在接触点所受正压力的方向与该点速度的方向之间的夹角。当 K 点为接触点时,α_K 即为齿轮的压力角。从渐开线的形成特性可以证明下列关系式的存在:

$$\cos\alpha_K = \frac{OB}{OK} = \frac{r_b}{r_K} \tag{4-6}$$

式中,r_b 为渐开线基圆半径,单位为 mm;r_K 为渐开线上是点的向径,单位为 mm。

上式表明,压力角的大小随 r_K 的变化而变化,即随 K 点的位置而变。也就是说,渐开线齿廓上各点的压力角是不相等的。通常所指的压力角均是指分度圆上的压力角,而且与齿轮模数一样,也规定了国家标准。我国的国家标准(GB1356—78)规定分度圆压力角为 20°。

(三) 圆柱齿轮的传动比

1. 单个齿轮几何参数的计算　分度圆是计算齿轮几何尺寸的基准圆,当模数和齿数确定后,分度圆也就随之确定了。其他部分的尺寸,实际上是关于齿高的标准问题,它们与模数的关系是

齿顶高:　$h_a = h_a^* m$

齿根高:　$h_f = (h_a^* + c^*)m$

全齿高:　$h = h_a + h_b = (2h_a^* + c^*)m$

式中系数 h_a^* 及 c^* 分别是齿顶高系数和径向间隙系数。在 GB1356—78 中规定了两种标准:

正常齿　$h_a^* = 1, c^* = 0.25$

短齿　$h_a^* = 0.8, c^* = 0.30$

所以,齿轮的几个主要几何参数为

$$d = mz \tag{4-7}$$

$$d_a = d + 2h_a = m(z + 2h_a^*) \tag{4-8}$$

$$d_f = d - 2h_f = m(z - 2h_a^* - 2c^*) \tag{4-9}$$

对于常用的正常齿,

$$d = mz \tag{4-10}$$

$$d_a = m(z + 2) \tag{4-11}$$

$$d_f = m(z - 2.5) \tag{4-12}$$

2. 一对啮合齿轮的计算

(1) 中心距 L:中心距 L 为两齿轮轴线之间的垂直距离,对于标准安装的一对外啮合直齿圆柱齿轮,分度圆相切、模数相等,其中心距为

$$L = \frac{1}{2}(d_1 + d_2) = \frac{m}{2}(z_1 + z_2) \tag{4-13}$$

式中,d_1,d_2 分别为相啮合两齿轮的分度圆直径,单位为 mm;z_1,z_2 分别为相啮合两齿轮的齿数,单位为 mm;m 为两齿轮的模数,单位为 mm。

(2) 传动比 i:相啮合的一对齿轮中,主动轮角速度 ω_1 与从动轮角速度 ω_2 之比即为传动比 i,即

$$i = \frac{\omega_1}{\omega_2} = \frac{n_1}{n_2} = \frac{z_1}{z_2} \tag{4-14}$$

式中 n_1、n_2 分别为主、从动轮转速，单位为 r/min。

表 4-4 列出了外啮合渐开线标准直齿圆柱齿轮传动的主要几何参数。

表 4-4 外啮合渐开线标准直齿圆柱齿轮传动几何参数

名称	代号	公式
模数	m	取标准值
分度圆直径	d	$d_1=mz_1;d_2=mz_2$
齿顶高	h_a	$h_a=h_a^*m$
齿根高	h_f	$h_f=(h_f^*+c^*)m$
全齿高	h	$h=h_a+h_f=(2h_a^*+c^*)m$
齿顶圆直径	d_a	$d_{a1}=d_1+2h_a=(z_1+2h_a^*)m \quad d_{a2}=d_2+2h_a=(z_2+2h_a^*)m$
齿根圆直径	d_f	$d_{f1}=d_1-2h_f=(z_1-2h_a^*-2c^*)m \quad d_{f2}=d_2-2h_f=(z_2-2h_a^*-2c^*)m$
基圆直径	d_b	$d_{b1}=d_1\cos\alpha;d_{b2}=d_2\cos\alpha$
周节	p	$p=\pi m$
齿厚	s	$s=p/2=\pi m/2$
齿间距	e	$e=p/2=\pi m/2$
中心距	a	$a=\frac{d_1+d_2}{2}=\frac{m}{2}(z_1+z_2)$

三、齿轮传动失效形式及原因

齿轮传动是靠齿与齿的啮合进行工作的，轮齿是齿轮直接参与工作的部分，是非常容易损坏的。所以齿轮的失效主要发生在轮齿上。常见的轮齿失效形式有以下五种情况：轮齿折断、齿面点蚀、齿面磨损、齿面胶合和塑性变形。

（一）轮齿折断

轮齿折断一般发生在齿根部分，有整体折断和局部折断两种表现形式。淬火钢或铸铁等脆性材料制造的齿轮，最易发生轮齿折断。在直齿圆柱齿轮中，一般多发生轮齿的整体折断[图 4-27(a)]。斜齿圆柱齿轮多发生局部折断[图 4-27(b)]。

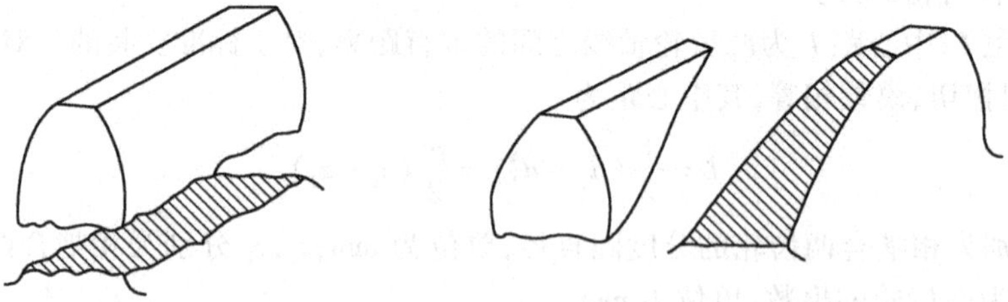

(a) (b)

图 4-27 轮齿折断

按轮齿受力情况的不同，轮齿折断分为疲劳折断和过载折断两种。

齿轮工作时，每个轮齿都相当于一个悬臂梁(图 4-28)，在齿根处产生的弯曲应力最大。由于齿轮运转时，每个轮齿都间歇地工作，故齿根处的弯曲应力是交变应力。所谓疲劳折断是当弯曲应力的数值超过齿轮的疲劳极限时，在经过一定的应力循环次数后，轮齿所发生的折断。过载折断通常是由于短时意外的严重过载，使轮齿危险截面上产生的应力超过了齿轮的极限应力所造成的。

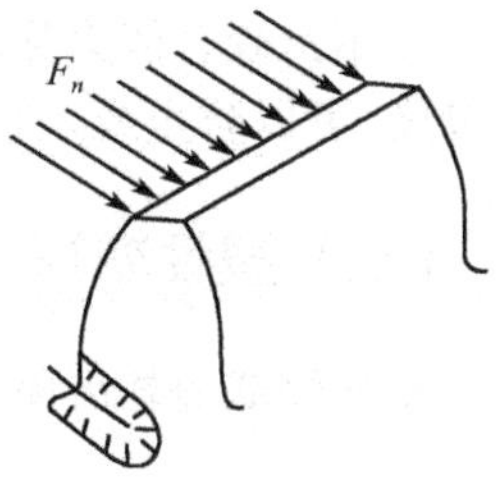

图4-28　轮齿受力情况

增大齿根过渡圆角半径，提高表面加工质量、增大轴及支承的刚度、使轮齿心部具有足够的韧性、在齿根处施加适当的强化措施等，都可以提高轮齿的抗折断能力。

（二）齿面点蚀

齿面点蚀是一种因齿面金属局部脱落而呈麻点状的疲劳破坏，如图4-29所示。

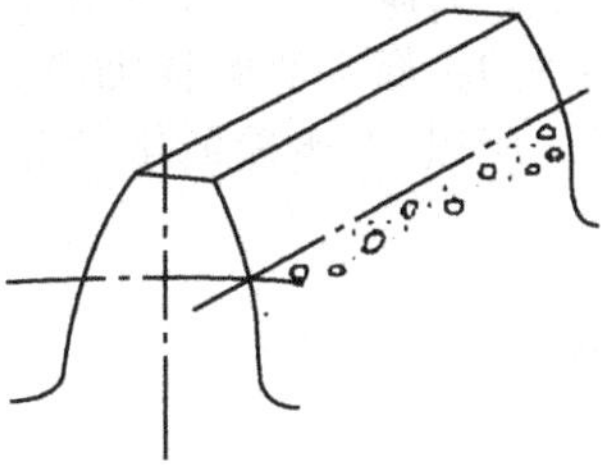
图4-29　齿面点蚀

齿轮在传递动力时，两齿面理论上是线接触，实际上是很狭窄的带状面接触，所以在接触面附近产生很大的接触应力（局部挤压应力）。在随着齿轮的转动，齿面上的接触应力是按脉动循环变化的，如果接触应力的最大值超过了齿面的接触疲劳极限应力值，则在工作一定时间以后，齿面的金属将呈微粒状剥落下来，在齿面上形成麻点，这就是齿面点蚀。

随着齿面点蚀的发生，麻点越来越多，轮齿间的实际接触面积将越来越小，接触应力随之增大，从而使点蚀不断扩大，渐开线齿形遭到破坏，引起振动和噪声。疲劳点蚀是软齿面齿轮开式传动中最常见的失效形式之一。

提高齿面硬度、减小齿面粗糙度、增加润滑油的黏度等都可以提高轮齿的抗齿面点蚀能力。

（三）齿面磨损

轮齿在啮合过程中，齿面之间存在相对滑动或硬的杂质进入摩擦面间，因而使齿面发生磨损，如图4-30所示。齿面磨损后，渐开线齿形遭到破坏，引起振动和噪声。在开式传动中，由于灰尘、杂质等容易进入轮齿工作表面，故磨损将会更加迅速和严重。所以齿面磨损是开式齿轮传动的主要失效形式。在闭式齿轮传动中，如果润滑油中混有金属屑也会使齿面磨损。

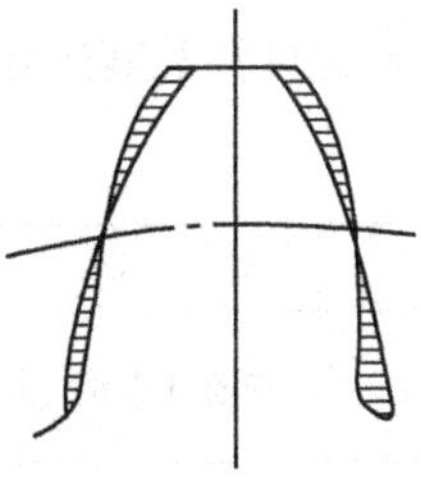
图4-30　齿面磨损

提高齿面硬度、减小齿面粗糙度、保证润滑充分并且洁净、在润滑油中加入合适的抗磨损添加剂等，都可以提高轮齿的抗齿面磨损能力。

（四）齿面胶合

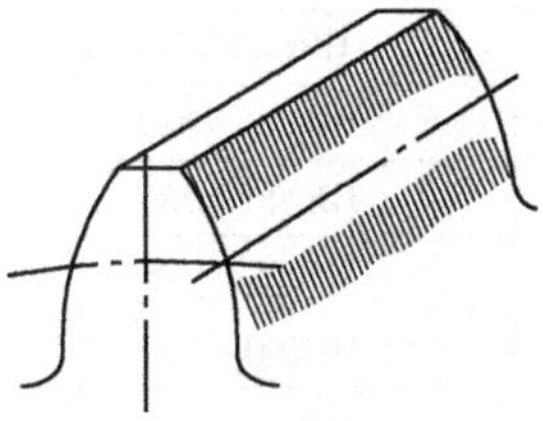
图4-31　齿面胶合

在高速重载的齿轮传动中，齿面啮合区压力大，滑动速度高，造成工作表面温度很高，润滑油黏度降低导致润滑失效，造成齿面金属局部直接接触，使相啮合的两齿面局部金属软化熔焊在一起，齿面间继续运动时，将熔焊的金属沿滑动方向从较软的齿面撕脱，在齿面形成尺寸不等的条状伤痕，这种失效形式称为齿面胶合，如图4-31所示。胶合产生以后，渐开线齿形遭到破坏，引起振动和噪声，会很快导致齿轮的破坏。

采用抗胶合能力强的润滑油，提高润滑油的黏度，减小齿轮模数，提高齿面硬度和减小表面粗糙度，可以防止或减轻轮齿齿面胶合。

（五）塑性变形

硬度较低的软齿面齿轮，在低速重载时，由于齿面压力过大，在摩擦力作用下，使齿面金属产生塑性流动而失去原来的齿形，产生齿面塑性变形，如图4-32所示。齿面塑性变形以后，渐开线齿形遭到破坏，引起振动和噪声。

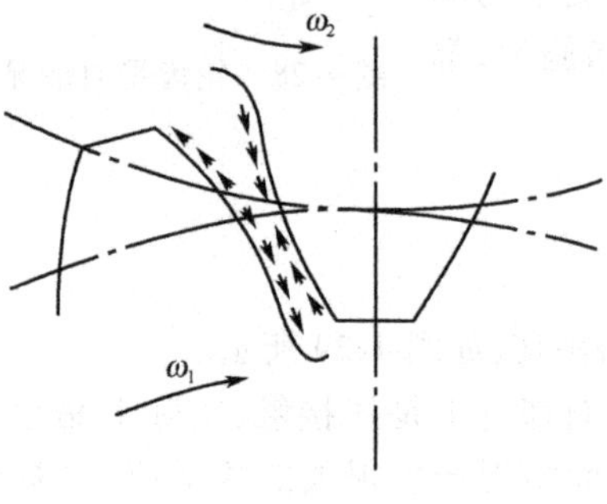

图4-32　齿面塑性变形

适当提高齿面硬度和润滑油黏度有助于防止或减轻齿面的塑性变形。

以上是齿轮传动几种常见的失效形式。值得指出的是，上述各种失效形式的出现都不是孤立的，而是相互关联的。比如齿面点蚀和胶合的发生，都会使磨损加剧，齿面严重磨损则导致轮齿的折断。所以，在齿轮的维护和保养过程中应综合考虑。

四、齿轮常用材料及热处理

对于齿轮传动而言，齿面应具有较高的抗点蚀、抗胶合、抗磨损及抗塑性变形的能力，齿根要有较高的抗折断能力。因此，对齿轮材料性能的基本要求包括：轮齿表面层有足够的硬度和高的耐磨性；齿轮轮齿要有足够的弯曲强度和冲击韧性；易于加工，能进行热处理及表面处理，使其能达到所需的硬度及表面粗糙度。

常用的齿轮材料是各种牌号的优质碳素钢、合金结构钢、铸钢和铸铁等。一般多采用锻件或轧制钢材。仪表齿轮常用的材料是塑料及铜合金。当齿轮较大（例如直径大于400～600mm），而轮坯不易锻造时，可采用铸钢；开式低速传动齿轮可采用灰铸铁。表4-5列出了常用的齿轮材料及其热处理后的硬度。

表4-5　常用的齿轮材料及其热处理

类　别	牌　号	热处理	硬度（HB或HRC）
普通碳素钢	A5	正火	HB140～170
	A6	正火	HB150～220
调质钢	35	正火	HB150～180
		调质	HB180～210
		表面淬火	HRC40～45
	45	正火	HB170～210
		调质	HB210～230
		表面淬火	HRC43～48
	50	正火	HB180～220
	40Cr	调质	HB240～285
		表面淬火	HRC52～56
	35SiMn	调质	HB200～260
		表面淬火	HRC40～45
	40MnB	调质	HB240～280

续表

类　别	牌　号	热处理	硬度(HB 或 HRC)
渗碳钢	20Cr	渗碳淬火回火	HRC56～62
	20CrMnTi	渗碳淬火回火	HRC56～62
渗氮钢	38CrMoAlA	渗氮	HRC60
铸钢	ZG35	正火	HB140～170
	ZG45	正火	HB160～200
	ZG50	正火	HB180～220
	ZG 35SiMn	正火	HB160～220
		调质	HB200～250
灰铸铁	HT200		HB170～230
	HT300		HB187～255
球墨铸铁	QT500-5		HB147～241
	QT600-2		HB229～302

齿轮常用的热处理方法有以下几种：

1. 表面淬火　一般用于中碳钢和中碳合金钢，例如 45 号钢、40Cr 等。表面淬火后轮齿变形不大，可不磨齿。由于接触强度高，耐磨性好，而齿芯部未淬硬仍有较高的韧性，故能承受一定的冲击载荷。表面淬火的方法有高频淬火和火焰淬火等。

2. 渗碳淬火　渗碳钢为含碳量 0.15%～0.25% 的低碳钢和低碳合金钢，例如 20 号钢、20Cr 等。渗碳淬火后齿面硬度高，耐磨性好，而齿芯部仍保持有较高的韧性，常用于受冲击载荷的重要齿轮传动。通常渗碳淬火后要磨齿。

3. 调质　调质一般用于中碳钢和中碳合金钢，例如 45 号钢，40Cr、35SiMn 等。调质处理后齿面硬度不高，可在热处理以后精切齿形，且在使用中易于磨合。

4. 正火　正火能消除内应力、细化晶粒、改善机械性能和切削性能，但硬度较低。机械强度要求不高的齿轮可用中碳钢正火处理。大直径的齿轮可用铸钢正火处理。

5. 渗氮　渗氮是一种化学热处理。渗氮后不再进行其他热处理，齿面硬度高，因氮化处理温度低，齿的变形小，故适用于难以磨齿的场合。

上述五种热处理中，调质和正火两种工艺处理后的齿面硬度较低，为软齿面齿轮；其他三种为硬齿面齿轮。软齿面齿轮的工艺过程较简单，适用于一般传动。当大小齿轮都是软面时，考虑到小齿轮齿根较薄，弯曲强度较低，且受载次数较多，故在选择材料和热处理时，一般使小齿轮齿面硬度比大齿轮高。硬齿面齿轮的承载能力较高，但需专门设备磨齿，常用于要求结构紧凑或生产批量大的齿轮。当大小齿轮都是硬齿面时，小齿轮的硬度应略高或等于大齿轮硬度。

五、齿轮传动的润滑

润滑的作用是减少齿轮啮合处和轴承的摩擦损失，减少磨损，降低噪声，还可以散热及防锈蚀。因此对齿轮传动进行适当的润滑，可以大大改善轮齿的工作状况，提高传动效率，确保正常运转及延长齿轮的使用寿命。

润滑方式应针对具体情况加以选择。对于闭式齿轮传动，其润滑方式的选择主要取决于齿轮的圆周速度。当齿轮的圆周速度较低时，通常将大齿轮浸入油池中润滑，如图 4-33(a)、(b)、 (c)所示。为减少搅油损失、控制温升,齿轮浸入油中的深度最多不要超过齿轮分度圆半径的三分之一,速度越高,浸油深度应越小,但至少应该保证一个齿高,同时不得小于10mm。当齿轮圆周速度较高时,不宜采用浸油润滑,而应采用压力喷油润滑,如图4-33(d)所示。

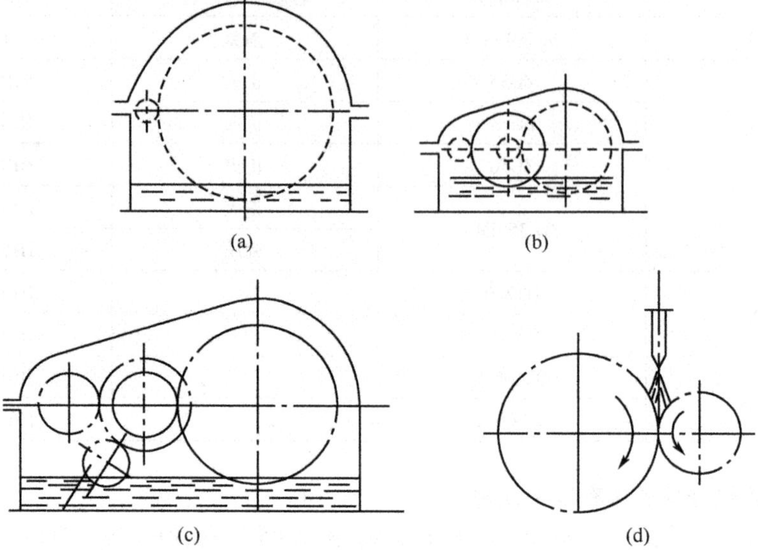

(a) (b) (c) (d)

图4-33 齿轮传动的润滑

对于开式、半开式或速度较低的闭式齿轮传动,通常采用人工定期加油(或油脂)润滑,采用脂润滑方式较多。

润滑剂的种类直接影响着齿轮传动的润滑效果。润滑剂通常的选择方法是:根据齿轮的材料和圆周速度,由表4-6选取润滑油黏度的荐用值,再根据查得的荐用黏度值,选定润滑油的品种和牌号。

表4-6 润滑油黏度的荐用值 (mm^2/s)

材料	圆周速度 v/(m/s)				
	<0.5	0.5~1	1~2.5	2.5~5	5~12.5
塑料、铸铁、青铜	180(20)	120(12)	80	60	45
σ_H=470~1000MPa 的钢	300(35)	180(20)	120(12)	80	60
σ_H=1000~1250MPa 的钢	300(35)	300(35)	480(20)	120(12)	80
σ_H=1250~1500MPa 的钢及所有渗碳淬火或表面淬火的钢	450(55)	300(35)	300(35)	180(20)	120(12)

注:括号内为100℃、括号外为50℃时的运动黏度。

齿轮在传动中的应用很早就出现了。据史料记载,远在公元前四百多年的中国古代就已开始使用齿轮,在我国山西出土的青铜齿轮是迄今已发现的最古老齿轮。作为反映古代科学技术成就的指南车就是以齿轮机构为核心的机械装置。公元前三百多年,古希腊哲学家亚里士多德在《机械问题》中,就阐述了用青铜或铸铁齿轮传递旋转运动的问题。17世纪末,人们才开始研究能正确传递运动的轮齿形状。18世纪,欧洲工业革命以后,齿轮传动的应用日益广泛;先是发展摆线齿轮,而后是渐开线齿轮,一直到20世纪初,渐开线齿轮已在应用中占了优势。

链接

第4节　蜗杆传动

蜗杆传动主要用于空间垂直交错的两轴间的传动。由蜗杆和与它相啮合的蜗轮组成，蜗杆的形状像圆柱形螺旋，蜗轮的形状像斜齿轮，只是它的轮齿沿齿长方向弯曲成圆弧形，以便与蜗杆更好地啮合(图 4-34)。

蜗杆通常为主动件，螺纹有右旋和左旋之分。蜗杆上只有一条螺旋齿的称为单头蜗杆，即蜗杆转一周，蜗轮转过一个齿。若蜗杆上有两条螺旋齿，就称双头蜗杆，即蜗杆转一周，蜗轮转过两个齿，依此类推。

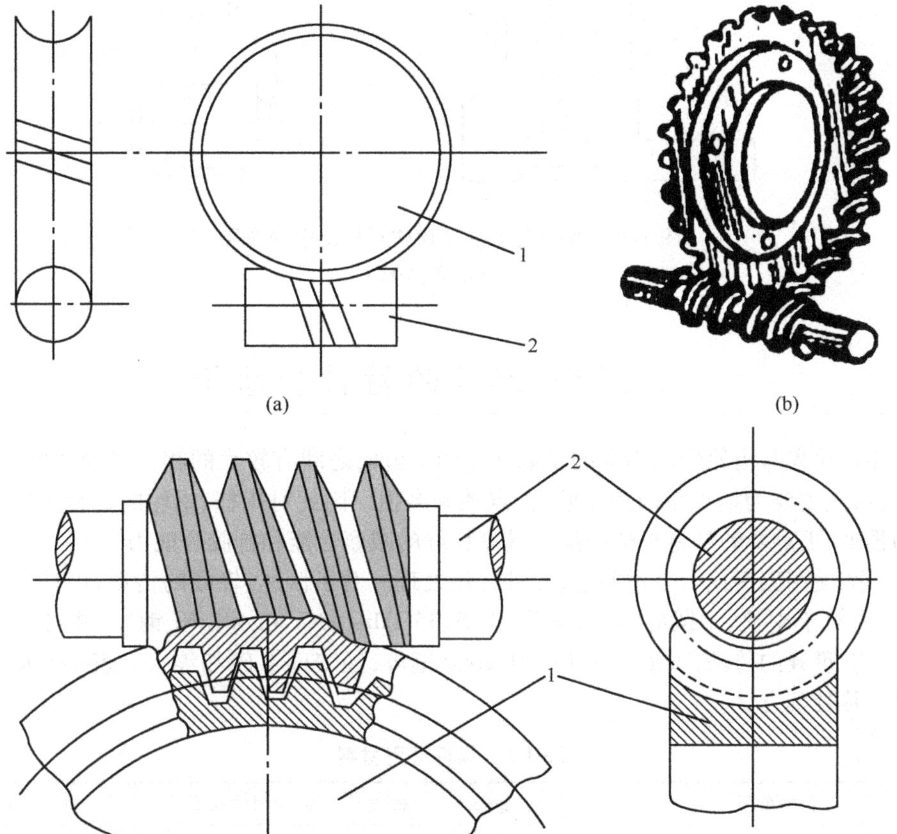

图 4-34　蜗杆传动

1. 蜗轮；2. 蜗杆

蜗杆种类繁多，本节只介绍普通圆柱蜗杆，这种蜗杆的齿廓与端面的交线为阿基米德螺旋线，故又称为阿基米德蜗杆。阿基米德蜗杆传动性能好，容易制造，所以应用最为广泛。图 4-35 为蜗杆传动在摇摆式颗粒机中的应用。

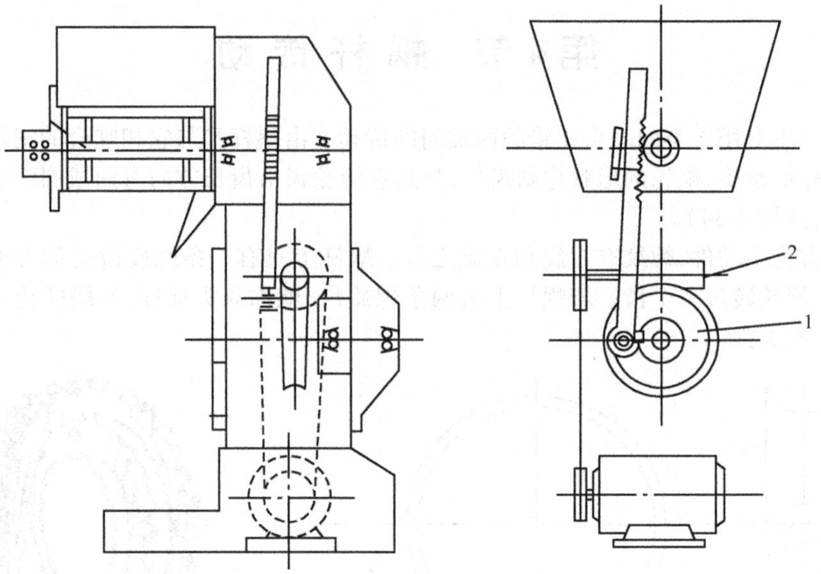

图 4-35　蜗杆传动在摇摆式颗粒机中的应用

1. 蜗轮；2. 蜗杆

一、蜗杆、蜗轮的材料和结构

蜗杆传动轮齿与齿轮传动不同的是蜗杆传动中齿面之间有较大的相对滑动速度，因而发热大，其失效形式主要为蜗轮齿面产生胶合、点蚀和磨损。因此对蜗杆、蜗轮的材料选择不仅要求有足够的强度，更重要的是材料的搭配应具有良好的减摩性能和抗胶合能力。

蜗杆一般使用碳钢或合金钢制造，并进行热处理。对于低速、轻载的传动，可采用 45 号钢，经调质处理；对于中速、中载的传动，可采用 45、35SiMn、40Cr 和 40CrNi 钢等，并对齿面进行淬火；对于高速、重载的传动，可采用 15Cr、20、20Cr 钢等，经表面渗碳和淬火。表 4-7 列出了蜗杆常用材料及热处理方法。

表 4-7　蜗杆常用材料

材料牌号	热处理	硬度	齿面粗糙度 R_a	应　用
45 号钢，42SiMn，37SiMnMoV，40Cr，38SiMnMo，42CrMo，40CrNi	表面淬火	45～55HRC	1.6～0.8μm	中速、中载，一般传动
15CrMn，20CrMn，20Cr，20CrNi，20CrMnTi	渗碳淬火	58～63HRC	1.6～0.8μm	高速、重载，重要传动
45 号钢	调质	<270HB	6.3μm	低速、轻中载，不重要传动

蜗杆的结构一般与轴制成整体式结构，见图 4-36。

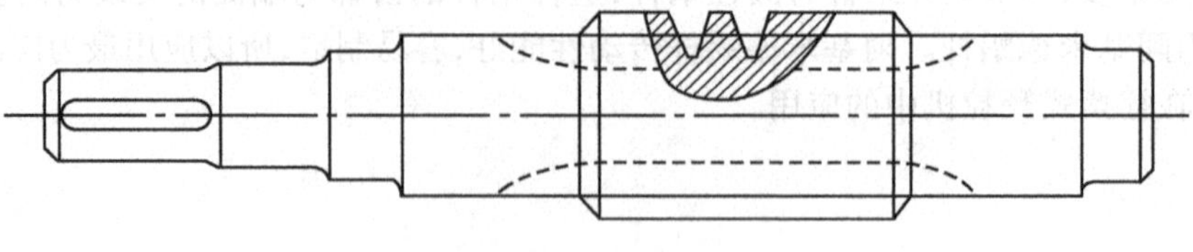

图 4-36　蜗杆的结构

由于蜗轮较蜗杆转速低，所以通常蜗轮选用比蜗杆硬度低的材料。在高速、重载的重要传动中，蜗轮材料常用锡青铜 ZCuSn10P1、ZCuSnSPb5Zn5 等制造；在中速、中载传动中，可用铝青铜 ZCuAl10Fe3 等制造；在低速、轻载的传动中，可采用灰铸铁或球墨铸铁制造（表 4-8）。

表 4-8　蜗轮常用材料

蜗轮材料	铸锡青铜				铸铝铁青铜		灰铸铁	
牌号	ZCuSn10P1		ZCuSn5Pb5Zn5		ZCuAl10Fe3		HT150	HT200
铸造方法	砂模	金属模	砂模	金属模	砂模	金属模	砂模	砂模
适用的滑动速度 v_s/(m/s)	≤12	≤25	≤10	≤12	≤10		≤2	≤2～5
拉伸强度 σ_s	220	310	200	250	490	540	150	200
屈服强度 σ_s	140	200	80		200		—	—
弯曲强度 σ_s	—	—	—	—	—		330	400
特性	耐磨性、跑合性、抗胶合能力、切削性能均较好，但强度低、成本高				耐冲击，强度较高，切削性能好，价格较低，但抗胶合能力较差		铸造性能、切削性能好，价格低，抗点蚀和抗胶合能力强，但抗弯强度低，冲击韧度差	
应用	连续工作的高速、重载的重要传动		速度较高的轻、中、重载传动		速度较低的重载传动		低速、载荷小而直径大的开式传动，手动传动	

蜗轮的结构型式见图 4-37。对于铸铁蜗轮和直径较小的青铜蜗轮，可制成整体式结构，见图 4-37(a)；为节约贵重金属，蜗轮直径较大时，则采用轮箍式结构。齿圈用青铜制造，轮心用铸铁或铸钢制造，两者用过盈配合连接；为了可靠起见，沿配合面的圆周均匀安装 6～12 个紧定螺钉，见图 4-37(b)；对于直径很大的蜗轮，可采用铰制孔螺栓连接式结构，见图 4-37(c)；大批量制造的蜗轮采用拼铸式结构，在铸铁轮心上加铸青铜齿圈，然后切齿的方法制造，见图 4-37(d)。

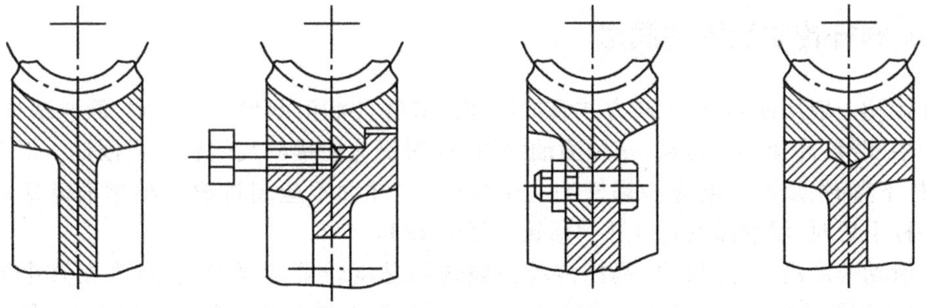

(a)　(b)　(c)　(d)

图 4-37　蜗轮结构

(a) 整体式；(b) 轮箍式；(c) 螺栓连接式；(d) 拼铸式

二、蜗杆传动的失效形式及原因

蜗杆传动的工作情况与齿轮传动相似，其失效形式也有磨损、胶合、疲劳点蚀，但轮齿折断的情况较少。

在蜗杆传动中，蜗杆与蜗轮工作齿面间存在着相对滑动，相对滑动速度大，而且这种滑动是沿着齿长方向产生的，所以容易使齿面发生磨损及发热，致使齿面产生胶合而失效。因此，蜗杆传动最易出现的失效形式是磨损和胶合。当蜗轮齿圈的材料为青铜时，齿面也可能出现疲劳点蚀。一般情况下，由于蜗轮材料强度较蜗杆低，故失效大多发生在蜗轮轮齿上。

避免蜗杆传动失效的措施有：选择适当的蜗杆和蜗轮的材料和抗胶合性能好的润滑油；提高制造和安装精度；采用合理、有效的散热方式。

三、蜗杆传动特点

1. 蜗杆传动与齿轮传动相比具有以下优点：

(1) 传动比大，结构紧凑：蜗杆传动的传动比为

$$i=\frac{n_1}{n_2}=\frac{z_2}{z_1} \tag{4-15}$$

由于蜗杆的头数（即螺旋线的根数）$z_1=1\sim4$，所以在蜗轮齿数不多的情况下，单级传动就可得到较大的传动比。

(2) 传动平稳、无噪声：蜗杆在与蜗轮啮合时，是逐渐进入和退出，没有撞击，所以比齿轮传动平稳、噪声小。

(3) 具有自锁作用：当蜗杆的螺旋角选择在小于当量摩擦角时，蜗杆传动即可实现自锁，即只能由蜗杆带动蜗轮，而蜗轮则不能使蜗杆转动。

2. 蜗杆传动的缺点是：

(1) 磨损严重，重要的蜗轮须使用贵重的锡青铜等青铜来制造，成本较高。

(2) 传动效率较低，不适用于大功率传动。

(3) 发热量大，需要有良好的冷却与润滑条件。

四、蜗杆传动装置的润滑与维护

（一）蜗杆传动装置的润滑

蜗杆传动一般用油润滑，润滑方式有油浴润滑和喷油润滑两种。一般中、低速蜗杆传动，大多采用油浴润滑；高速蜗杆传动，采用喷油润滑，这时仍应使蜗杆或蜗轮少量浸油。对于浸油润滑，当蜗杆下置时，浸油深度应为蜗杆的一个齿高，但油面不应超过滚动轴承最低滚动体的中心。当蜗杆上置时，浸油深度允许达到蜗轮半径的1/3。

由于滑动速度高，发热量大，蜗杆传动一般选用黏度较高的润滑油，且常在其中加入添加剂，以提高其抗胶合能力。对于闭式蜗杆传动，常用润滑油黏度及润滑方式如表4-9所示。表中值适用于蜗杆浸油润滑。若蜗轮下置，则需将表中值提高30%～50%，但最高不超过680mm²/s。

表4-9 蜗杆传动润滑油的黏度和润滑方式

滑动速度 $v_s/(\mathrm{m\cdot s^{-1}})$	≤2	2～5	5～10	>10
黏度 $\nu/(\mathrm{mm^2\cdot s^{-1}})$	>612	414～506	288～352	198～242
牌号	680	460	320	220
润滑方式	油浴润滑		油浴或喷油润滑	喷油润滑

闭式蜗杆传动每运转2000～4000小时应及时换新油。换油时，应用原牌号油。不同厂家、不同牌号的油不要混用。换新油时，应使用原来牌号的油对箱体内部进行冲刷、清洗、抹净。

（二）蜗杆传动装置的散热

在蜗杆传动中，由于摩擦会产生大量的热量。对开式蜗杆传动，因其热量容易散失，故不必考虑散热问题。但对于闭式传动，如果产生的热量不能及时散发，将因油温不断升高而使润滑油黏度下降，减弱润滑效果，增大摩擦磨损，甚至发生胶合。所以，对于闭式蜗杆传动，必须采用合适的散热措施。

常用的散热措施有：

1. 在箱体外表面设置散热片以增加散热面积。
2. 在蜗杆轴端安装风扇［图 4-38(a)］，加速空气流通，加快散热。
3. 在油池装设蛇形水管［图 4-38(b)］，利用循环水进行冷却。
4. 采用压力喷油循环润滑［图 4-38(c)］。

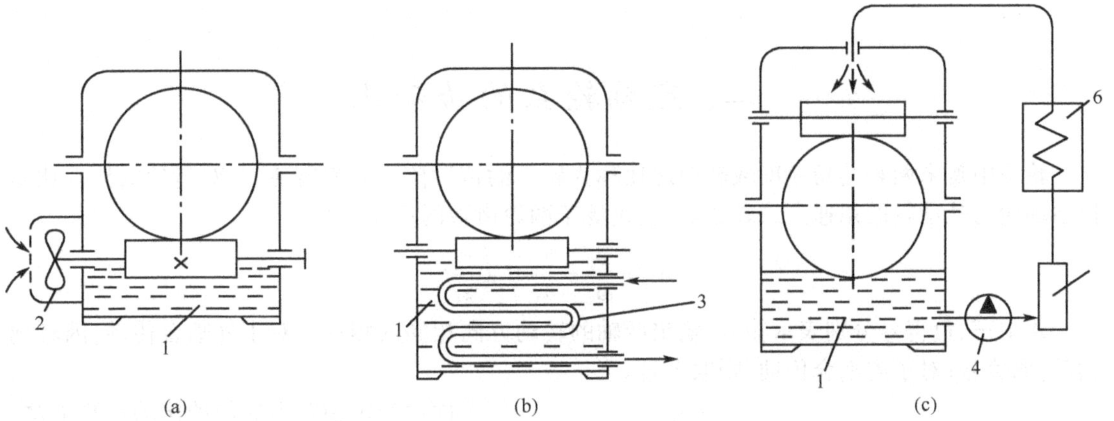

图 4-38 蜗杆传动装置的散热措施

1. 润滑油；2. 风扇；3. 冷却蛇形管；4. 油泵；5. 过滤器；6. 冷却器

第5节 轮系简介

在实际应用中，往往采用将一系列互相啮合的齿轮进行组合，以获得大的传动比、实现变速和换向传动、传递相距较远两轴间运动等，从而满足实际生产需要。这种由一系列啮合齿轮组成的传动系统称为轮系。

一、轮系分类

轮系可以由各种类型的齿轮——圆柱齿轮、圆锥齿轮、蜗杆蜗轮等组成。根据轮系各轮轴线的相对位置在运转时是否固定，可将轮系分为两种类型：定轴轮系和周转轮系。

1. 定轴轮系　轮系运转时，各齿轮的几何轴线相对于机架的位置都是固定不动的轮系称为定轴轮系，如图 4-39(a)所示。

2. 周转轮系　轮系运转时，至少有一个齿轮的几何轴线可绕另一个齿轮的几何轴线转动的轮系称为周转轮系。如图 4-39(b)所示，行星轮 2 除了绕自身轴线回转外，还绕轴线 OO 做回转运动。

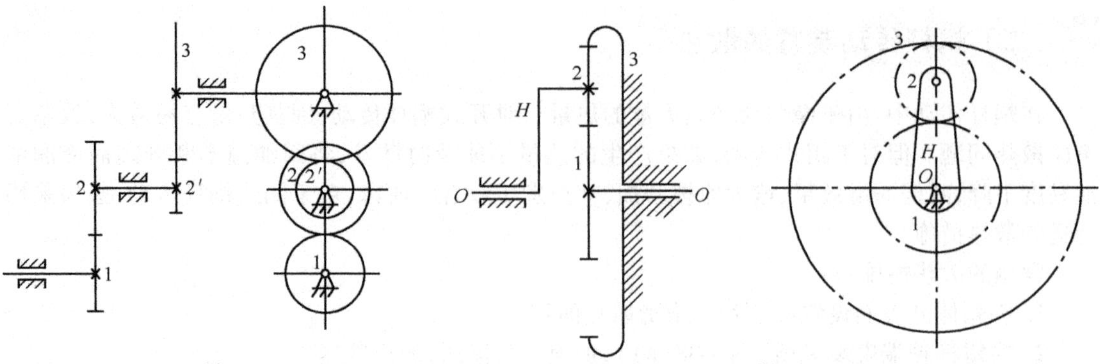

图 4-39 轮系

(a) 定轴轮系;(b) 周转轮系

二、定轴轮系的传动比

轮系中首末两轴的角速度或转速之比称为轮系的传动比。如前所述,一对齿轮的传动比是指主动轮与从动轮的角速度或转速之比,也等于两轮齿数的反比,即

$$i_{12}=\frac{\omega_1}{\omega_2}=\frac{n_1}{n_2}=\pm\frac{z_2}{z_1}$$

式中正、负符号分别表示输入、输出两轴的转动方向相同或相反。对于外啮合传动,因转向相反,取负号;对于内啮合传动,则取正号。

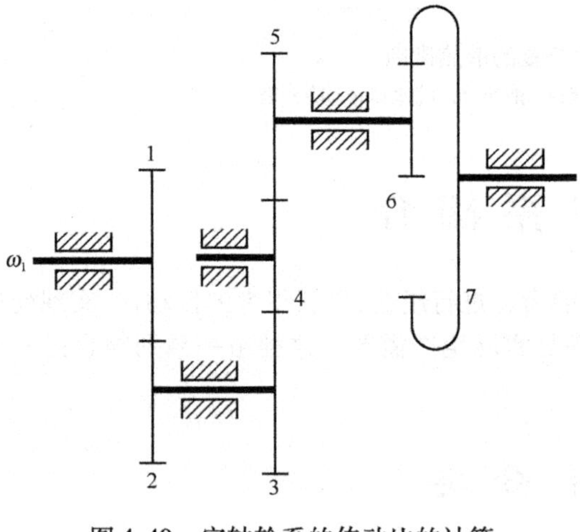

图 4-40 定轴轮系的传动比的计算

下面讨论定轴轮系的传动比的计算方法。图 4-40 所示的定轴轮系,由 1、2、4、5、6、7 等齿轮构成。

组成此轮系的各对齿轮的传动比分别为

$$i_{12}=\frac{\omega_1}{\omega_2}=\frac{n_1}{n_2}=-\frac{z_2}{z_1}$$

$$i_{34}=\frac{\omega_3}{\omega_4}=\frac{n_3}{n_4}=-\frac{z_4}{z_3}$$

$$i_{45}=\frac{\omega_4}{\omega_5}=\frac{n_4}{n_5}=-\frac{z_5}{z_4}$$

$$i_{67}=\frac{\omega_6}{\omega_7}=\frac{n_6}{n_7}=+\frac{z_7}{z_6}$$

将上列各式两端分别相乘,得

$$i_{12}\cdot i_{34}\cdot i_{45}\cdot i_{67}=\frac{n_1}{n_2}\cdot\frac{n_3}{n_4}\cdot\frac{n_4}{n_5}\cdot\frac{n_6}{n_7}=(-1)^3\frac{z_2z_4z_5z_7}{z_1z_3z_4z_6}$$

由于齿轮 2、3 在同一轴上,齿轮 5、6 在同一轴上,故 $n_2=n_3$,$n_5=n_6$,则

$$i_{17}=i_{12}\cdot i_{34}\cdot i_{45}\cdot i_{67}=\frac{n_1}{n_7}=(-1)^3\frac{z_2z_5z_7}{z_1z_3z_6}$$

可见,定轴轮系的传动比等于组成该轮系的各对齿轮传动比的连乘积;也等于轮系中所有从动轮齿数的连乘积与所有主动轮齿数的连乘积之比,其计算通式为

$$i_{lk}=\frac{n_l}{n_k}=(-1)^w\frac{\text{从动齿轮齿数连乘积}}{\text{主动齿轮齿数连乘积}} \tag{4-16}$$

式中 l,k 分别代表首末两轮；w 代表轮系中外啮合齿轮的对数。

在图4-35 的定轴轮系中，齿轮4 的齿数 z_4，与传动比无关。这是因为轮4 对轮3 来说是从动轮，而对轮5 来说是主动轮，所以同时出现在式(4-16)的分子与分母上，结果被消掉。工程上称这种齿轮为惰轮，它虽然与传动比无关，但可影响从动轮的转动方向。另一方面，当轮系中主动轮与从动轮相距较远时，增加惰轮可使结构紧凑。

当轮系中不仅有圆柱齿轮，而且有圆锥齿轮和蜗杆蜗轮时，定轴轮系的传动比数值仍可用式(4-16)求出，但其传动比的符号不能用 $(-1)^w$ 来决定，而必须用画箭头的方法来决定。

小结

1. 带传动、链传动和齿轮传动是在制药设备中应用最为广泛的三种传动方式，在学习本章内容过程中，应着重比较三种传动方式在应用特点上的不同，力求掌握上述三种传动的维护保养方法，在学习上述三种传动的基本原理时，要着重理解为什么三种传动方式的应用有着不同的特点。

2. 制药设备机械传动分类示意方框图如下：

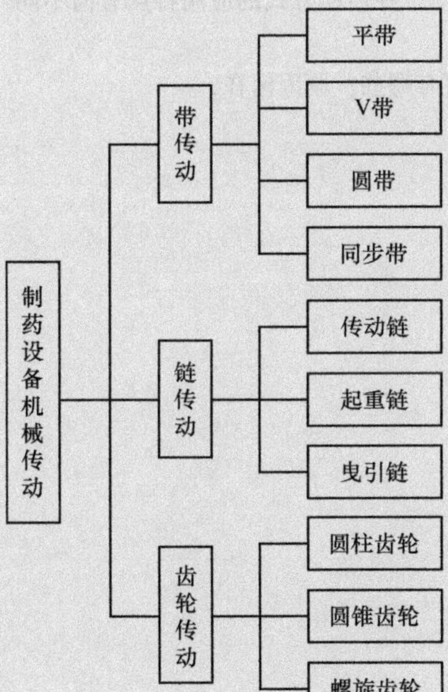

目标检测

一、填空题

1. 带传动的失效形式主要是：________和________。

2. 蜗杆传动一般用油润滑，润滑方式有________和________两种。一般中、低速蜗杆传动，大多采用

________;高速蜗杆传动,采用________,这时仍应使蜗杆或蜗轮少量浸油。

3. 齿轮常用的热处理方法有________、________、________、________、________。

4. 齿轮传动几种常见的失效形式有________、________、________、________、________。

5. 齿轮传动按照两齿轮轴线的相对位置可分为________、________、________三种。

二、单项选择题

1. 过载时能自动打滑,起安全保护作用的传动方式是(　　)。

A. 带传动　B. 链传动　C. 齿轮传动　D. 蜗杆传动

2. 带传动是靠带与带轮之间的(　　)来进行工作的。

A. 静压力　B. 张紧力　C. 拉力　D. 摩擦力

3. 用于相交两轴间的传动的是(　　)。

A. 斜齿圆柱齿轮　B. 直齿圆锥齿轮　C. 蜗杆传动　D. 螺旋齿轮传动

4. 以下论述错误的是(　　)。

A. 带传动打滑有害　B. 带传动可以应用于较长距离的传动

C. 蜗杆传动可以改变传动轴的旋转方向　D. 齿轮传动有稳定的传动比

5. 以下论述正确的是(　　)。

A. 带传动打滑有害　B. 带传动有稳定的传动比

C. 传动带可以安装在轴的中间位置　D. 传动链可以安装在轴的中间位置

三、简答题

1. 带传动、链传动和齿轮传动三种传动方式的应用特点有何不同？为什么？

2. 蜗杆传动装置如何散热？

3. 齿轮传动的失效形式主要有哪些？原因何在？

第5章　制药设备连接与支承

学习目标

通过本章的学习，应达到以下三点要求：

1. 掌握键连接、螺纹连接的类型、特点及应用；轴和联轴器、轴承在制药设备中的应用及维护保养方法。
2. 理解各类连接、支承的基本原理。
3. 了解各类连接件和支承件的材料选用。

在机械设备中，为了满足结构、制造、安装及检修等方面的要求，广泛使用各种连接和支承。所谓连接是指被连接件与连接件的有机组合。如箱体与箱盖、轮圈与轮心、轴与轴上零件的连接等。连接件有螺栓、螺母、键、销、铆钉（又称为用于静连接的紧固件）及连轴器、离合器（又称为动连接件）等。所谓支承实质也是一种连接，但较多的都属于动态连接，在支承中轴与轴承是最常用的支承件。

第1节　键、花键和销

一、键　连　接

键连接通常用于轴和轴上零件（齿轮、带轮、链轮、凸轮、联轴器等）之间的连接。其连接方法见图5-1。图5-1所示为轴与齿轮的连接，首先在轴上和齿轮孔壁上分别加工出键槽，并将键嵌入轴上的键槽内，再将齿轮上的键槽对准轴上的键套到轴上，这就构成了键连接。轴和轴上零件（齿轮、带轮、链轮、凸轮、联轴器等）可以通过键来传递运动和动力。由于键连接结构简单，装拆方便，成本低廉，因此在制药机械中得到广泛的应用。

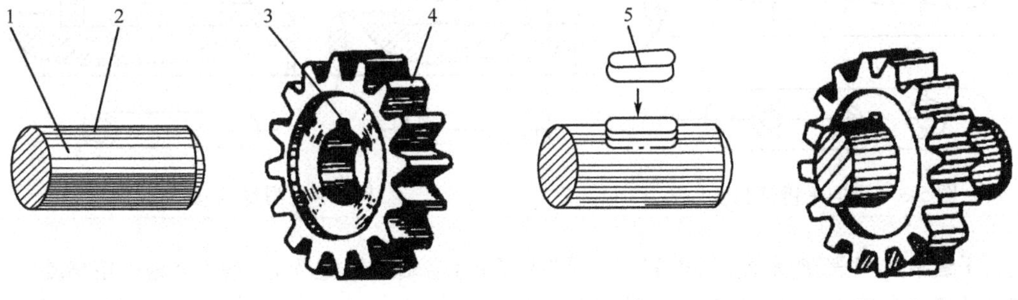

图5-1　键连接

1. 轴；2. 轴上键槽；3. 齿轮上键槽；4. 齿轮；5. 键

键是标准连接件，根据使用要求的不同常用类型有平键、半圆键、楔键、切向键几大类。

（一）平键连接

普通平键用于静连接，图5-2为普通平键连接的结构形式。工作时，靠键同键槽侧面的挤压来传递扭矩。键的上表面和轴上零件键槽的底面间留有间隙。平键连接具有结构简单、拆装方便、对中性好等优点，能承受冲击载荷或变载荷，因而得到广泛应用。按其用途，平键分为普通平键、导向平键和滑键三种。

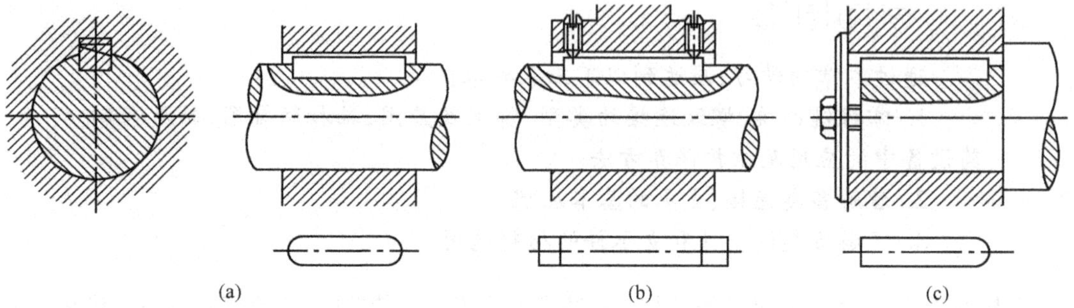

图5-2 平键连接

(a) 圆头(A型)；(b) 方头(B型)；(c)单圆头(C型)

1. 普通平键 普通平键按端部形状分为圆头平键[图5-2(a)]、方头平键[5-2(b)]及单圆头平键[图5-2(c)]三种。圆头平键在键槽中轴向固定良好，对于尺寸大的方头平键连接，宜用紧定螺钉固定在轴上的键槽中，以防松动。单圆头平键则常用于轴端与轴上零件的连接。

当被连接的轴上零件在工作过程中必须在轴上做轴向移动时(如变速箱中的滑移齿轮)，可采用由导向平键或滑键组成的动连接。

2. 导向平键 导向平键(图5-3)是一种较长的平键，用螺钉固定在轴上的键槽中，为了拆卸方便，在键的中部设有起键用螺钉孔，轴上的传动零件可沿键做轴向滑动。

3. 滑键 当滑动距离较大时，可采用滑键(图5-4)。滑键和轴上零件固定在一起，工作时轴上零件带动键一起沿轴上的长键槽滑动。

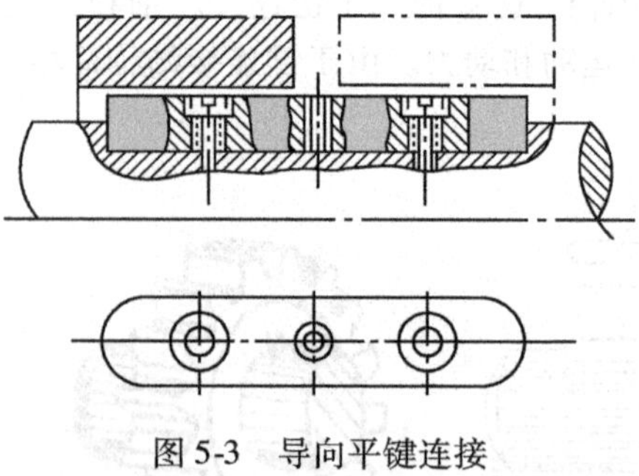

图5-3 导向平键连接

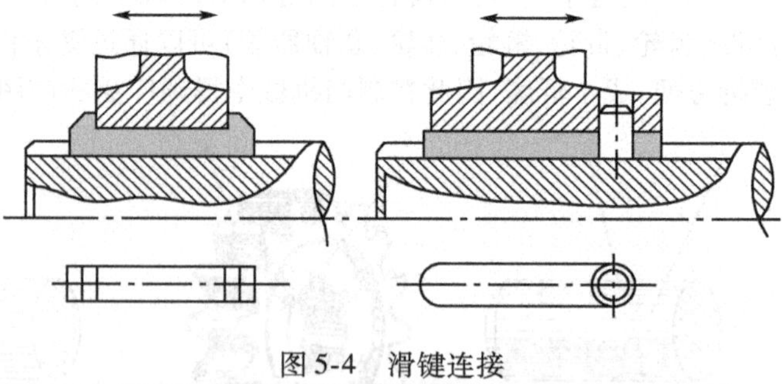

图5-4 滑键连接

平键常用45号钢制作。GB/T1096—2003规定了普通平键的尺寸、键宽 b 的极限偏差，还规定了普通平键的标记，如GB/T1096 键 18×11×100 为普通A型平键；GB/T1096 键 B18×11×100 为普通B型平键；GB/T1096 键 C18×11×100 为普通C型平键。A型不标出A，三个连乘的数字依次为键宽 $b=18$mm、键高 $h=11$mm、键长 $L=100$mm，键长 L 必须符合标准中的长度系列值。键宽 b、键高 h、键长 L 的极限偏差分别为h9、h11、h14。

链接

（二）半圆键连接

半圆键连接的键和键槽均做成半圆形，同样也是以两侧面为工作面来传递转矩。键可以在键槽中摆动，因而可以自动适应键槽底面的斜度。半圆键安装方便，对中性好，但轴上的键槽较深，对轴的强度削弱较大，常用于轻载连接或辅助连接。其结构如图5-5所示。

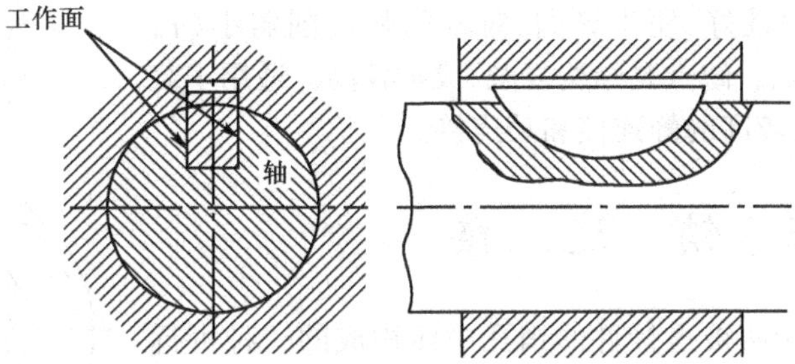

图5-5　半圆键连接

（三）楔键连接

如图5-6所示，楔键的工作面为上下两面，其上表面和轮毂键槽的底面都具有1∶100的斜度，装配时需沿键的轴向打紧，楔紧后上下两面分别与轮毂和轴上键槽的底面贴合，并产生很大的预紧力。工作时，主要依靠此预紧力所产生的摩擦力来传递转矩，并能单方向承受轴向力和轴向固定零件。

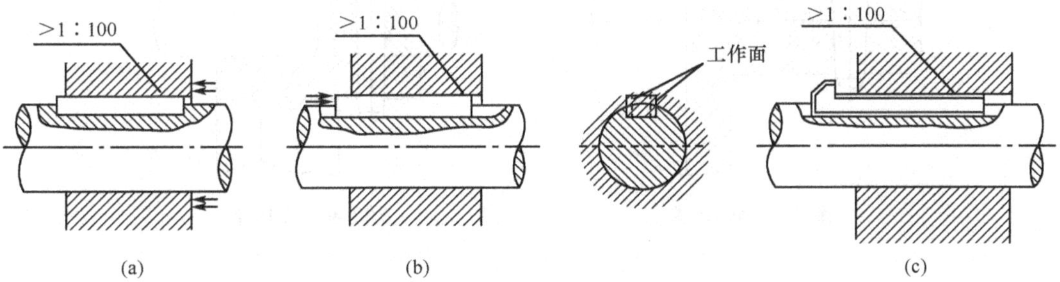

图5-6　楔键连接

（a）圆头楔键；（b）方头楔键；（c）钩头楔键

楔键分普通楔键和钩头楔键，普通楔键又分圆头（A型）和方头（B型）两种。圆头普通楔键是放入式的，装配时先把键放入轴上的键槽中，然后把轴上零件装上并打紧或压紧。其他楔键都是打入式的，装配时，先把零件装到轴上的预定位置，然后把键从毂的一端打入。钩头楔键用于不能从毂的另一端把键打出的场合，较其他的楔键易于拆卸。为了便于拆卸，楔键最好用于轴端，此时，钩头楔键应加安全罩。当用于轴的中部时，则轴上键槽长度至少应为键长的两倍，以便装配。

由于楔紧后会使轴与轮毂产生偏心，并在冲击、变载下容易松脱，因而楔键仅用于对定心精度要求不高、载荷平稳的低速场合。

二、花键连接

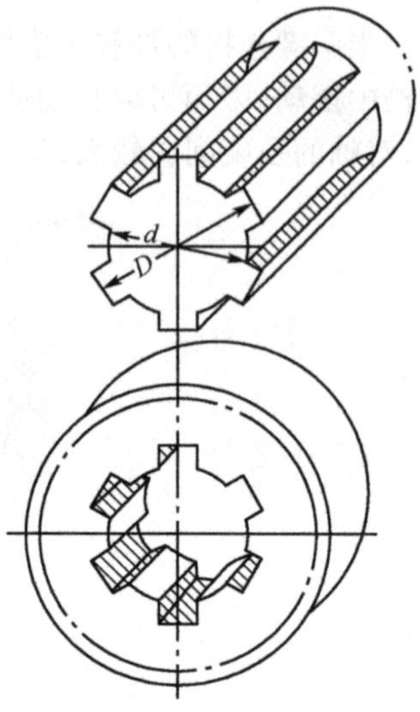

图 5-7 花键连接

如图 5-7 所示，花键连接是平键在数量上发展和质量上改善的一种连接，它是由周向均布多个纵向键齿的轴与带有相应的键齿槽的轴上零件相配合而成的可拆连接，键齿侧面为工作面，依靠这些齿侧面的相互挤压传递转矩。与平键连接相比，花键连接具有承载能力高、对中性好、便于导向、对轴的强度削弱小(齿浅、应力集中小)等优点。缺点是结构复杂，成本较高。适用于载荷较大、定心精度要求较高的静连接和动连接。

三、销 连 接

销连接是将销置于两被连接件的销孔中而构成的一种可拆连接，它主要用来固定零件之间的相对位置(图 5-8)，它是组合加工和装配的重要辅助零件，也用于轴与轴上零件的连接(图 5-9)或其他零件的连接，并可传递不大的载荷；还可作为安全装置的过载剪断元件(图 5-10)。

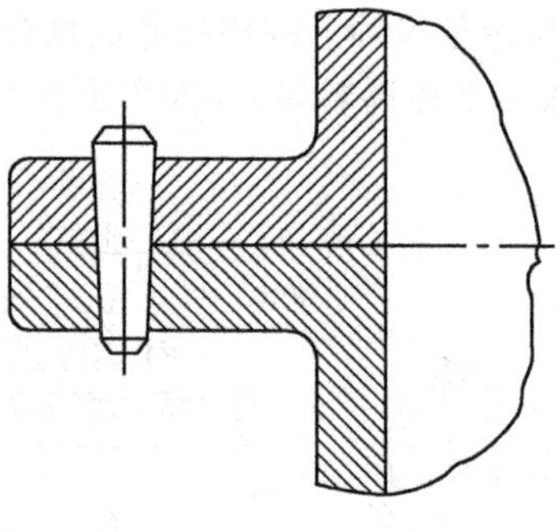
图 5-8 定位销

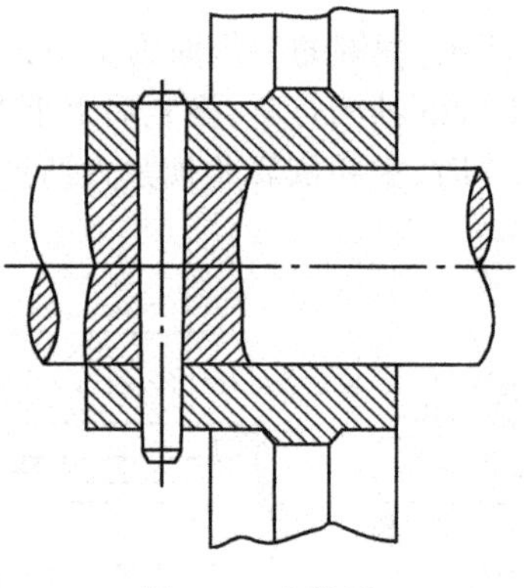
图 5-9 连接销

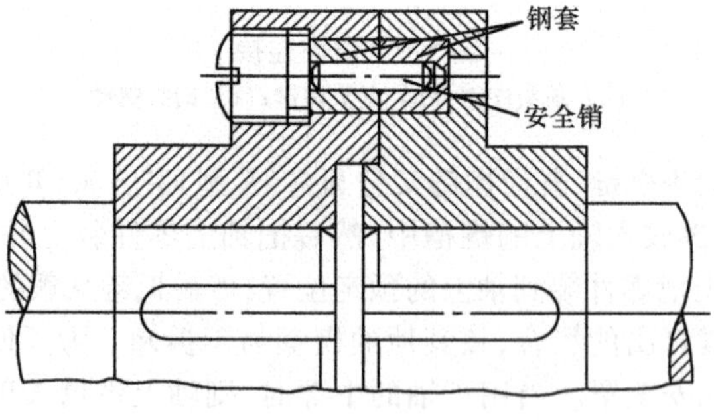

图 5-10 安全销

销可分为圆柱销、圆锥销、开口销等。

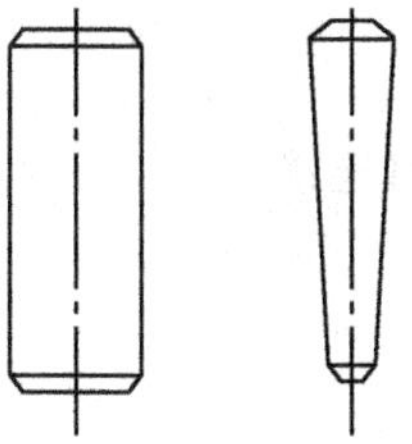
(a)　　(b)

图 5-11　圆柱销和圆锥销

圆柱销[图 5-11(a)]利用微量过盈固定在铰制的销孔中,用以固定零件、传递动力或作定位元件。多次装拆会减小过盈量而降低连接的紧固性和定位精度。圆锥销就无此缺点[图 5-11(b)],圆锥销有 1∶50 的锥度,安装比圆柱销方便,多次装拆对定位精度的影响也较小。螺纹圆锥销(图 5-12)用于不通孔或很难打出销钉的孔中。开尾圆锥销(图 5-13)在装入销孔后,把末端开口部分撑开,能防止销钉本身在冲击、振动或变载荷下从孔中滑出。开口销(图 5-14)也是一种防松零件,承载能力较低。

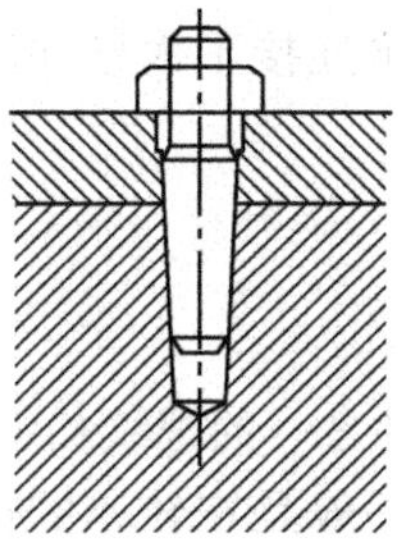
图 5-12　螺纹圆锥销

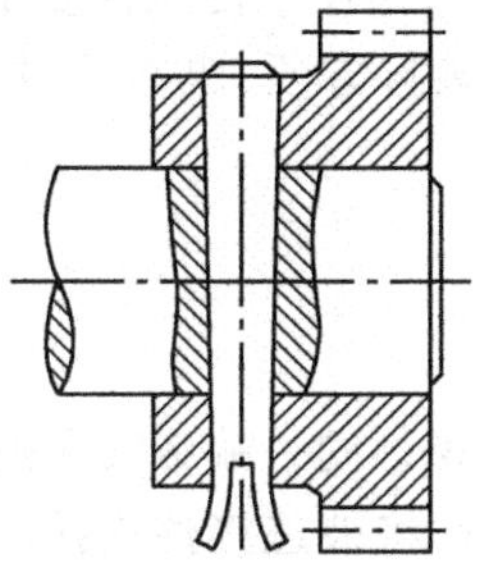
图 5-13　开尾圆锥销

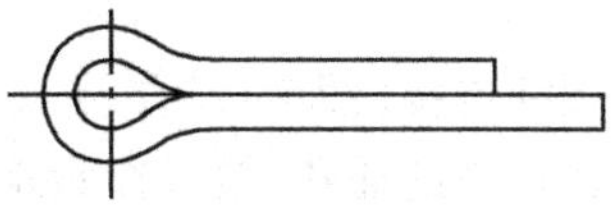
图 5-14　开口销

案例5-1

小蒋在某药厂液体生产车间灌装岗位工作。有一天,他在操作过程中发现灌装机的输送带突然停了,但机器的其余部分仍然在运转,经停机检查,发现输送带的电机正常运转,但输送带静止不动。小蒋按照输送带的传动路线逐一认真检查,终于找出了故障的原因,发现这是设备的常见故障,他立即进行了简单的维修,确保生产顺利进行。请你分析一下,该故障的原因是什么?如何排除?

第 2 节　螺纹连接

一、螺纹的分类

根据牙形,螺纹可分三角形、矩形、梯形和锯齿形(图 5-15),其中三角形螺纹主要用于连接,矩形、梯形和锯齿形螺纹主要用于传动。

(a)　(b)　(c)　(d)

图 5-15　螺纹的分类

(a) 三角形螺纹;(b) 矩形螺纹;(c) 梯形螺纹;(d) 锯齿形螺纹

二、螺纹连接的类型

螺纹连接的基本类型有螺栓连接、双头螺柱连接、螺钉连接和紧定螺钉连接。

(一) 螺栓连接

螺栓连接(图5-16)用一端有螺栓头另一端制有螺纹的螺栓,穿过被连接的通孔,旋紧螺母,将被连接件连接起来。螺栓连接分为普通螺栓连接[图5-16(a)]和铰制孔用螺栓连接[图5-16(b)],前者螺栓杆与孔壁之间留有间隙,螺栓承受拉伸变形;后者螺栓杆与孔壁之间没有间隙,螺栓承受剪切和挤压变形。螺栓连接装拆方便,成本低,常用在被连接不太厚并能从连接两边进行装配的场合。

(二) 双头螺柱连接

双头螺柱连接(图5-17)是将双头螺柱的一端旋紧在被连接件之一的螺纹孔中,另一端则穿过其余被连接件的通孔,然后拧紧螺母,将被连接件连接起来。一般是在较厚的被连接上制有螺纹孔。其应用场合是:被连接件之一太厚不宜制成通孔,材料又比较软,且需要经常拆装或结构上受限制不能采用螺栓连接的场合。

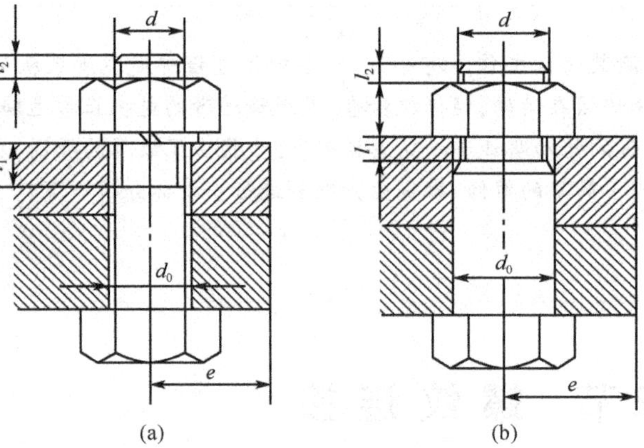

图5-16 螺栓连接

(a) 普通螺栓连接;(b) 铰制孔用螺栓连接

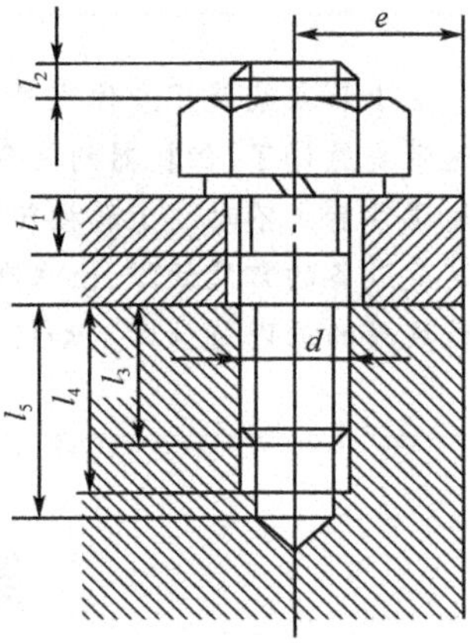

图5-17 双头螺柱连接

(三) 螺钉连接

螺钉连接(图5-18)是用螺钉穿过较薄的被连接件的通孔,然后旋入另一被连接件的螺纹孔中。这种连接不用螺母,有光整的外露表面。它适用于被连接件之一太厚、不经常装拆、受力不大的场合。经常拆装会使被连接件的内螺纹孔受到损坏。

(四) 紧定螺钉连接

紧定螺钉连接(图5-19)是利用拧入零件螺纹孔中的螺钉末端顶住另一零件的表面或顶入相应的凹坑中,以固定两个零件的相互位置。这种连接多用于轴与轴上零件的连接,并可传递不大的载荷。

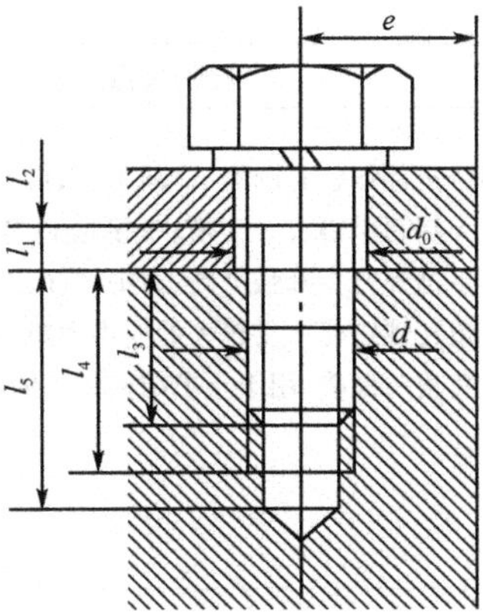

图 5-18　螺钉连接

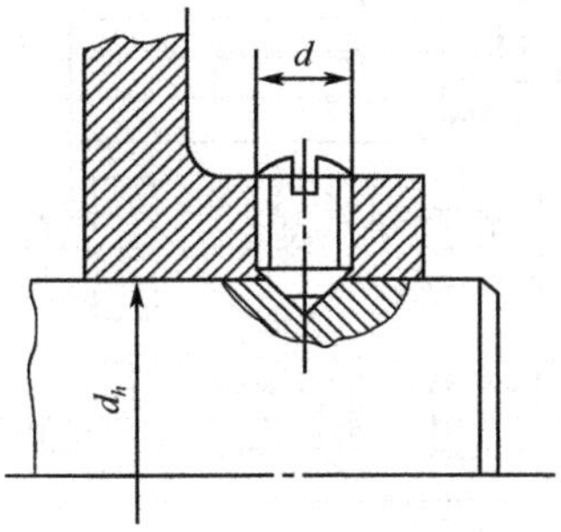

图 5-19　紧定螺钉连接

三、标准螺纹连接件

标准螺纹连接件有螺栓、双头螺柱、螺钉、紧定螺钉、螺母、垫圈等，其结构、尺寸在国家标准中都有规定，见表 5-1。

表 5-1　标准螺纹连接件

类型	图例	结构特点和应用
六角头螺栓	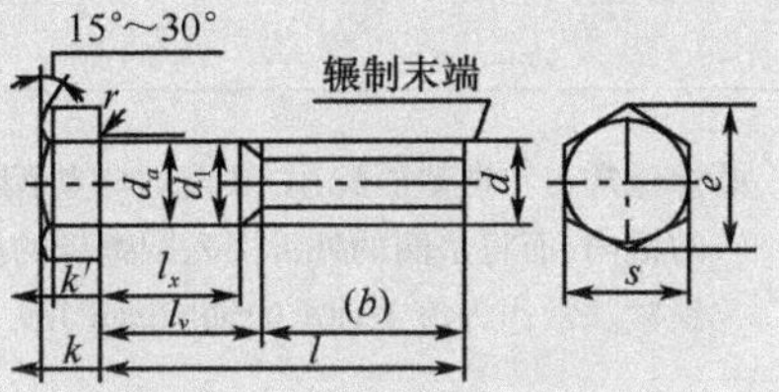 	种类很多，应用最广，分为 A、B、C 三级，通用机械制造中多用 C 级(左图)。螺栓杆部可制出一段螺纹或全螺纹，螺纹可用粗牙或细牙(A、B 级) 六角头螺栓又分为标准头、小头两种。小六角头螺栓尺寸小，重量轻，但不宜用于拆装频繁、被连接件抗压强度较低或易锈蚀的场合 六角头螺栓也可以不用螺母而作螺钉使用
螺柱	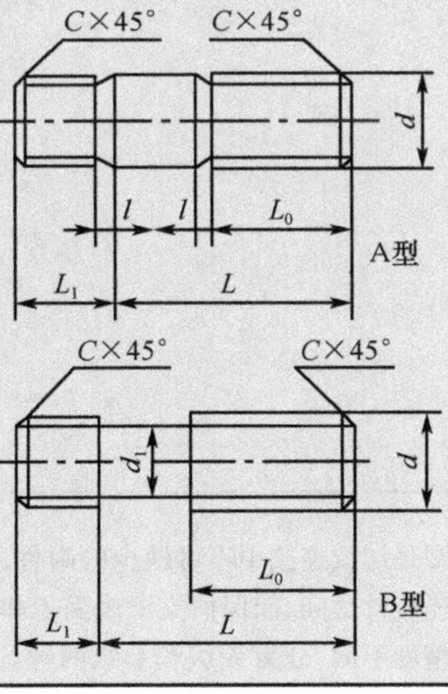 	螺柱两端都制有螺纹，两端螺纹可相同或不同，螺柱可带退刀槽或制成腰杆，也可制成全螺纹的螺柱。螺柱的一端常用于旋入铸铁或有色金属的螺纹孔中，旋入后即不拆卸，另一端则用于安装螺母以固定其他零件

续表

类型	图例	结构特点和应用
螺钉	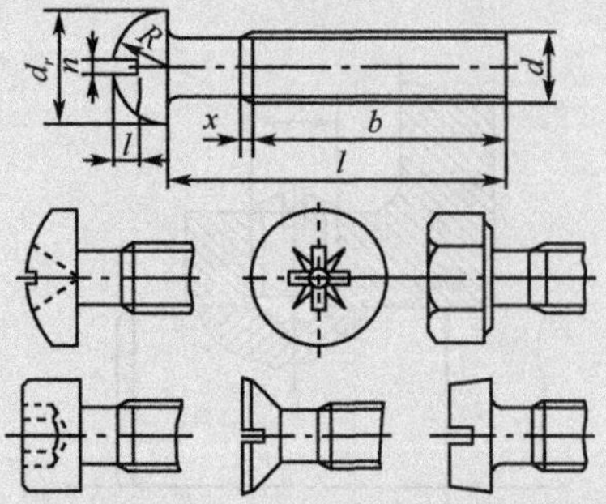	螺钉头部形状有圆头、扁圆头、六角头、圆柱头和沉头等。头部起子槽有一字槽、十字槽和内六角孔等形式。十字槽螺钉头部强度高、对中性好，便于自动装配。内六角孔螺钉能承受较大的扳手力矩，连接强度高，可代替六角头螺栓，用于要求结构紧凑的场合
紧定螺钉	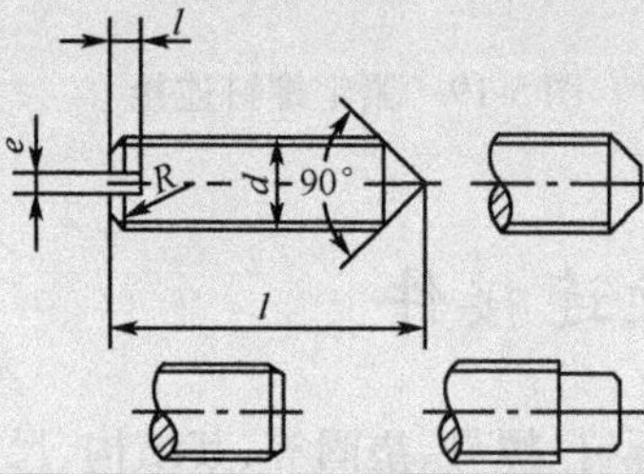	紧定螺钉的末端形状，常用的有锥端、平端和圆柱端。锥端适用于被紧定零件的表面硬度较低或不经常拆卸的场合；平端接触面积大，不伤零件表面，常用于顶紧硬度较大的平面或经常拆卸的场合；圆柱端压入轴上的凹坑中，适用于紧定空心轴上的零件位置
六角螺母	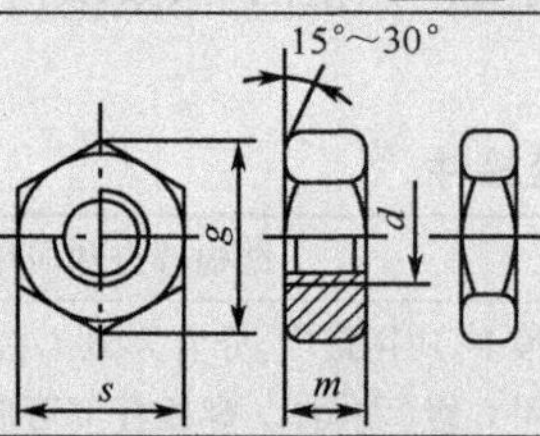	根据螺母厚度不同，分为标准的和薄的两种。薄螺母常用于受剪力的螺栓上或空间尺寸受限制的场合。螺母的制造精度和螺栓相同，分为A、B、C三级，分别与相同级别的螺栓配用
圆螺母	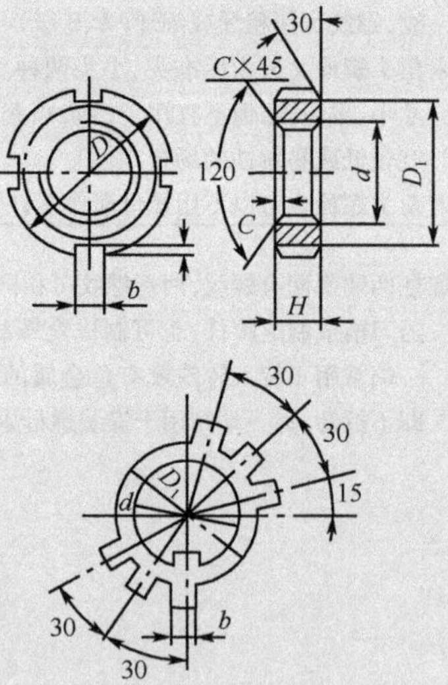	圆螺母常与止退垫圈配用，装配时将垫圈内舌插入轴上的槽内，而将垫圈的外舌嵌入圆螺母的槽内，螺母即被锁紧。常作为滚动轴承的轴向固定用
垫圈	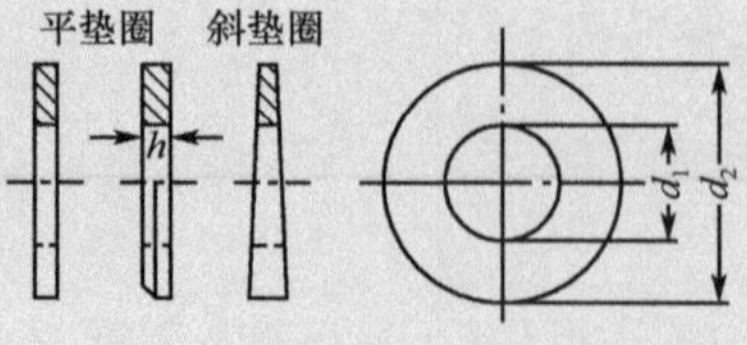	垫圈是螺纹连接中不可缺少的附件，常放置在螺母和被连接件之间，起保护支承表面等作用。平垫圈按加工精度不同，分为A级和C级两种。用于同一螺纹直径的垫圈又分为特大、大、普通和小的四种规格，特大垫圈主要在铁木结构上使用。斜垫圈只用于倾斜的支承面上

四、螺纹连接的预紧与防松

螺纹连接在装配时要拧紧,称为预紧。预紧可提高螺纹连接的紧密性、紧固性和可靠性。预紧力应适当,预紧力过大,就有可能破坏螺纹连接,预紧力过小,又起不到预紧作用。控制预紧力可用测力矩扳手(图5-20)。

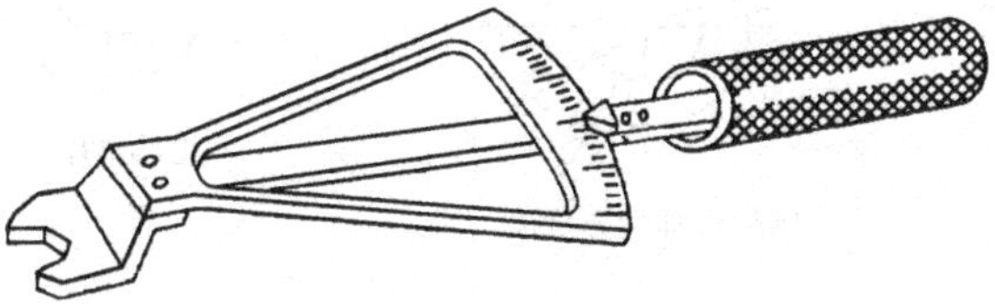

图5-20 测力矩扳手

螺纹连接具有自锁性,在静载荷作用、环境温度变化不大的情况下,可以防止螺母松脱。但如果连接是在冲击、振动、变载荷作用下或工作温度变化很大时,螺纹连接则可能松动,此时,必须考虑设置螺纹连接的防松装置,防止螺纹连接松动。

螺纹按螺距大小分为粗牙和细牙,细牙螺纹螺距小,自锁性较好,强度高,但不耐磨,容易滑扣。粗牙螺纹螺距大,耐磨性好,抗冲击力强。一般连接多用粗牙螺纹,细牙螺纹常用于细小零件,薄壁管件的连接。

防松装置的功用是防止螺纹连接产生相对运动。防松装置种类很多,按原理分为三类:增大摩擦力;采用止动元件;使螺纹连接成为不可拆连接。表5-2列出了常用的防松装置。

表5-2 常用的防松装置

利用增大摩擦力防松	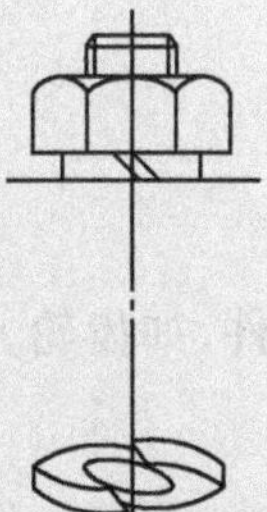 弹簧垫圈	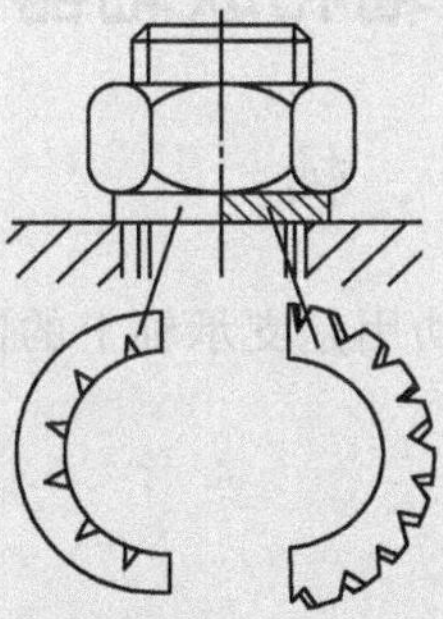 弹性带齿垫圈	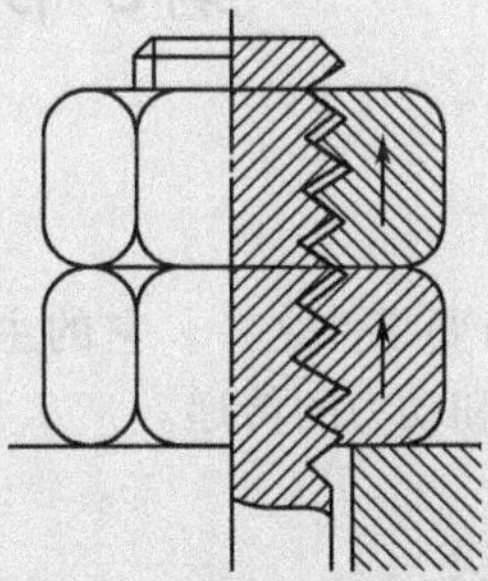 对顶螺母	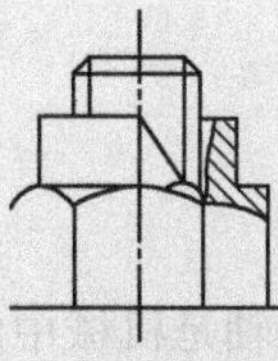 尼龙圈锁紧螺母
	弹簧垫圈材料为弹簧钢,装配后垫圈被压平,其反弹力能使螺纹间保持压紧力和摩擦力	靠压平垫圈后产生的弹力达到防松,由于弹力均匀,所以效果良好。它有外齿的,也有内齿的。但它不宜用于经常装拆或材料较软的被连接件	利用两螺母的对顶作用使螺栓始终受到附加的拉力和附加的摩擦力。结构简单,可用于低速重载场合	螺母中嵌有尼龙圈,拧上后尼龙圈内孔被胀大,箍紧螺栓

续表

采用止动元件防松	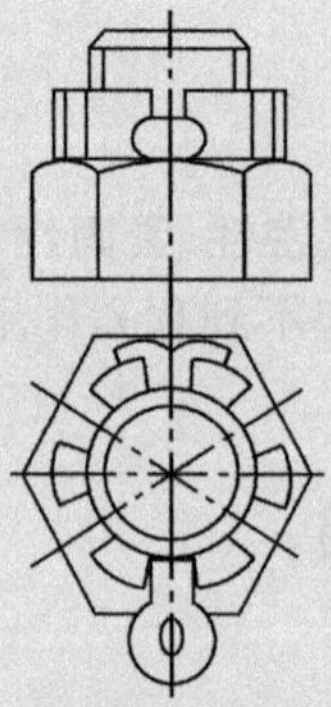 槽形螺母加开口销 槽形螺母拧紧后，用开口销穿过螺栓尾部小孔和螺母的槽，也可以用普通螺母拧紧后再配钻开口销	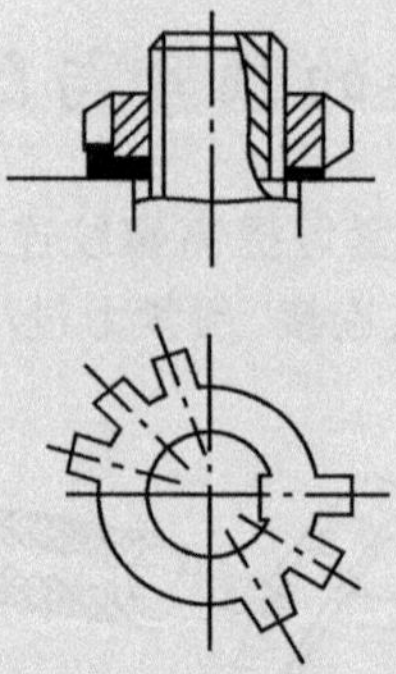 圆螺母加带翅垫片 使垫片内翅嵌入螺栓（轴）的槽内，拧紧螺母后将垫片外翅之一折嵌于螺母的一个槽内	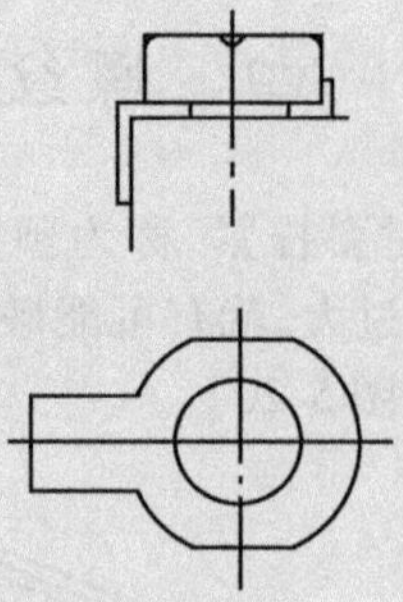 止动垫片 将垫片折边以固定螺母和被连接件的相对位置	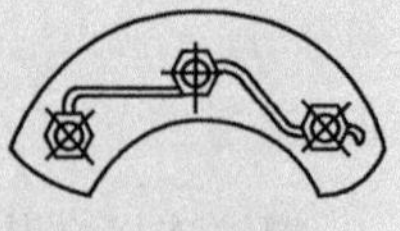 正确 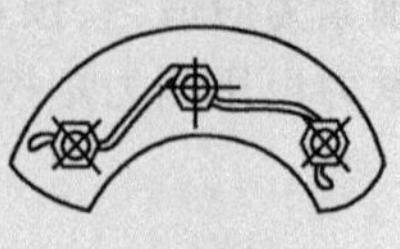 不正确 串联钢丝 利用钢丝使一组螺栓头部互相约束，无法松动
做成不可拆连接防松	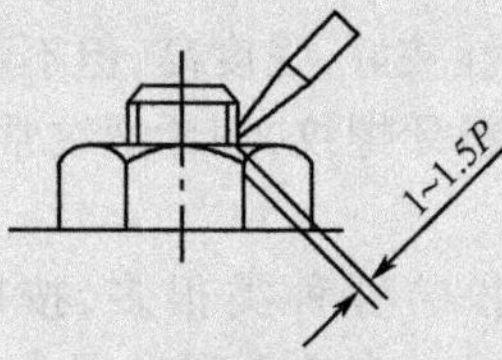 冲点法防松		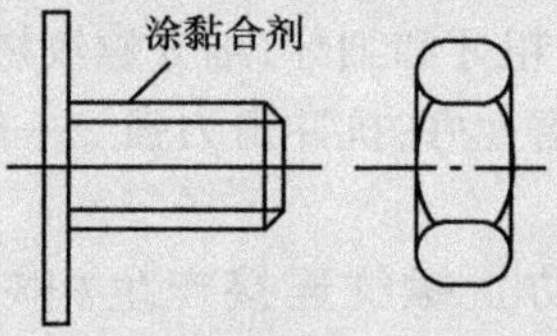 胶接法防松	用黏合剂涂于螺纹旋合表面，拧紧螺母后黏合剂能自行固化，防松效果良好

第3节　轴和联轴器

一、轴

轴是机械中的重要零件之一。它的主要功用是支承轴上的回转零件，如齿轮、带轮、链轮、凸轮等，以实现运动和动力的传递。

（一）轴的分类

根据轴的几何形状，轴可以分为直轴、曲轴和软轴。在制药机械中，直轴应用最为广泛。本章只讨论直轴（以下简称为轴）。

根据轴上所受载荷的不同，轴可以分为以下三类：

1. 心轴　只受弯矩而不受扭矩的轴称为心轴。心轴又分为转动心轴和固定心轴。当心轴随轴上回转零件一起转动时称为转动心轴，如火车轮轴，见图 5-21（a）；而固定不转动的心轴称为固定心轴，如自行车前轮轴，见图 5-21（b）。

2. 传动轴　只承受扭矩而不承受弯矩（或弯矩很小，可以忽略不计）的轴称为传动轴，如汽车的主传动轴等，见图 5-21（c）。

3. 转轴　既承受弯矩，又承受扭矩的轴称为转轴，如减速器中的轴，见图 5-21（d）。这是制药机械中最常见的轴。

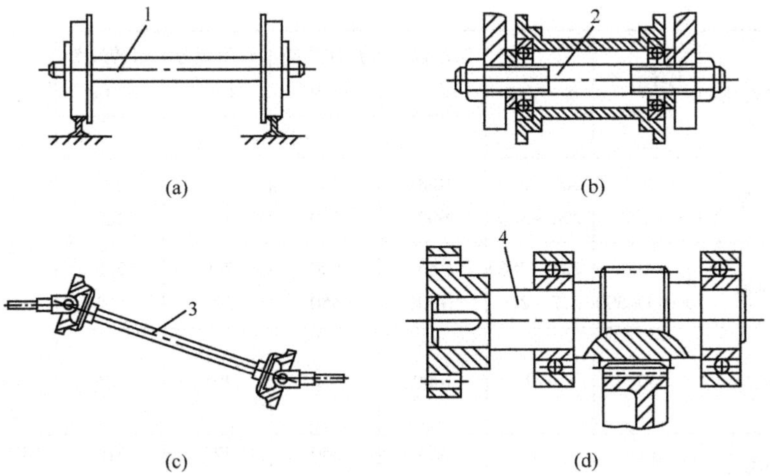

图 5-21　轴的分类

(a) 转动心轴；(b) 固定心轴；(c) 传动轴；(d) 转轴

1. 火车轮轴；2. 自行车前轮轴；3. 汽车主传动轴；4. 减速器轴

(二) 轴的材料

轴的材料主要采用中碳钢和合金钢。碳钢对应力集中的敏感性较小，价格较低廉，并能通过热处理改善其综合机械性能。常用的碳钢为 30、35、40、45、50 号钢，尤其是 45 号钢应用较多，见表 5-3。

合金钢比碳钢具有更好的机械性能和热处理性能，但其价格较贵，对应力集中较敏感。因此多用于重载、高温、低温、要求质量和尺寸较小或有腐蚀性介质的场合。常用的有 40Cr35SiMn、40MnB 等调质，1Cr18Ni9Ti 淬火，20Cr 渗碳淬火等材料，其中 1Cr18Ni9Ti 主要用于在高、低温及强腐蚀性条件下工作的轴。

球墨铸铁可用于制造形状复杂的曲轴和凸轮轴。球墨铸铁具有价廉、应力集中不敏感、吸振性好和容易铸成复杂的形状等优点，但铸件的质量不易控制。

表 5-3　轴的常用材料

材料牌号	热处理	毛坯直径 d/mm	硬度/HB	拉伸强度限 σ_B	拉伸屈服限 σ_s	弯曲疲劳限 σ_{-1}	扭转疲劳限 τ_{-1}	应用举例
				/(N/mm²)				
Q235				440	240	180	105	用于载荷不大或不重要的轴
Q275				580	280	230	135	
45	正火	25	≤241	610	360	260	150	应用最为广泛，表面淬火硬度可达 HRC＝40～50
	正火	≤100	170～207	600	300	240	140	
	正火或正火和回火	＞100～300	162～207	580	290	235	135	
	调质	≤200	217～255	650	360	270	155	
40Cr	调质	25		1000	800	485	280	用于载荷较大而无很大冲击的重要轴
		≤100	241～286	750	550	350	200	
		＞100～300	241～286	700	500	320	185	

续表

材料牌号	热处理	毛坯直径 d/mm	硬度/HB	拉伸强度限 σ_B	拉伸屈服限 σ_s	弯曲疲劳限 σ_{-1}	扭转疲劳限 τ_{-1}	应用举例
				/(N/mm²)				
40CrNi	调质	25 ≤100	300~320 270~300	1000 900	800 750	485 470	280 280	用于各种重要的轴
38SiMnMo	调质	≤100 >100~300	229~286 217~269	750 700	600 550	360 335	210 195	
38CrMoAlA	调质	30	229	1000	850	495	285	用于要求耐腐蚀性高、强度高而热处理变形小的轴
20Cr	渗碳淬火回火	15 30 ≤60	表面 HRC 56~62	850 650 650	550 400 400	375 280 280	215 160 160	用于要求强度、韧性均较高的轴，如齿轮、蜗轮轴
1Cr18Ni9Ti	淬火	≤60 >60~100 >100~200	≤192	550 540 500	220 200 200	205 195 185	120 115 105	用于高温、低温及强腐蚀条件下工作的轴，例如某些化工设备的轴
QT400-15 QT450-10 QT600-3			156~197 170~207 197~269	400 450 600	250 310 370	145 160 215	125 140 185	用于轴类零件的制造，如柴油机曲轴（一般采用 QT600-3）、凸轮轴及水泵轴

（三）轴的结构

轴的结构如图 5-22 所示。轴上安装零件的部分称为轴头；轴被轴承支承的部分称为轴颈；连接轴头和轴颈的过渡部分称为轴身。轴上直径变化所形成的台阶称为轴肩，环形部分称为轴环，用来实现轴上零件的轴向固定。轴向固定的方法还有靠套筒固定，靠圆螺母固定，靠紧定螺钉固定等。一般轴上要开设键槽，通过键连接使零件与轴一起旋转，即实现轴上零件的周向固定。周向固定的方法还有过盈配合、销连接等。

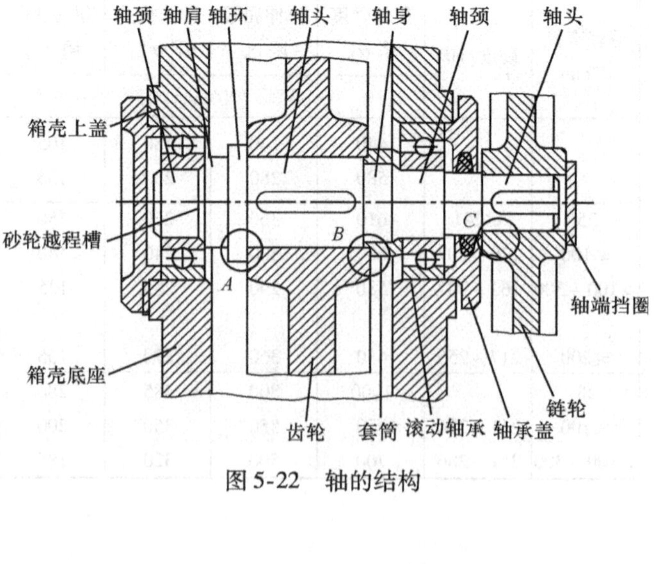

图 5-22 轴的结构

二、联　轴　器

联轴器是用来实现同一轴线上两根轴的连接,并传递回转运动和转矩的机械装置。按照有无补偿轴线偏移能力,可将联轴器分为刚性联轴器和挠性联轴器两大类型。

离　合　器

在制药生产中,部分设备有离合器,它也是用来实现同一轴线上两根轴的连接,并传递回转运动和转矩的机械部件。与联轴器不同的是,它在工作过程中可随时分离或结合。按工作原理不同,离合器主要分为啮合式和摩擦式两大类。

链接

(一)刚性联轴器

刚性联轴器没有补偿轴线偏移的能力。这种联轴器结构简单,制造方便,承载能力大,成本低,适用于载荷平稳、两轴对中良好的场合。常用的刚性联轴器有套筒联轴器、凸缘联轴器。

套筒联轴器是用键或销钉将套筒与两轴连接起来,以传递转矩,如图 5-23 所示。当轴径较小时,套筒一般用 35 号或 45 号钢制造,轴径较大时可用 HT200 制造。这种联轴器结构简单,径向尺寸小,适用于两轴直径较小、同心度较高和工作平稳的场合。

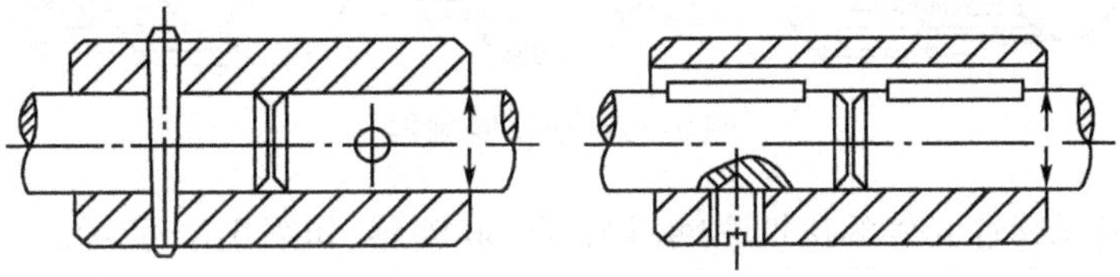

图 5-23　套筒联轴器

凸缘联轴器如图 5-24 所示,由两个带有凸缘的半联轴器分别用键与两轴相连接,然后用螺栓连接,从而将两轴连接在一起。凸缘联轴器有两种对中方法:一种是用一个半联轴器上的凸肩与另一个半联轴器上的凹槽相配合而对中[图 5-24(a)];另一种则是共同与剖分环相配合而对中[图 5-24(b)]。前者对中精度高,但装拆时轴必须做轴向移动;后者无此缺点,但对中不准

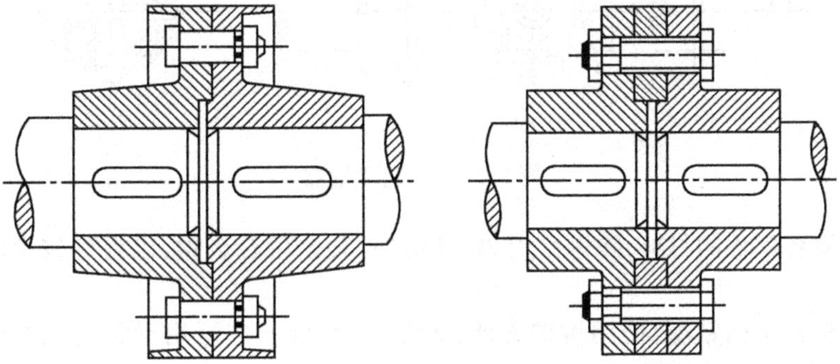

(a)　(b)

图 5-24　凸缘联轴器

确。连接螺栓可以采用普通螺栓，此时转矩靠拧紧螺栓在两个半联轴器接合间产生的摩擦力矩来传递[图 5-24(b)]；也可采用铰制孔螺栓，此时螺杆与螺孔为过渡配合，靠螺栓杆受剪切和挤压来传递转矩[图 5-24(a)]。

凸缘联轴器一般用 35 号或 45 号钢制造，转速不高时可用 HT200 制造。

凸缘联轴器结构简单、使用维护方便、对中性和刚性好、传递转矩大，适用于载荷平稳、转速不高、无冲击、轴的刚性大和对中性好的场合。

（二）挠性联轴器

挠性联轴器分为无弹性元件和有弹性元件两种。无弹性元件的挠性联轴器只具备补偿轴线偏移的能力，不具备缓冲吸振的能力。滑块联轴器(图 5-25)就是无弹性元件的挠性联轴器，它是由两个带有一字凹槽的半联轴器 1、2 和带有十字凸榫的中间滑块 3 组成，利用凸榫与凹槽相互嵌合并做相对移动补偿轴线偏移。

滑块联轴器通常用 45 号钢制造，经表面热处理，提高其硬度和耐磨性。

滑块联轴器主要用于两轴间相对径向位移较大，传递转矩大，轴的刚度大转速低，无剧烈冲击的场合。

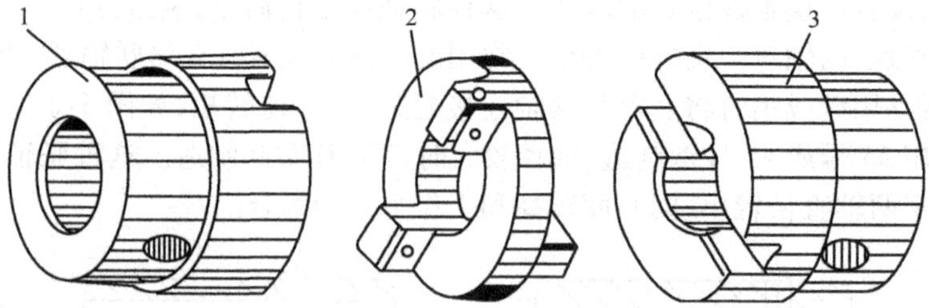

图 5-25　滑块联轴器

另一种常见的无弹性元件的挠性联轴器为万向联轴器，如图 5-26 所示。万向联轴器由两个叉形零件 1、3 用一个中间连接件 2 和轴销 4、5(包括销套及铆钉)相连接而构成，轴销 4 与 5 互相垂直配置，并分别把两个叉形接头与中间零件 2 连接起来，从而成为一个可动的连接。

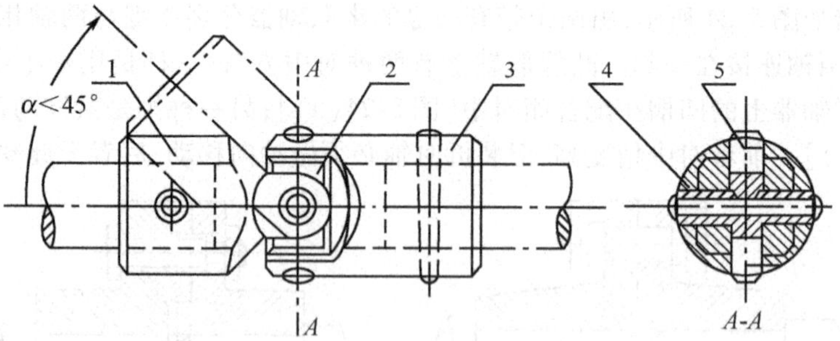

图 5-26　万向联轴器

万向联轴器各零件的材料，除铆钉用 20 号钢外，其余用合金钢，以得到较小的结构尺寸和较高的耐磨性。

因这种联轴器结构紧凑，使用维护方便，运转灵活，因而广泛用于制药机机械的传动系统中。图 5-27 为万向联轴器在三维混合机中的应用。

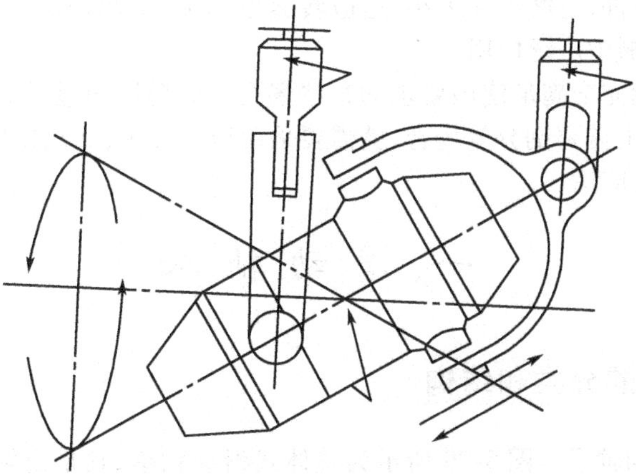

图5-27　万向联轴器在三维混合机中的应用

弹性套柱销联轴器为常见的有弹性元件的挠性联轴器，如图5-28所示。由于有弹性套柱销等弹性元件，因此不仅具备补偿轴线偏移的能力，而且能够缓冲吸振。弹性套柱销联轴器工作时用弹性套传递转矩，利用弹性套的变形补偿两轴间的偏移，缓和冲击和吸收振动。它制造简单，维修方便。适用于启动及换向频繁的高、中速的中、小转矩轴的连接。

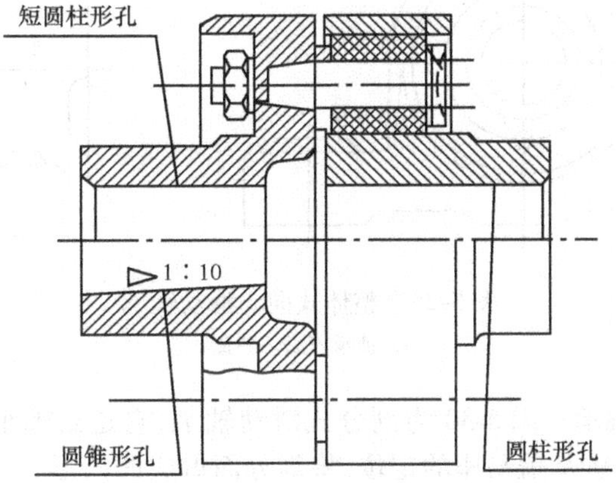

图5-28　联轴器

在制药生产中，为了输送液体物质，各种输送泵被广泛采用，如使用较多的电动隔膜泵，其电机与泵之间就是采用的弹性套柱销联轴器。因为电动隔膜泵在使用中启动及换向频繁。

链接

第4节　轴　　承

轴承是支承轴的重要部件，其功用有两方面：一是支承轴及轴上零、部件，并保持轴的旋转精度；二是承受负荷，并减少相对回转零件之间的摩擦与磨损。

根据工作时摩擦性质的不同，轴承可分为滑动轴承和滚动轴承两大类。

滚动轴承是标准组件，它摩擦损失小，适应转速范围宽，对起动没特殊要求，工作时的维护要求不高，故在一般机械中广泛使用。

对于滚动轴承不能完全满足使用要求的某些场合，如高速、重载荷、高回转精度、低速且有较大冲击，特别是结构上需要剖分等场合，就需要采用滑动轴承，如汽轮机、内燃机、破碎机及水泥搅拌机等机械中多有应用。

一、滑动轴承

（一）滑动轴承的分类和结构

1. 整体式向心滑动轴承　图5-29所示为整体式滑动轴承，它是由轴承座、整体轴瓦（也称轴套）组合而成，依靠螺栓固定在机架上。

整体式滑动轴承结构简单，成本低廉，但当轴瓦与轴颈磨损后所产生的间隙难以调整时，只能更换轴瓦，而且在装拆时，轴承或轴必须进行轴向移动，造成装拆困难，故整体式滑动轴承只适用于低速、轻载及不经常装拆的场合。

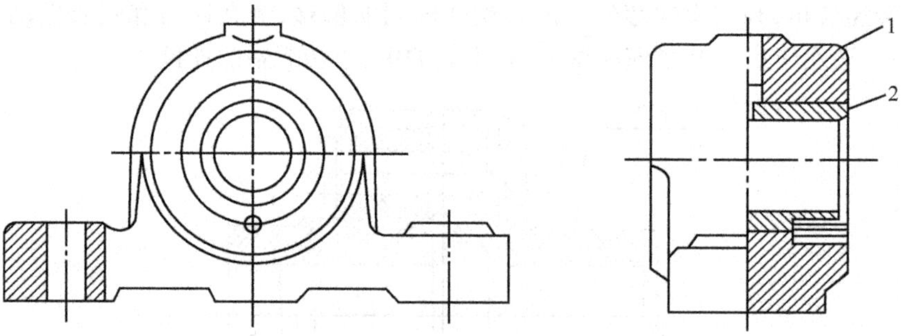

图5-29　整体式向心滑动轴承

1. 轴承座；2. 轴瓦

2. 剖分式向心滑动轴承　图5-30为剖分式滑动轴承，它是由轴承盖、轴承座、剖分式轴瓦及连接螺栓组成。为便于轴承盖与座的定位，将剖分面做成凹凸形。这种轴承工作表面磨损后产生的间隙可以调整补偿，轴瓦的使用寿命因而延长；由于结构上能够剖分，这种轴承装拆时轴不必做轴向移动，装拆性能较好。剖分式滑动轴承在生产中应用广泛。

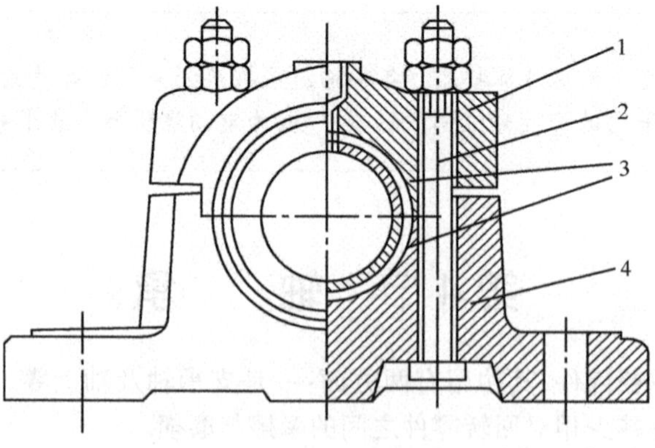

图5-30　剖分式向心滑动轴承

1. 轴承盖；2. 连接螺栓；3. 剖分式轴瓦；4. 轴承座

（二）滑动轴承的常用材料

滑动轴承中直接与轴摩擦的部分是轴瓦。为了节省贵重金属，常在轴瓦内壁上浇铸一层减摩材料，称作轴承衬。滑动轴承材料主要是指是轴瓦（或轴承衬）的材料，对轴瓦（后轴承衬）材料的主要要求是：具有良好的耐磨性、磨合性、耐腐蚀性、抗胶合性和导热性。

常用的轴瓦（或轴承衬）材料有三大类：

1. 金属材料　轴承合金是轴承衬的常用材料，它分为锡基和铅基轴承合金两大类（如ZSnSb11Cu6、ZPbSb16Sn16Cu2 等），前者以锡后者以铅作基体。轴承合金具有良好的耐磨性、抗胶合能力、导热性、跑合性、对润滑油的亲和性及塑性都好，但机械强度较低、价格贵，一般只将它浇铸在低碳钢、铸铁或青铜轴瓦的内表面上，作为轴承衬来使用。

轴承青铜是常用的轴瓦材料。通常青铜分为锡青铜和铅青铜两大类。锡青铜的机械强度高，减摩性和耐磨性均好，故获得广泛的应用；铅青铜具有良好的抗胶合性能，润滑性能好，铅青铜的机械强度及冲击韧性较高，可以承受较大的冲击和变载荷。

2. 非金属材料　包括塑料、橡胶及硬木等，而以塑料应用最多。塑料轴瓦具有很好的耐腐蚀性、耐磨性、跑合性、自润性和吸振作用。缺点是承载能力低、耐热性及导热性差。它们适用于轻载、低速及工作温度不高的场合。

3. 金属陶瓷　金属陶瓷是用不同金属粉末与石墨混合，通过压制烧结整形而成轴瓦，有铁-石墨和青铜-石墨两种，通常称为含油轴承。这种轴承长时间内不用加润滑油仍能很好地工作。这种材料制造简单、成本低廉、耐磨性好，但强度较低、韧性差，一般用于中、低速，载荷平稳及不易润滑的场合。

（三）滑动轴承的润滑

1. 润滑剂　最常用的润滑剂有润滑油、润滑脂和固体润滑剂。

润滑油包括矿物油、植物油和动物油三种。其中矿物润滑油资源丰富、价格便宜、流动性好、适用范围广且不易变质，故应用广泛。润滑油是滑动轴承中应用最广的一种润滑剂。

润滑脂俗称黄干油，它的流动性小，不易流失，因此轴承的密封简单，润滑脂不需经常补充。与润滑油相比，润滑脂黏度大，机械效率较低，不宜用于高速轴承。

常用的固体润滑剂有石墨、聚四氟乙烯和二硫化钼，常以粉剂添加于润滑油或润滑脂中，以改进润滑性能。

2. 润滑装置　滑动轴承的润滑方式按润滑剂的不同可分为油润滑和脂润滑，常用的油润滑方式有滴油润滑、油环润滑、压力循环润滑。

针阀式注油油杯是常见的滴油润滑装置，如图 5-31 所示，将手柄置于水平位置，针阀被压下，阀门口关闭，停止供油：反之，将手柄直立，针阀上提，开始供油。通过调节螺母改变阀门口开启的大小来调节供油量，用于要求供油可靠的润滑点上。油杯供油量较少，主要用于低速轻载的轴承上。

油环润滑如图 5-32 所示，油环随轴转动，将润滑油带到工作表面上进行润滑。油环润滑只适用于连续、稳定运转并水平放置的轴承上。

压力循环润滑是利用油泵将润滑油经过输油管路送到各轴承中去进行润滑。压力循环润滑效果好，但装置复杂、成本高。压力循环润滑适用于高速、重载或变载的重要轴承上。例如，用于片剂生产的高速压片机上大多采用压力循环润滑。

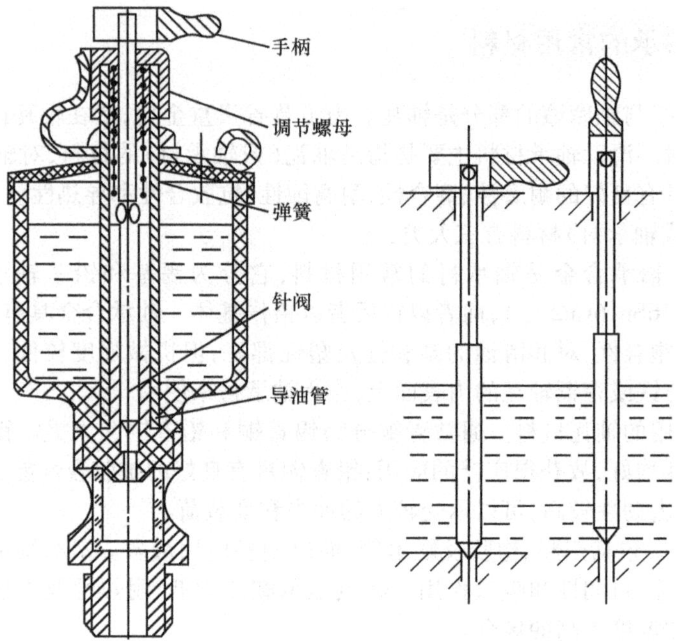

图 5-31 针阀式注油油杯

脂润滑的常用装置是旋盖式油脂杯，如图 5-33 所示。将润滑脂加入杯体 2 内，当旋紧杯盖 1 时，杯中的润滑脂便可挤到轴承中去。

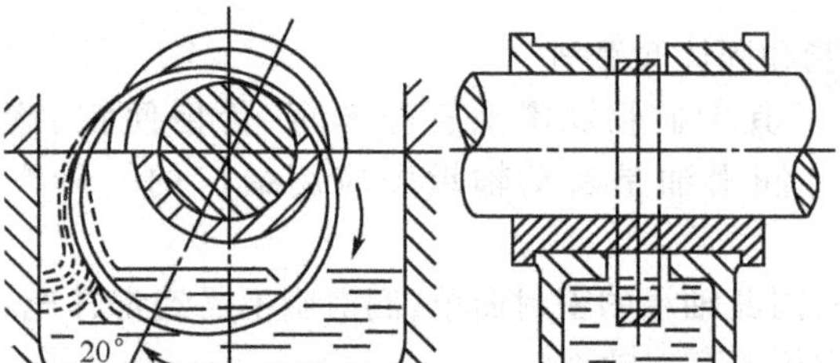

图 5-32 油环润滑

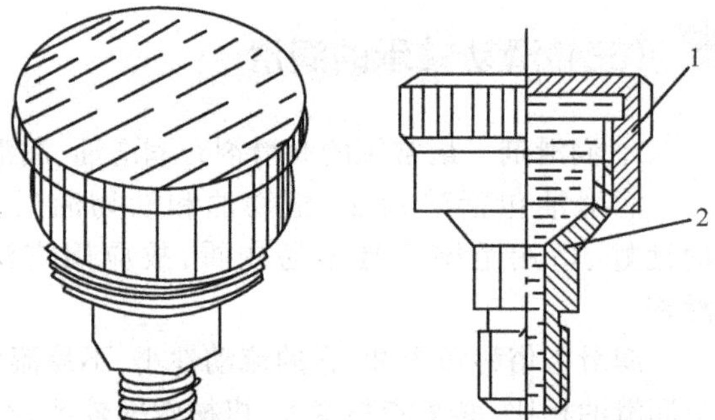

图 5-33 旋盖式油脂杯

二、滚动轴承

滚动轴承是根据滚动摩擦原理工作的，因而它具有摩擦阻力小，启动灵活，运动性能好，效率高，且能在较广泛的负荷、速度和精度范围内工作等一系列优点，因而在制药机械中得到广泛的应用。其缺点是抗冲击能力较差，高速运转时易产生噪声，径向尺寸较大，使用寿命也较低。滚动轴承基本上已标准化，便于使用者选用及更换。

（一）滚动轴承的结构

滚动轴承的种类较多，但其结构大体相似。如图 5-34 所示分别为深沟球轴承和圆柱滚子轴承。滚动轴承一般由内圈、外圈、滚动体和保持架所组成，通常滚动轴承的外圈安装在机座孔中固定不动，内圈则装在轴上与轴一起转动，而滚动体则在内、外圈的滚道之间滚动，形成滚动摩擦。滚道一般用以限制滚动体的轴向移动，能使轴承承受一定的轴向载荷。保持架的作用是将滚动体相互隔开使沿圆周均匀分布，避免滚动体直接接触产生过大的摩擦与磨损。

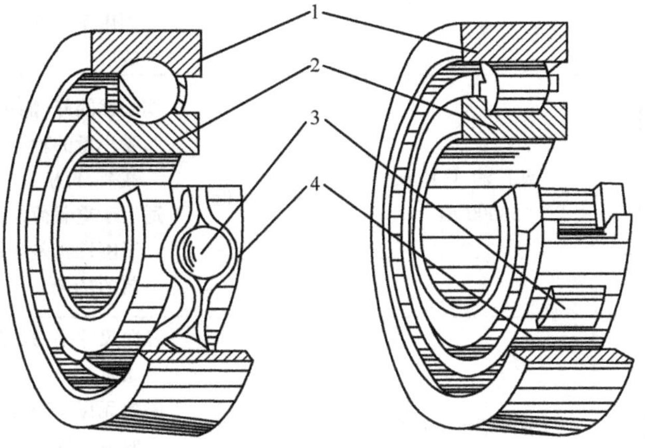

(a)　　(b)

图 5-34　滚动轴承的构造

（a）深沟球轴承；（b）圆柱滚子轴承

1. 外圈；2. 内圈；3. 滚动体；4. 保持架

（二）滚动轴承的基本类型

国家标准中滚动轴承分为 10 个基本类型（每种基本类型由于内部结构的特点又有多种派生类型）。这 10 种基本类型的滚动轴承的结构、名称、主要特点及其应用见表 5-4。

表 5-4　滚动轴承的结构、名称、主要特点及其应用

序号	结构简图与标准编号	类型名称与类型代号	额定动载荷比①	极限转速比②	主要特点和应用
1	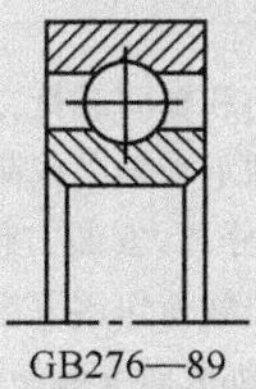 GB276—89	深沟球轴承 0000 型	1	高	主要承受径向载荷，也可承受一定的轴向载荷 适用于刚性较好，转速高的轴。在转速较高而不宜采用推力轴承时，可用来承受纯轴向载荷。其缺点是承受冲击载荷的能力差
2	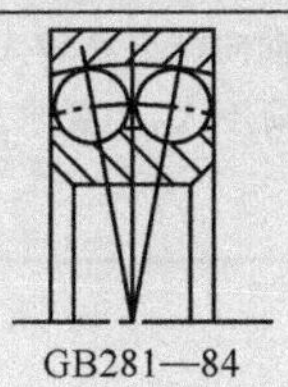 GB281—84	调心球轴承 1000 型	0.6～0.9	中	调心性能好，可承受径向载荷及不大的轴向载荷。不宜承受纯轴向载荷，因在纯轴向载荷作用时，仅一列滚动体承载，影响轴承寿命。适用于刚性小的轴，以及用于难以准确对中安装的场合

续表

序号	结构简图与标准编号	类型名称与类型代号	额定动载荷比①	极限转速比②	主要特点和应用
3	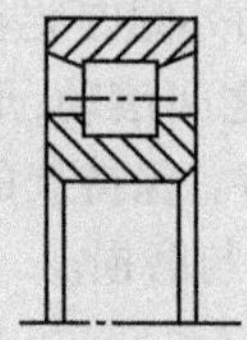 GB283—87	圆柱滚子轴承 2000 型	1.5~3	高	只能承受径向载荷。内、外圈分离，安装方便 尚有 12000、32000、42000 等派生形式，可以承受小量的单向或双向轴向载荷 适用于重载荷，以及要求支承刚性好的场合。由于对内、外圈的角偏斜敏感，故只能用于刚性大的轴，并要求很好对中安装
4	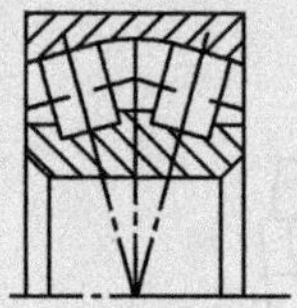 GB288—87	调心滚子轴承 53000 型	1.8~4	低	调心性能好，能承受的径向载荷大，并能承受小量的轴向载荷，但不宜承受纯轴向载荷，价格贵 适用于重载荷及冲击载荷的场合，也可用于刚性较差的轴，以及难以准确对中安装的场合
5	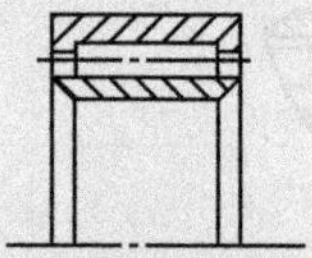 GB289—86	滚针轴承 74000	—	低	径向尺寸小，只能承受径向载荷，对角偏斜敏感 一般无保持架，故极限转速低。当转速高时应采用有保持架的滚针轴承。另有一类是无内、外套圈的，其径向尺寸最小，适用于径向尺寸要求紧凑的场合
6	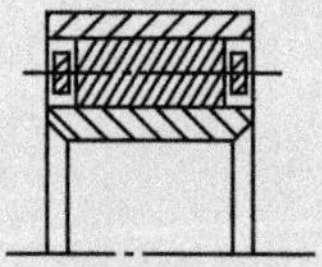 GB291—64	螺旋滚子轴承 5000	—	低	径向尺寸较小，只能承受径向载荷，由于应用空心螺旋滚子，故能承受冲击载荷 由于螺旋滚子制造困难，轴承精度较低，不宜用于高速和高精度场合
7	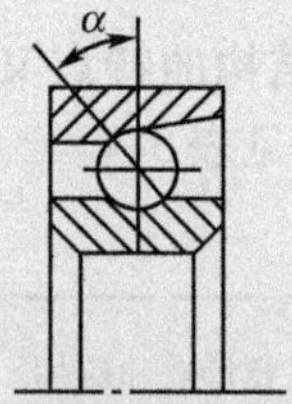 GB292—83	角接触球轴承 36000 型（$\alpha=15°$） 4600 型（$\alpha=25°$） 66000 型（$\alpha=40°$）	 1.0~1.4 1.0~1.3 1.0~1.2	高	能同时承受径向和轴向载荷，并可以承受纯轴向载荷。能在较高转速下正常工作 在承受径向载荷时，将产生内部轴向分力，因此一般都成对安装使用 承受轴向载荷的能力由接触角 α 决定。接触角大，承受轴向载荷的能力也大
8	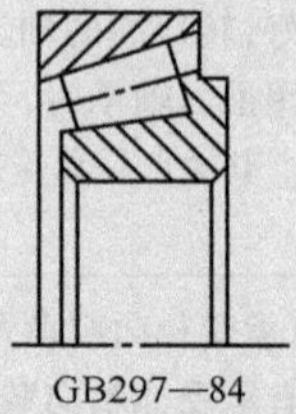 GB297—84	圆锥滚子轴承 7000	1.5~2.5	中	能同时承受径向和轴向载荷，承载能力大，一般不宜单独承受轴向载荷 轴承内、外圈可分离，安装方便，对角偏斜敏感。在径向载荷作用下将产生内部轴向分力，一般都成对安装使用 适用于径向和轴向载荷都较大的场合，或虽然轴向载荷不大，但要求装拆方便的场合

续表

序号	结构简图与标准编号	类型名称与类型代号	额定动载荷比①	极限转速比②	主要特点和应用
9	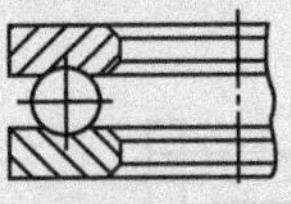 GB301—84	推力球轴承 8000	1	低	只能承受单方向轴向载荷，安装时轴和外壳孔的中心线不能倾斜，工作时应保持有最小轴向载荷
	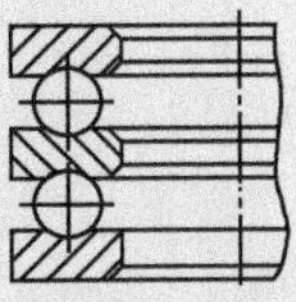 GB301—84	双向推力球轴承 38000			中间套圈孔径小并与轴紧配合，称为紧圈；另两座圈装在支座孔内，称为活圈
10	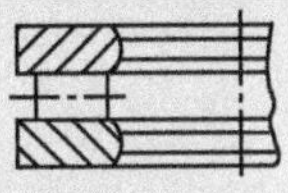 GB4663—84	推力圆柱滚子轴承 9000	1.7～1.9	低	推力圆柱滚子轴承只能承受轴向载荷，承载能力比推力球轴承大，多用于重型机械
	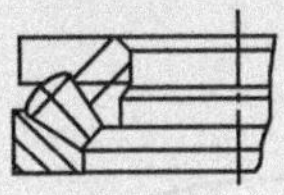 GB5859—84	推力调心滚子轴承 39000	1.7～2.2	中	推力调心滚子轴承轴向承载能力大，在承受轴向载荷的同时，可以承受一定的径向载荷，调心性能好，适用于重载和要求调心性能好的场合

注：①指各种轴承的额定动载荷值与相同外形尺寸的深沟球轴承的额定动载荷值之比。对于推力轴承，则与单向推力球轴承比较。②指各种轴承的极限转速与深沟球轴承的极限转速之比：高——相当于 100%～90%；中——相当于 90%～60%；低——相当于 60% 以下。

（三）滚动轴承的安装与拆卸

安装和拆卸轴承时，不能对滚动体施加作用力，安装和拆卸的作用力应均匀垂直地、直接或间接传到内圈或外圈的端面上。安装中、小型轴承时，可用手锤敲击装配套筒，见图 5-35（a）；安装大型轴承时，可用压力机压装，见图 5-35（b）；采用压力机压装有困难时，可将轴承（或外壳）放在热油中加热后再进行装配，也可将轴放置干冰（固体二氧化碳）中冷却后安装。

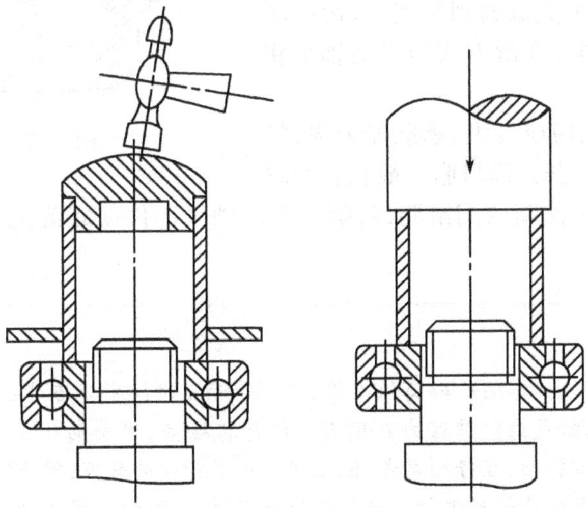

(a)　(b)

图 5-35　滚动轴承的安装

轴承的拆卸，应采用拆卸器，见图 5-36(a)；当外壳孔的端部为封闭的结构时，可在相应部位设置几个螺纹孔，以便用螺钉顶出轴承外圈，见图 5-36(b)。

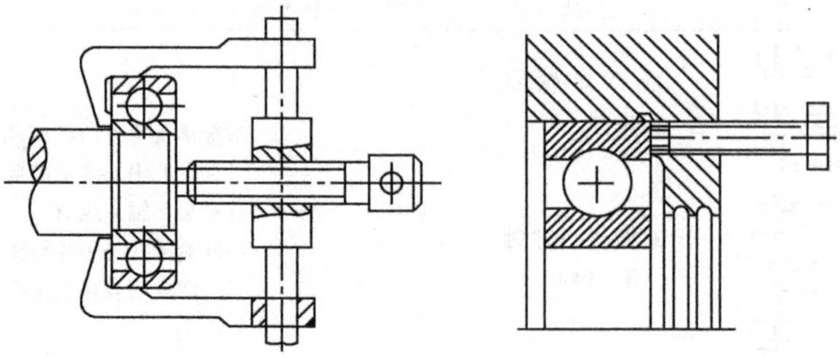

(a) (b)

图 5-36 滚动轴承的拆卸

(四) 滚动轴承的润滑与密封

1. 滚动轴承的润滑 滚动轴承的润滑剂主要是润滑油和润滑脂两类。

润滑油的特点是润滑可靠、冷却效果好。润滑油的主要性能指标是黏度。一般来说，转速愈高，摩擦和发热量愈大，选用润滑油的黏度应愈低；载荷愈大，工作温度愈高，润滑油的黏度应愈高。

当采用润滑油时，供油方式主要有油浴润滑、滴油润滑、压力循环润滑、喷雾润滑等。油浴润滑(图 5-37)是将轴承局部浸入润滑油中，油面不应高于最低滚动体的中心。喷雾润滑是用压缩空气，将润滑油变成油雾送进轴承，这种方式的装置复杂，润滑轴承后的油雾可能散逸到空气中，污染环境。滴油润滑和压力循环润滑方式与滑动轴承相似，此处不再累述。

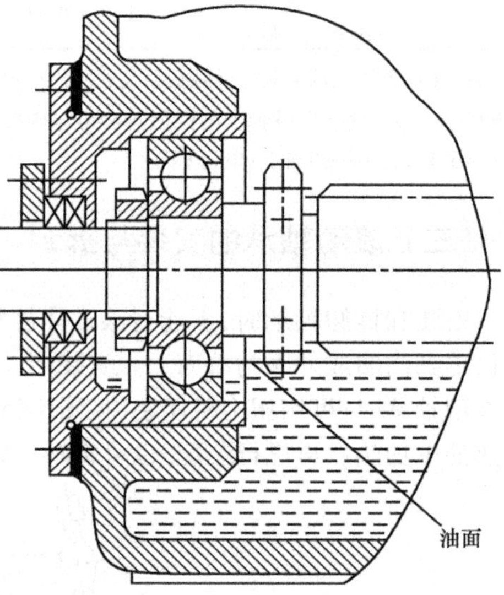

图 5-37 油浴润滑

润滑脂的特点是油膜厚度大、承载能力强、易密封、一次加油维持时间长。润滑脂一般在装配时加入，并每隔三个月加一次新的润滑脂，每隔一年对轴承部件彻底清洗一次，并重新充填润滑脂。

在某药厂中药生产车间粉碎岗位工作的小文，近段时间发现万能粉碎机的噪声越来越大，但机器能运转，就是感觉摩擦力在增大。经停机检查，用手动旋转，发现电机能正常转动，粉碎机也能正常转动，经仔细思考，他立即进行了相应的处理，噪声随即减小，摩擦力也相应降低，确保了生产顺利进行。请你分析一下，该故障的原因是什么？如何排除？

案例5-2

2. 滚动轴承的密封　滚动轴承密封的目的是将滚动轴承与外部环境隔离，避免滚动轴承由于灰尘、水分侵入而引起的磨损与锈蚀，防止内部润滑剂的漏出而污染药物和设备。

滚动轴承密封按密封的结构形式可分为接触式密封和非接触式密封。表 5-5、表 5-6 列出了接触式密封装置和非接触式密封装置的类型及特点。

表 5-5　接触式密封装置的类型及特点

类型	毛毡圈密封	外向式管形密封	内向式管形密封	双唇形密封	填料密封
结构简图		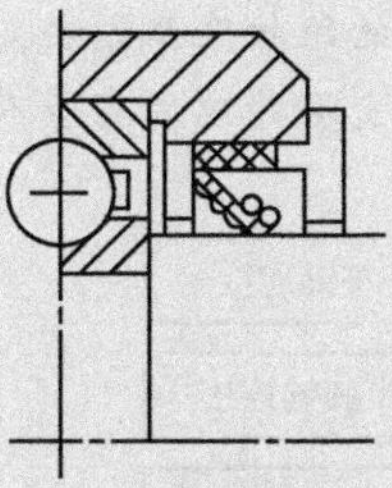	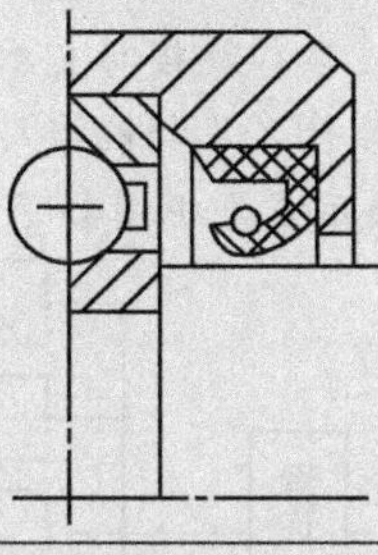	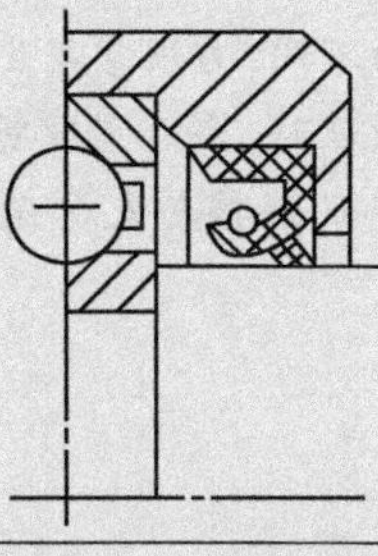	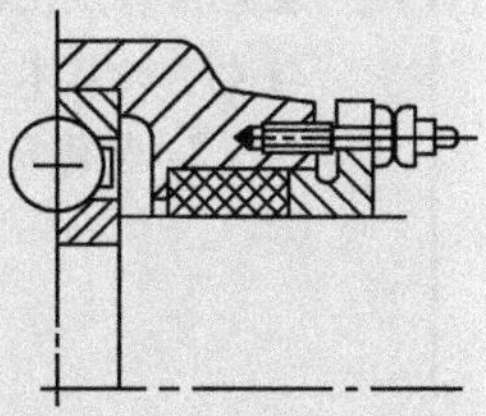
特点	工作温度低于 100℃，毡圈安装前用油浸渍、有良好密封效果，圆周速度小于 4～8m/s	主要防止润滑剂泄漏，圆周速度小于 15m/s	主要防止外界异物侵入，圆周速度小于 15m/s	可防止润滑剂泄漏和外界异物侵入，圆周速度小于 15m/s	可通过螺栓压紧填料，提高密封压力，密封效果良好，还能补偿磨损，但摩擦力较大，适用于低速轴承

表 5-6　非接触式密封装置的类型及特点

类型	窄隙密封	沟槽密封	径向曲路密封	轴向曲路密封	甩油环密封
结构简图		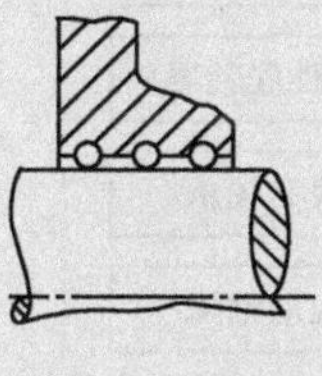	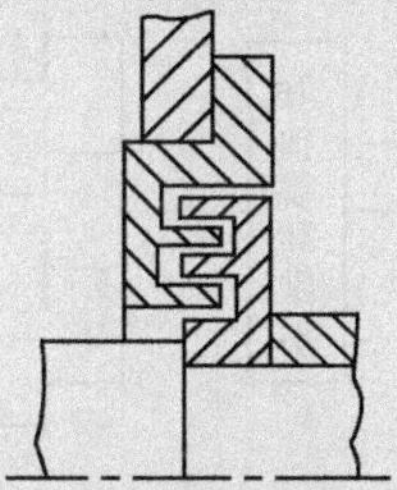	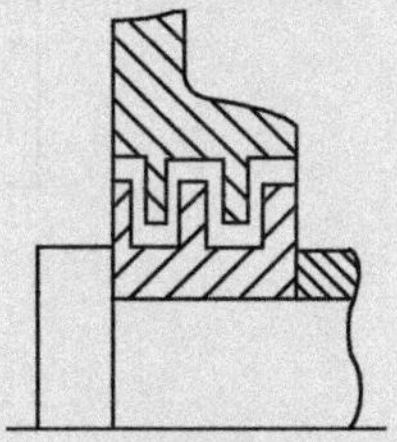	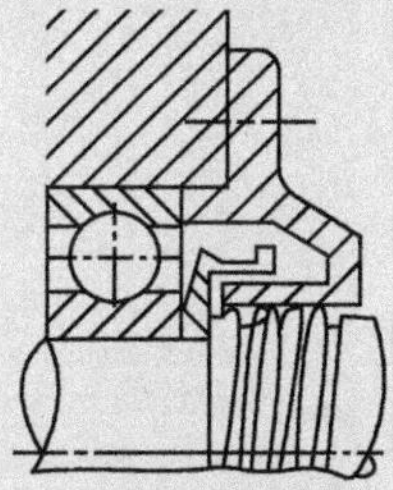
特点	结构简单，适用于环境较清洁的脂润滑场合。轴向尺寸越大，效果越好。轴径 $d<50$mm 时，缝隙取 0.25～0.4mm；$d>50$mm 时，缝隙取 0.25～0.6mm	沟槽内充填润滑脂，可提高密封效果。一般沟槽为 3 条，沟槽宽度 3～5mm，沟槽深度 4～5mm	由轴套和端盖的径向间隙构成，迷宫曲路沿轴向展开，曲路折回次数越多，密封效果越好。径向尺寸紧凑。适用于较脏的工作环境。$d<50$mm 时，径向间距为 0.25～0.4mm，轴向间距为 1～2mm	由轴套和端盖的轴向间隙构成，迷宫曲路沿径向展开，其余情况同径向曲路密封。优点是装拆方便，应用较径向曲路密封广泛	轴径处装甩油环，将流失的油沿径向甩开，经轴承盖集油腔回流轴承。轴上车有螺旋回油槽，轴单向回转时可有效地防止油液外流

小结

1. 键连接和螺纹连接是制药设备中的常用链接方式；轴、连轴器和轴承在制药设备中应用最为广泛，上述几部分构成了制药设备的连接与支承。在学习本章内容过程中，应着重比较几种键连接方式、螺纹连接件的选择、几种连轴器、滑动轴承与滚动轴承在应用特点上的不同，力求掌握上述各种链接与支承的维护保养方法，在学习上述链接与支承的基本原理时，要着重理解为什么几种链接与支承的应用有着不同的特点。

2. 制药设备的连接与支承分类示意方框图如下：

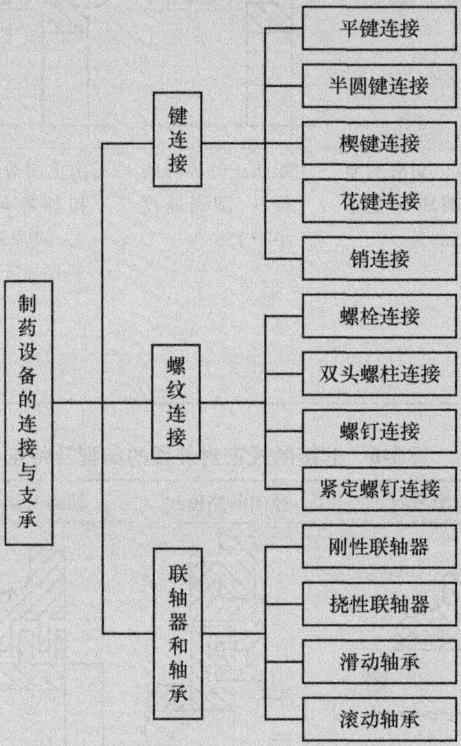

目标检测

一、填空题

1. 键连接通常用于__________和__________之间的连接。
2. 根据牙形，螺纹可分为__________形、__________形、__________形和__________形。
3. 根据轴的几何形状，轴可以分为__________、__________和__________。
4. 联轴器是用来连接__________，使它们一起__________以传递__________的装置。
5. 轴承是支承__________的重要部件，可分为__________轴承和__________轴承两大类。

二、选择题

(一) 单项选择题

1. 以下论述错误的是(　　)。

根据使用要求的不同,键连接常使用的键可分为:

A. 平键　B. 半圆键　C. 楔键　D. 槽键

2. 以下常用的螺纹连接防松装置中,叙述不对的是(　　)。

A. 利用增大摩擦力防松　B. 采用止动元件防松

C. 利用减小摩擦力防松　D. 做成不可拆连接防松

3. 根据轴上所受载荷的不同,轴可以分为(　　)。

A. 心轴　B. 半圆轴　C. 传动轴　D. 转轴

4. 安装和拆卸滚动轴承时,以下叙述正确的是(　　)。

A. 不能对滚动体施加作用力　B. 可以对滚动体施加作用力

C. 作用力应均匀垂直施加到滚动体上　D. 可以用手锤敲击滚动体以施加均匀垂直作用力

5. 对滑动轴承和滚动轴承的起动阻力比较,以下叙述正确的是(　　)。

A. 滚动轴承大　B. 滑动轴承大　C. 两者都大　D. 以上都不对

(二) 多项选择题

6. 键连接的轴上零件是(　　)。

A. 齿轮　B. 带轮　C. 链轮　D. 联轴器

7. 螺纹连接的类型有(　　)。

A. 螺栓连接　B. 螺钉连接　C. 双头螺纹连接　D. 双头螺柱连接

8. 以下论述正确的是(　　)。

A. 联轴器是用来防打滑　B. 联轴器是用来制动

C. 联轴器是用来减小摩擦力　D. 联轴器是用来连接两根轴

9. 最常用的润滑剂有(　　)。

A. 汽油　B. 煤油　C. 黄干油　D. 以上都可以用

10. 对滚动轴承描述正确的是(　　)。

A. 功率损失小　B. 噪声较大　C. 抗冲击能力强　D. 旋转精度较高

三、简答题

1. 常用的键连接有几种?应用特点有何不同?为什么?
2. 销连接的主要用途是什么?
3. 为什么地脚螺栓不用细牙而用粗牙螺纹?
4. 联轴器与离合器在使用上有何异同?如何选用?
5. 同一公称直径的普通粗牙螺纹与细牙螺纹,哪种自锁性好?
6. 在低速、重载荷且有较大冲击的设备中,选用滑动轴承还是滚动轴承?

第6章　压力容器

学习目标

通过本章的学习，应达到以下三点要求：

1. 掌握压力容器的基本结构和安全装置。
2. 理解压力容器及附件的工作特点。
3. 了解压力容器分类方法和压力容器力学基本知识。

第1节　基本概念

在制药厂使用的设备中，有的用来储存物料，如各种储罐、计量罐、高位槽；有的用来对物料进行物理处理，如换热器、干燥器等；有的用于进行化学反应，如各类药物合成反应器等。尽管这些设备的作用各不相同，形状结构差异很大，尺寸大小千差万别，内部构件更是多种多样，但它们都有一个承受一定压力的外壳，这个外壳就是压力容器。压力容器广泛应用在生产各环节，如果操作不当，可以引发安全事故。

一、压力容器的基本结构

压力容器一般由筒体、封头、支座、法兰、开孔、安全附件及测量仪表等所组成，如图6-1所示。

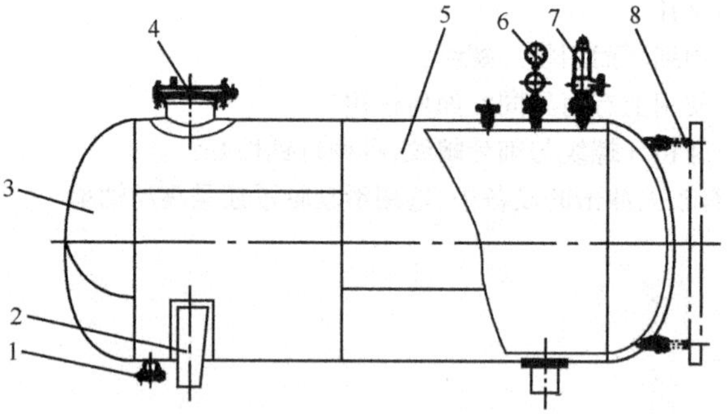

图6-1　压力容器的总体结构

1. 法兰；2. 支座；3. 封头；4. 人孔；5. 筒体；6. 压力表；7. 安全阀；8. 液面计

（一）筒体

筒体是压力容器用以储存物料或完成传质、传热或药物合成反应所需要的工作空间，是压力容器最主要的受压元件之一，其内直径和容积往往需由工艺条件确定。圆柱形筒体（即圆筒）是制药机械中最常用的筒体结构。

(二) 封头

根据几何形状的不同,封头可以分为椭圆形、碟形、球形、锥壳和平盖等几种,其中以椭圆形封头应用最多。封头与简体的连接方式有可拆连接与不可拆连接两种,可拆连接一般采用法兰连接,不可拆连接一般采用焊接。

(三) 开孔与接管

压力容器中,根据工艺、检修及监测的需要,须设置人孔、手孔、视镜、物料进出口接管,以及安装压力表、液面计、安全阀、测温仪表等。所以,常在简体或封头上开设各种大小的孔或安装接管。

(四) 密封装置

压力容器封头和简体之间的可拆式连接,容器接管与外管道间的可拆连接,以及人孔、手孔盖的连接等,都需要有密封装置。可以说,压力容器能否保持密闭性并安全运行在很大程度上取决于密封装置的可靠性。

(五) 安全附件及测量仪表

压力容器往往需要在容器上设置一些安全装置和测量、控制仪表来监控工作介质的参数,以保证压力容器的使用安全和按工艺要求正常进行。压力容器的安全装置主要有安全阀、爆破片、压力表、液面计、测温仪表等。

(六) 支座

压力容器靠支座支承并固定在基础上。压力容器支座分为立式容器支座和卧式容器支座两类,立式容器支座包括腿式支座、支承式支座、耳式支座和裙式支座四种。卧式容器支座有支承式、鞍式和圈式支座三种,以鞍式支座应用最多。

上述简体、封头、开孔接管、密封装置、支座、安全附件及测量仪表等构成了压力容器的外壳。对于储存类的容器,这一外壳即为容器本身。对用于药物合成反应、传热、干燥、提取等工艺类容器而言,则须在外壳内装入工艺所要求的内件。

二、压力容器的分类

从不同的角度压力容器有各种不同的分类方法,常用的分类方法有以下几种。

(一) 按承压方式分类

按承压方式分类,压力容器可分为内压容器与外压容器。

容器内部介质压力大于外界压力时为内压容器,反之为外压容器。外压容器中,当容器的内压小于一个绝对大气压(约0.1MPa)时又称为真空容器。

内压容器又可按设计压力的大小分为四个压力等级，具体划分如下：

低压（代号 L）容器　　$0.1\text{MPa} \leqslant p < 1.6\text{MPa}$。

中压（代号 M）容器　　$1.6\text{MPa} \leqslant p < 10.0\text{MPa}$。

高压（代号 H）容器　　$10\text{MPa} \leqslant p < 100\text{MPa}$。

超高压（代号 U）容器　　$p \geqslant 100\text{MPa}$。

（二）按相对壁厚分类

压力容器按壁厚可以分为薄壁容器和厚壁容器，工程实际中的压力容器大多为薄壁容器。所谓厚壁与薄壁并不是按容器器壁的绝对厚度来划分，而是一种相对概念，通常根据容器外径 D_o 与内径 D_i 的比值 K 来判断：若 $K \leqslant 1.2$，则为薄壁容器；若 $K > 1.2$，则为厚壁容器。

（三）按应用情况分类

按压力容器在生产工艺过程中的作用原理，可将容器分为反应压力容器、换热压力容器、分离压力容器和储存压力容器。

1. 反应压力容器（代号 R）　反应压力容器指主要用来完成物料的物理、化学反应的压力容器，如反应器、反应釜等。

2. 换热压力容器（代号 E）　换热压力容器指主要用于完成物料热量交换的压力容器，如热交换器、管壳式余热锅炉、冷却器、冷凝器、蒸发器等。

3. 分离压力容器（代号 S）　分离压力容器指主要用于完成介质的流体压力平衡缓冲和气体净化分离的压力容器，例如，过滤器、缓冲器等。

4. 储存压力容器（代号 C，其中球罐代号 B）　储存压力容器指主要用于储存、盛装气体、液体、液化气体等介质的压力容器，如各种形式的储罐、储槽、高位槽等。

（四）按安全技术管理分类

为了有利于安全技术管理和监督检查，应根据压力容器的压力高低、介质危害程度（表 6-1）、容积大小以及在生产过程中的作用，对压力容器进行综合分类。例如，储存易燃或毒性程度中度以上危害介质的压力容器，其危害性要比相同几何尺寸、储存毒性程度轻度或非易燃介质的压力容器大得多。压力容器的危害性还与其设计压力 p 和全容积 V 的乘积有关，pV 值愈大，则容器破裂时爆炸能量愈大，危害性也愈大，对容器的设计、制造、检验、使用和管理的要求愈高。为此，《压力容器安全技术监察规程》采用既考虑容器压力与容积乘积大小，又考虑介质危害程度以及容器品种的综合分类方法，以利于安全技术监督和管理。该方法将压力容器分为三类（表 6-1）。

表 6-1　介质的划分

名称	划分说明	举例
剧毒介质	指进入人体小于 50g 即会引起机体严重损伤或致死的介质	氟、氢氟酸、氢氰酸、光气、氟化氧、碳酰氟等
有毒介质	指进入人体大于或等于 50g 即会引起人体正常功能损伤的介质	二氧化硫、氨、一氧化碳、氯乙烯、甲醇、氧化乙烯、硫化乙烯、二硫化碳、乙炔、硫化氢等
易燃介质	指与空气混合的爆炸下限小于 10%，或爆炸上限与下限之差值大于 20% 的气体	一甲胺、乙烷、乙烯、氯甲烷、环氧乙烷、环丙烷、氢、丁烷、三甲胺、丁二烯、丁烯丙烷、丙烯、甲烷等

1. 第三类压力容器　第三类压力容器是指高压或超高压容器、剧毒介质的中压容器、易燃或有毒介质的中压储运容器和反应容器等。

具有下列情况之一的为第三类压力容器。

(1) 高压容器。

(2) 中压容器(仅限毒性程度为极度和高度危害的介质)。

(3) 中压储存容器(仅限易燃或毒性程度为中度危害的介质,且 pV 乘积大于等于 $10\text{MPa}\cdot\text{m}^3$)。

(4) 中压反应容器(仅限易燃或毒性程度为中度危害的介质,且 pV 乘积大于等于 $0.5\ \text{MPa}\cdot\text{m}^3$)。

(5) 低压容器(仅限毒性程度为极度和高度危害的介质,且 pV 乘积大于等于 $0.2\ \text{MPa}\cdot\text{m}^3$)。

(6) 高压、中压管壳式余热锅炉。

(7) 中压搪玻璃压力容器。

(8) 使用强度级别较高(指相应标准中抗拉强度规定值下限大于等于540MPa)的材料制造的压力容器。

(9) 移动式压力容器,包括铁路罐车(介质为液化气体、低温液体)、罐式汽车[液化气体运输(半挂)车、低温液体运输(半挂)车、永久气体运输(半挂)车]和罐式集装箱(介质为液化气体、低温液体)等。

(10) 球形储罐(容积大于等于 50m^3)。

(11) 低温液体储存容器(容积大于 5m^3)。

2. 第二类压力容器　第二类压力容器是指非易燃或无毒的中压容器、剧毒介质的低压容器、易燃或有毒介质的低压反应容器和储运容器等。

具有下列情况之一的为第二类压力容器。

(1) 中压容器。

(2) 低压容器(仅限毒性程度为极度和高度危害介质)。

(3) 低压反应容器和低压储存容器(仅限易燃介质或毒性程度为中度危害介质)。

(4) 低压管壳式余热锅炉。

(5) 低压搪玻璃压力容器。

3. 第一类压力容器　第一类压力容器是指非易燃或无毒介质的低压容器、易燃或有毒介质的低压分离容器和换热容器等。

除上述第二、三类压力容器以外的低压容器为第一类压力容器。

必须进行安全监察的压力容器见表6-2。

表6-2　安全监察范围内的压力容器

项目	条件
最高工作压力 p	≥0.1MPa,不包括液体静压
容积 V	≥25L,且 $p\cdot V$≥20L·MPa
介质	气体、液化气体或最高工作温度高于或等于标准沸点的液体

三、压力容器零部件的标准化

为了使压力容器零部件在设计、生产和使用过程中具有统一、通用、可互换的特点,以降低成本,提高劳动生产率,我国有关部门对容器的零部件(如筒体、封头、法兰、支座、人孔、手孔、视镜、液面计等)进行了标准化、系列化工作。表6-3为压力容器的标准代号。

表 6-3 压力容器的标准代号

序号	标准代号	标准所属部门
1	GB	国家标准
2	JB	机械部标准
3	JB/Z	机械部指导性技术文件
4	TH	机械部化工通用机械专业标准
5	YB	冶金部标准
6	HG	化工部标准
7	SY	石油部标准

压力容器零部件标准的最基本参数有公称直径与公称压力。

(一) 公称直径

指标准化以后的标准直径,以 *D*g 表示,单位为 mm。

1. 压力容器的公称直径　钢板卷制而成的筒体,其公称直径指的是内径。如 *D*g1000 的钢板制容器表示容器内径为 1000mm。现行标准中规定的公称直径系列如表 6-4 所示。容器直径较小,筒体可采用无缝钢管制作。此时,公称直径指钢管外径(表 6-5)。如 *D*g159 的钢管制容器表示钢管外径为 159mm。封头公称直径的含义与筒体一致。

表 6-4 压力容器公称直径/mm(GB 9019—88)

300	(350)	400	(450)	500	(550)	600	(650)	700	(750)
800	900	1000	(1100)	1200	(1300)	1400	(1500)	1600	(1700)
1800	(1900)	2000	(2100)	2200	(2300)	2400	2500	2600	2800
3000	3200	3400	3500	3600	3800	4000	4200	4400	4500
4600	4800	5000	5200	5400	5500	5600	5800	6000	

表 6-5 无缝钢管制作筒体时容器的公称直径/mm

159	219	273	325	377	426

2. 管子的公称直径　制药厂用来输送水、煤气、空气、油以及取暖用蒸汽等一般压力的流体,管道往往采用有缝钢管(水、煤气输送钢管)。有缝管按壁厚可分为普通钢管和加厚钢管,其公称直径不是外径,也不是内径,而是接近于普通钢管内径的一个名义尺寸。每一公称直径对应一个外径,其内径数值随壁厚不同而不同。公称直径的单位常用 mm 表示(表 6-6)。

表 6-6 水、煤气输送钢管的公称直径、外径与壁厚(GB3092—82)

公称直径		外径	壁厚	
/mm	/in	/mm	普通钢管/mm	加厚钢管/mm
6	1/8	10.0	2.00	2.50
8	1/4	13.5	2.25	2.75
10	3/8	17.0	2.25	2.75
15	1/2	21.3	2.75	3.25
20	3/4	26.8	2.75	3.50

续表

公称直径		外径	壁厚	
/mm	/m	/mm	普通钢管/mm	加厚钢管/mm
25	1	33.5	3.25	4.00
32	1 ¾	42.3	3.25	4.00
40	1 ½	38.0	3.50	4.25
50	2	60.0	3.50	4.50
70	2 ½	75.5	3.75	4.50
80	3	88.5	4.00	4.75
100	4	114.0	4.00	5.00
125	5	140.0	4.50	5.50
150	6	165.0	4.50	5.50

管路附件的公称直径含义与有缝钢管一致。

制药生产中所用的无缝钢管，如输送流体或制作各种结构和零件用的一般用途的无缝钢管(GB8163—87)等，标记方法不用公称直径，而是以外径乘以壁厚表示。如 $\phi25\times3$ 表示无缝钢管的外径为25mm，壁厚为3mm(表6-7)。

表6-7 无缝钢管公称外径、公称壁厚

<table>
<tr><td colspan="2">轧态</td><td colspan="6">冷拔(冷轧)无缝钢管</td><td colspan="7">热轧无缝钢管</td></tr>
<tr><td rowspan="2">尺寸范围</td><td>外径</td><td colspan="6">φ2 ~ φ150</td><td colspan="7">φ32 ~ φ630</td></tr>
<tr><td>壁厚/mm</td><td colspan="6">0.25 ~ 14</td><td colspan="7">2.5 ~ 75</td></tr>
<tr><td colspan="2">通常长度/m</td><td colspan="6">1.5 ~ 7(壁厚≤1mm)
1.5 ~ 9(壁厚 > 1mm)</td><td colspan="7">4 ~ 12.5</td></tr>
<tr><td rowspan="2">常用无缝钢管</td><td>外径系列</td><td colspan="13">φ10 φ12 φ14 φ16 φ18 φ19 φ20 φ22
φ25 φ28 φ30 φ32 φ35 φ38 φ40 φ42
φ45 φ48 φ50 φ51 φ57 φ60 φ76 φ89
φ108 φ133 φ159 φ219 φ273 φ325</td></tr>
<tr><td>壁厚系列</td><td colspan="13">1.5 2.0 2.5 2.8 3.0 3.5 4.0 4.5
5.0 5.5 6.0 7.0 8.0 9.0 10.0 11.0
12.0 14.0 16.0 18.0 20.0 24.0 26.0 28.0
34.0</td></tr>
<tr><td colspan="2" rowspan="4">一般中、低压用无缝钢管
外径/壁厚</td><td>φ10</td><td>φ14</td><td>φ18</td><td>φ25</td><td>φ38</td><td>φ45</td><td>φ57</td><td colspan="2">φ76</td><td colspan="2">φ89</td><td colspan="2">φ108</td></tr>
<tr><td>1.5</td><td>2</td><td>3</td><td>3</td><td>3.5</td><td>3.5</td><td>3.5</td><td>4</td><td>5</td><td>4</td><td>5</td><td>4</td><td>6</td></tr>
<tr><td colspan="2">φ133</td><td colspan="2">φ159</td><td></td><td>φ219</td><td colspan="2">φ273</td><td colspan="2">φ325</td><td colspan="3"></td></tr>
<tr><td>4</td><td>6</td><td>4.5</td><td>6</td><td>6</td><td>9</td><td>8</td><td>11</td><td>8</td><td>13</td><td colspan="3"></td></tr>
<tr><td colspan="2" rowspan="2">化工用高压无缝钢管
外径/壁厚</td><td>φ14</td><td>φ24</td><td>φ35</td><td>φ43</td><td>φ49</td><td>φ68</td><td>φ83</td><td>φ102</td><td>φ127</td><td>φ159</td><td>φ180</td><td>φ150</td><td></td></tr>
<tr><td>4</td><td>6</td><td>9</td><td>10</td><td>10</td><td>13</td><td>15</td><td>17</td><td>21</td><td>28</td><td>30</td><td>35</td><td></td></tr>
<tr><td colspan="2" rowspan="2">热交换器用无缝钢管
外径/壁厚</td><td>φ19</td><td colspan="2">φ25</td><td>(φ32)</td><td></td><td>φ38</td><td colspan="2">(φ51)</td><td colspan="2">φ57</td><td colspan="3"></td></tr>
<tr><td>2</td><td>2</td><td>2.5</td><td>3</td><td>2.5</td><td>3</td><td colspan="2">3.5</td><td>2.5</td><td>3.5</td><td colspan="3"></td></tr>
</table>

3. 容器零部件的公称直径　有些零部件的公称直径，指的是与它相配的筒体、封头的公称直径；有一些零部件的公称直径是指与它相配的管子的公称直径；另有一些容器零部件的公称直径是指结构中的某一重要尺寸，如 *D*g1000 法兰是指与 *D*g1000 筒体（容器）或封头相配的法兰，*D*g1000 鞍座是指与直径为 1000mm 容器相配的鞍式支座；*D*g100 管法兰是指连接公称直径 100mm 管子的管法兰。

（二）公称压力

为了使压力容器的零部件标准化、通用化、系列化，将其承受的压力范围分为若干个标准压力等级。容器及管道的操作压力经标准化以后的标准压力称为公称压力，以 *P*g 表示，单位为 MPa。表 6-8 列出了压力容器法兰与管法兰的公称压力。

表 6-8　压力容器法兰与管法兰的公称压力/MPa

压力容器法兰	0.25	0.6	1.0	1.6	2.5	4.0	6.4		
管法兰	0.25	0.6	1.0	1.6	2.5	4.0	5.0	10	15	25

第 2 节　内压薄壁容器

一、内压圆筒形薄壁容器的应力计算

为确保压力容器安全工作，需要对压力容器进行强度校核，因此，必须了解容器壁上的应力。以图 6-2 所示的圆筒形薄壁容器为例，当承受内部压力 p 作用以后，器壁上的"环向纤维"和"纵向纤维"均有伸长，可以证明这两个方向都受到拉力的作用。因为薄壁容器的壁厚远小于筒体的直径，可认为在圆筒内部压力 p 作用下，筒壁内只产生拉应力，产生的弯曲应力很小，可以忽略不计，且这些拉应力沿壁厚均匀分布。其中圆筒轴向的拉应力以 σ_1 表示，圆周方向（环向）的拉应力以 σ_2 表示。

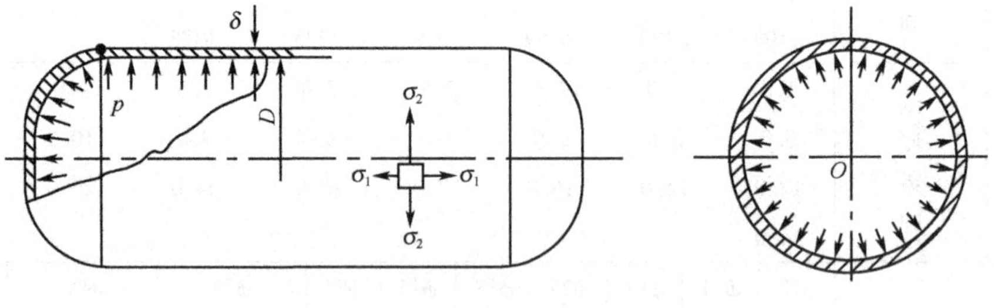

图 6-2　圆筒形薄壁容器承受内压时的应力

（一）轴向应力

假设在图 6-2 上沿容器圆周方向作一截面，将圆筒分为两部分，以左边为研究对象（如图 6-3）。作用在容器内表面的介质压力 p 分布在圆面积上；容器的切割面是一圆环面，在此圆环面上，受均匀分布的拉应力 σ_1。

建立平衡方程

$$-p\frac{\pi}{4}D^2+\sigma_1\pi D\delta=0$$

得 $$\sigma_1=\frac{pD}{4\delta} \tag{6-1}$$

式中，σ_1 为轴向应力，单位为 MPa；p 为容器内压，单位为 MPa；D 为筒体平均直径，亦称中径，单位为 mm；δ 为容器壁厚，单位为 mm。

需要说明的是，在上述计算中，严格地讲，应采用筒体内径，由于是薄壁容器，内径与中径近似相等，为了使计算公式简化，可近似地采用平均直径。

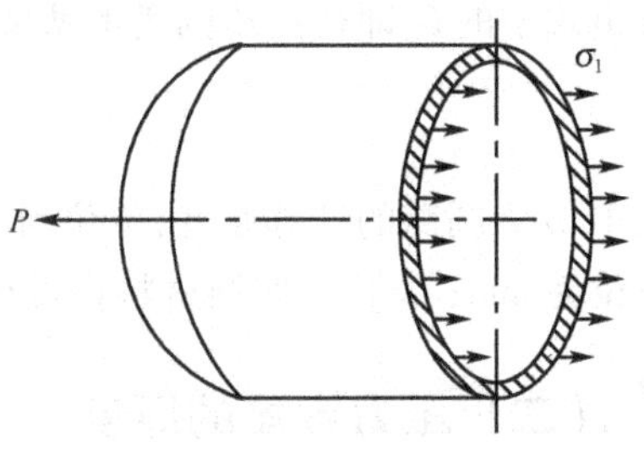

图 6-3 轴向应力

（二）环向应力

若在图 6-2 上沿容器轴线方向再做一横截面，保留容器下部，见图 6-4，建立平衡方程

$$-pDl+2\sigma_2\delta l=0$$

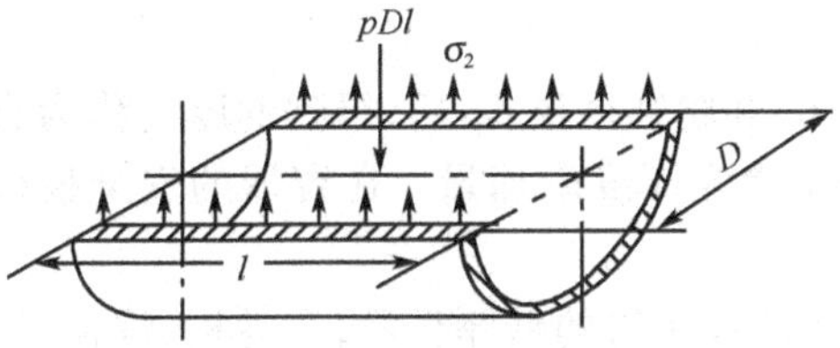

图 6-4 环向应力

得 $$\sigma_2=\frac{pD}{2\delta} \tag{6-2}$$

式中，σ_2 为环向应力，单位为 MPa。

由式(6-1)、式(6-2)可知：对于内压薄壁圆筒的器壁而言，环向应力较大，是轴向应力的两倍。实践证明，圆筒形内压容器往往从强度薄弱的纵向破裂。根据这个特点，在焊接或检验容器时，纵向焊缝的质量必须着重保证。当在圆筒上开设椭圆形人孔时，应使其短轴与筒体的纵向一致，以减少筒体纵向截面的削弱。

二、内压圆筒形薄壁容器筒体壁厚计算与强度校核

（一）内压圆筒形薄壁容器筒体强度条件与壁厚计算

对内压薄壁圆筒而言，其环向应力是轴向应力的两倍，也就是说，环向应力 σ_2 远大于轴向应力 σ_1。所以，应按环向应力 σ_2 建立强度条件，设器壁材料的许用应力为$[\sigma]^t$，则筒体强度条件为

$$\frac{pD}{2\delta}\leqslant[\sigma]^t$$

钢制压力容器大多用钢板卷焊而成，在焊缝及其附近，往往存在焊接缺陷（夹渣、气孔、未焊透等）以及加热冷却造成的内应力和晶粒粗大，使得焊缝及其附近材料的强度降低，所以要将许用应力乘以一个小于 1 的数值 ϕ，即将钢板材料的许用应力打一个折扣，来弥补在焊接时可能出现的强度削弱，ϕ 称为焊缝系数。引入焊缝系数后的强度条件为

$$\frac{pD}{2\delta}\leqslant[\sigma]^t\phi$$

由于用内径 D_i 较中径 D 更为方便，可将中径 $D=D_i+\delta$ 代入上式，得

$$\frac{p(D_i+\delta)}{2\delta}\leqslant[\sigma]^t\phi$$

解出式中的 δ，即得内压圆筒形薄壁容器筒体的壁厚：

$$\delta = \frac{pD_i}{2[\sigma]^t\phi - p} \tag{6-3}$$

式中，δ 为圆筒的计算厚度，单位为 mm；p 为圆筒的设计压力，单位为 MPa；D_i 为圆筒的内直径，单位为 mm；$[\sigma]^t$ 为圆筒材料在设计温度下的许用应力，单位为 MPa；ϕ 为圆筒的焊缝系数。

（二）压力容器的厚度

在压力容器的设计和校核过程中，常常会遇到计算厚度、设计厚度、名义厚度、有效厚度、最小厚度等一系列有关厚度的概念，下面分别予以讨论。

1. 计算厚度 δ　计算厚度是指按强度公式计算得到的厚度。如按式(6-3)计算得到的厚度即为计算厚度。

2. 设计厚度 δ_d　计算厚度 δ 与腐蚀裕量 C_2 之和即为设计厚度，即 $\delta = \delta + C_2$。

3. 名义厚度 δ_n　名义厚度是指设计厚度 δ 加上钢板厚度负偏差 C_1 后，向上圆整至钢板标准规格的厚度。常用钢板的名义厚度(mm)为：3、4、5、6、8、10、12、14、16、18、20、22、25、28、30 等。名义厚度应标注在设计图样上。

4. 有效厚度 δ_e　名义厚度 δ_n 减去钢材厚度负偏差 C_1 和腐蚀裕量 C_2 后，得到的厚度称为有效厚度，即 $\delta_e = \delta_n - (C_1 + C_2) = \delta_n - C$。式中 $C = C_1 + C_2$ 称为厚度附加量。在容器的安全校核时，应该用有效厚度校核。

5. 最小厚度 δ_{min}　工作压力很低的容器，按强度公式计算所得的壁厚很薄，在卷板、焊接、运输、吊装过程中易变形，导致容器不安全。所以对常压或低压容器应该首先考虑它的刚度够不够。在 GB150—1998 中对容器加工成形后满足刚度要求、不包括腐蚀裕量的最小厚度 δ_{min} 作了如下限制：对碳素钢、低合金钢制容器不小于 3mm，对高合金钢制容器不小于 2mm。

容器的名义厚度可按图 6-5 所示的方法确定。

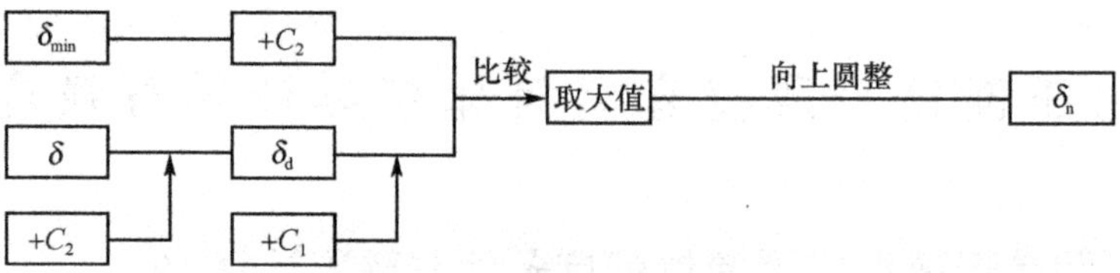

图 6-5　容器名义厚度的确定

（三）内压圆筒形薄壁容器筒体的强度校核

在工程实际中，经常需要对压力容器进行强度校核，如旧容器的重新启用，正在使用的容器改变操作条件等。由式(6-3)内压圆筒形薄壁容器筒体的强度校核公式：

$$[p_w] = \frac{2[\sigma]^t\phi\delta_e}{D_i + \delta_e} \tag{6-4}$$

式中，$[p_w]$ 为容器的最大允许工作压力，单位为 MPa。

三、常用设计参数

在内压薄壁圆筒的壁厚设计与强度校核公式中，直接或间接涉及设计压力、设计温度、许用应力、焊缝系数及厚度附加量等参数，现分别加以介绍。

(一) 设计压力 p

设计压力 p 是在相应的设计温度下用以确定容器壁厚的压力。容器设计压力通常标注在铭牌上，其值稍高于最大工作压力 p_w。最大工作压力是指容器顶部在工作过程中可能产生的最高表压。当使用安全阀时，设计压力不小于安全阀的开启压力，或取最大工作压力的1.05～1.10倍；使用爆破膜作安全装置时，根据爆破膜片的形式确定，一般取最大工作压力的1.15～1.40倍作为设计压力，具体的数值可按GB—1998确定。

当容器内盛有液体物料时，若液体物料的静压力不超过最大工作压力的5%，液体静压力可忽略不计；否则，须在设计压力中计入液体静压力。

(二) 设计温度 t

设计温度的取值在设计公式中没有直接反映，但它与容器材料的选择和许用应力的确定直接有关，它与设计压力一起作为设计的前提条件。

设计温度指容器正常工作过程中，在相应设计条件下金属器壁可能达到的最高或最低（指 -20℃以下）温度。为了方便，对于不被加热或冷却的器壁，规定取介质的最高或最低温度作为设计温度。对于用蒸汽、热水或其他载热体加热或冷却的壁，取加热介质（或冷却介质）的最高温度或最低温度作为设计温度。在工作过程中，当容器不同部位可能出现不同温度时，按预期的不同温度作为各相应部分的设计温度。

(三) 许用应力

根据材料各项强度指标分别除以相应的安全系数，取其中最小值，即为许用应力。在GB150—1998中，给出了常用钢板的许用应力，可直接查取。表6-9为部分钢板的许用应力。

表6-9 钢板许用应力

钢号	厚度/mm	常温强度指标		在下列温度（℃）下的许用应力/MPa															
		σ_b/MPa	σ_s/MPa	≤20	100	150	200	250	300	350	400	425	450	475	500	525	550	575	600
Q235-A·F	3～4	375	235	113	113	113	105	94	—	—	—	—	—	—	—	—	—	—	—
	4.5～16	375	235	113	113	113	105	94	—	—	—	—	—	—	—	—	—	—	—
Q235-A	3～4	375	235	113	113	113	105	94	86	77	—	—	—	—	—	—	—	—	—
	4.5～16	375	235	113	113	113	105	94	86	77	—	—	—	—	—	—	—	—	—
	>16～40	375	225	113	113	107	99	91	83	75	—	—	—	—	—	—	—	—	—
20R	6～16	400	245	133	133	132	123	110	101	92	86	83	61	41	—	—	—	—	—
	>16～36	400	235	133	132	126	116	104	95	86	79	78	61	41	—	—	—	—	—
	>36～60	400	225	133	126	119	110	101	92	83	77	75	61	41	—	—	—	—	—
	>60～100	390	205	128	115	110	103	92	84	77	71	68	61	41	—	—	—	—	—

续表

钢号	厚度/mm	常温强度指标		在下列温度(℃)下的许用应力/MPa															
		σ_b/MPa	σ_s/MPa	≤20	100	150	200	250	300	350	400	425	450	475	500	525	550	575	600
16MnR	6~16	510	345	170	170	170	170	156	144	134	125	93	66	43	—	—	—	—	—
	>16~36	490	325	163	163	163	159	147	134	125	119	93	66	43	—	—	—	—	—
	>36~60	170	305	157	157	157	150	138	125	116	109	93	66	43	—	—	—	—	—
	>60~100	460	285	153	153	150	141	128	116	109	103	93	66	43	—	—	—	—	—
	>100~120	450	275	150	150	147	138	125	113	106	100	93	66	43	—	—	—	—	—
0Cr18Ni10Ti	2~60			137	137	137	130	122	114	111	108	106	105	104	103	101	83	58	44

(四) 焊缝系数 ϕ

焊缝是容器和受压元件中比较薄弱的环节，虽然在确定焊接材料时，往往使焊缝金属的强度等于甚至超过母材金属的强度，但由于施焊过程中焊接热的影响，而造成焊接应力、焊缝金属晶粒度粗大以及气孔、未焊透等缺陷，降低了焊缝及附近区域的强度。因此，焊缝系数是考虑到焊接对强度的削弱，而用以降低设计许用应力的一种系数。

焊缝系数 ϕ 的大小由焊接接头的形式及无损检测的长度比例确定，可按表 6-10 选取。

表 6-10　焊缝系数 ϕ

焊缝结构	焊缝系数	
	100% 无损检测	局部无损检测
双面焊对接接头，相当于双面焊的全焊透对接接头	1.0	0.85
单面焊对接接头(沿焊缝根部全长有紧贴基本金属的垫板)	0.9	0.8

注：双面焊对接接头的焊缝质量最好，因而焊缝系数 ϕ 较高；单面焊对接接头不易焊透，ϕ 值稍低。压力容器的焊缝一般都要作无损探伤(X 射线透视或超声波探伤)以检查其质量。按检验标准做无损探伤的焊缝可以保证质量，因而 ϕ 值可以相应提高；而且无损探伤的区域越大，ϕ 值越高。

(五) 厚度附加量

钢板或钢管在轧制成压力容器的过程中，其厚度可能出现正偏差或负偏差。当出现负偏差时，其实际厚度将略小于名义厚度，这将影响其强度；同时，压力容器在使用时会受到介质的腐蚀及机械磨损而使壁厚减薄。考虑这两方面情况，在设计容器时预先给壁厚一个增量，这就是厚度附加量。厚度附加量 C 包括钢板或钢管的厚度负偏差 C_1 和腐蚀裕量 C_2，即 $C=C_1+C_2$。钢板的厚度负偏差按表 6-11 选取。

表 6-11　钢板的厚度负偏差 C_1/mm

名义厚度 δ_n	2	2.2	2.5	2.8~3.0	3.2~3.5	3.8~4.0	4.5~5.5	6~7	8~25	26~30	32~34	36~40	42~50	52~60
厚度负偏差 C_1	0.18	0.19	0.20	0.22	0.25	0.30	0.5	0.6	0.8	0.9	1.0	1.1	1.2	1.3

腐蚀裕量 C_2 根据介质的腐蚀性及容器的设计寿命确定，可参考表 6-12 选取。

表 6-12 腐蚀裕量 C_2 /mm

容器类别	碳素钢低合金钢	铬钼钢	不锈钢	备注
容器及反应器壳体	3	2	0	
容器壳体	1.5	1	0	
换热器壳体	1.5	1	0	
热衬里容器壳体	1.5	1	0	
不可拆内件	3	1	0	包括双面
可拆内件	2	1	0	包括双面
裙座	1	1	0	包括双面

四、容器压力试验

容器制成或检修后，必须进行压力试验。通过压力试验，验证容器在超工作压力的条件下，焊缝的强度、致密性和容器密封结构的可靠性等，是对设计、制造或检修的综合性检查，可以及时发现制造或检修过程中的缺陷，并及时排除，确保容器的安全运行。因此，压力试验是保证设备安全运行的重要措施，应认真执行。

压力试验包括液压试验和气压试验两种。

（一）液压试验

供液压试验用的液体一般为洁净的水，故液压试验又称为水压试验。

图 6-6 所示为水压试验示意图。试验时，将先排气阀打开，灌水将气排尽，关闭排气阀。然后，开动试压泵使水压缓慢上升，达到规定的试验压力后，关闭直通阀保持压力半小时，在此期间，容器上的压力表读数应该保持不变。然后降至设计压力并保持足够长的时间，对所有焊缝和连接部位进行检查。在试验过程中，应保持容器表面的干燥，如发现焊缝有水滴出现，表明焊缝有泄漏（压力表读数下降），应作标记，卸压后修补，修好后重新试验，直至合格为止。

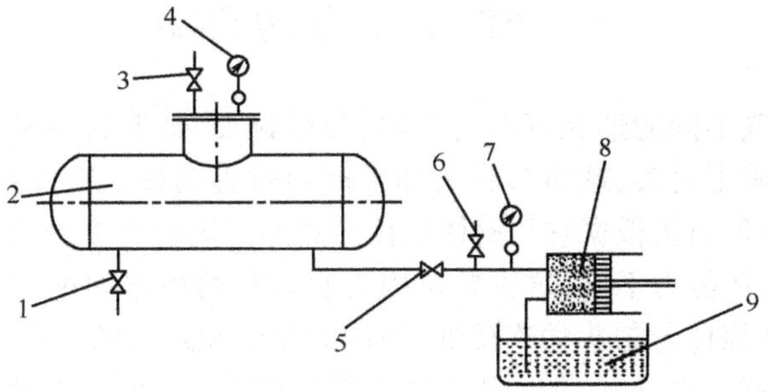

图 6-6 水压试验示意图

1. 排水阀；2. 被测容器；3. 排气阀；4. 压力表；5. 直通阀；6. 安全阀；7. 压力表；8. 试压泵；9. 水槽

某药厂从南方购进一台乳化机，安装时发现只有设备生产合格证，没有压力容器检验合格证。经与供方协调，确实没有压力容器检验合格证，供方委托药厂负责检验，如果检验出现问题，供方负全责。因此，药厂委托当地压力容器检验部门对该台乳化机进行检验。当时就是采用液压试验（图 6-6 水压试验示意图）的方法，当压力表显示 0.3MPa 压力时，试验人员发现容器内表面出现直径约 2cm 的鼓包，随压力增加鼓包加大。停止试验并得出结论，该压力容器不合格。

提示：乳化机属于热压容器，必须经过检验取得压力容器检验合格证方可使用。按行业标准规定，乳化机通常能承受 0.6MPa 压力。

案例6-1

（二）气压试验

一般情况下，容器的试压都应首先考虑液压试验，只有不宜液压试验的容器才进行气压试验。因为液体可压缩性极小，即使容器爆破，也不会伤人，所以液压试验比较安全。而气体的可压缩性很大，容易形成爆炸伤人。因此气压试验比较危险，试验时必须有可靠的安全措施，该措施需经试验单位技术总负责人批准，并经本单位安全部门现场检查监督。试验时若发现有不正常情况，应立即停止试验，待查明原因并采取相应措施后，方能继续进行试验。

气压试验所用的气体应为干燥洁净的空气、氮气或其他惰性气体。

由于气压试验比较危险，所以气压试验应按以下方法进行：试验时压力应缓慢上升，当升压至规定试验压力的 10%，且不超过 0.05MPa 时，保持压力 5 分钟，对容器的全部焊缝和密封装置进行初步检查，合格后再继续升压到试验压力的 50%。其后按每级为试验压力 10% 的级差，逐级升到试验压力，保持压力 10 分钟。最后将压力降至设计压力，至少保持半小时，进行全面检查，无泄漏为合格。若有泄漏，返修后重新试压。

第 3 节　内压容器封头

一、常用封头的形式

封头也叫端盖，按其不同的形状可分为三类：凸形封头、锥形封头和平板形封头，其中凸形封头包括椭圆形封头、碟形封头、球冠形封头和半球形封头四种。锥形封头分为无折边封头与带折边封头两种。平板形封头根据它与筒体连接方式的不同也有多种结构（图 6-7）。

不同形状的封头承压能力不同，这主要是因为它们与筒体之间的连接方式不同，导致边缘应力大小不同所致。在筒体与封头的连接处，筒体的变形和封头的变形不相协调，互相约束，自由变形受到限制，这样就会在连接处出现局部的附加应力，这种局部附加应力称为边缘应力。边缘应力的大小随封头形状不同而异，从承压能力的角度来看，半球形、椭圆形最好，碟形、带折边的锥形次之，而球冠形、不带折边的锥形和平板形较差。

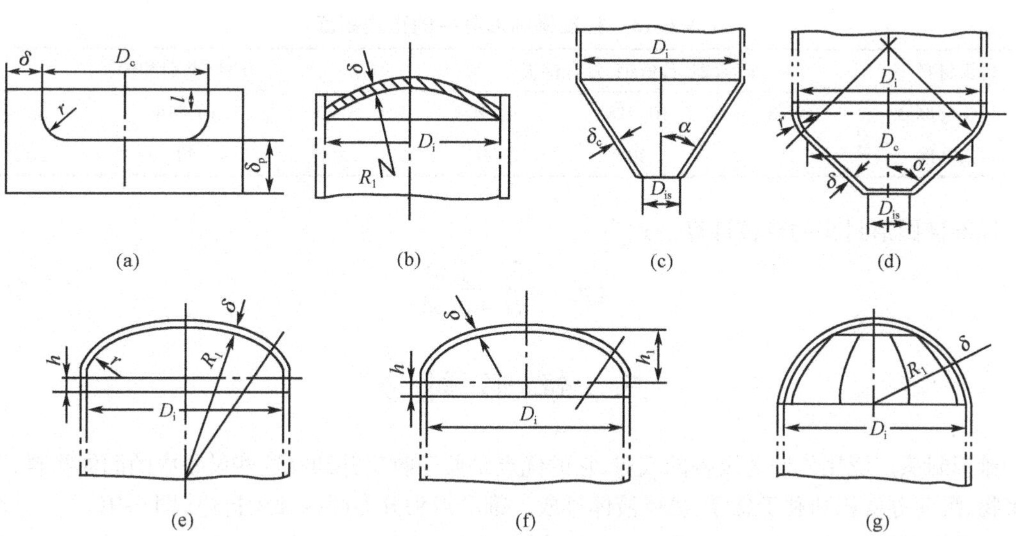

(a) (b) (c) (d) (e) (f) (g)

图6-7 常用封头的形式

(a)平板形封头;(b)球冠形封头;(c)无折边锥形封头;(d)有折边锥形封头;(e)碟形封头;(f)椭圆形封头;(g)半球形封头

由于边缘应力的影响范围都很小,只存在于连接边缘附近的局部区域,离开连接边缘稍远一些,边缘应力迅速衰减,并趋于零。在工程设计中,一般只在结构上做局部处理,如改善连接边缘的结构,对边缘局部区域进行加强,提高边缘区域焊接接头的质量及尽量避免在边缘区域开孔等。

二、标准椭圆形封头的选用与校核

椭圆形封头因边缘应力小,承压能力强,在制药生产中获得了广泛应用。现以标准椭圆形封头为例,说明压力容器封头选用和校核的方法(图6-8)。

椭圆形封头由两部分组成:半椭球和高度为 h 的直边。直边部分使椭球壳和圆筒的连接边缘与封头和圆筒焊接连接的接头错开,避免了边缘应力作用,改善了封头与圆筒连接处的受力状况。直边高度 h 的大小按封头的直径和厚度不同,有25mm、40mm、50mm三种。

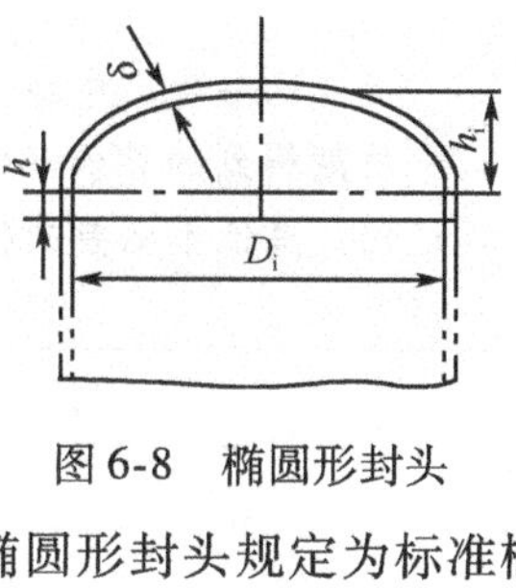

图6-8 椭圆形封头

椭圆形封头的形状随比值 $D_i/2h_i$ 的变化而变化。理论分析证明,当 $D_i/2h_i=2$ 时,椭圆形封头的应力分布较好,且封头的壁厚与相连接的筒体壁厚大致相等,便于焊接,经济合理。所以我国将这种椭圆形封头规定为标准椭圆形封头。

标准椭圆形封头的壁厚计算公式为

$$\delta=\frac{pD_i}{2[\sigma]^t\phi-0.5p} \tag{6-5}$$

标准椭圆形封头的直边高度由表6-13确定。

表 6-13 标准椭圆形封头的直边高度

封头材料	碳素钢、普低钢、复合钢板			不锈钢、耐酸钢		
封头壁厚	4～8	10～18	≥20	3～9	10～18	≥20
直边高度	25	40	50	25	40	50

标准椭圆形封头的校核计算公式为

$$[p_w] = \frac{2[\sigma]^t \phi \delta_e}{D_i + 0.5\delta_e} \tag{6-6}$$

三、锥形封头

锥形封头广泛用作制药设备的底盖，它的优点是便于收集并卸除这些设备中的固体物料，避免凝聚物、沉淀等堆积和利于悬浮、黏稠液体排放。锥形封头分为两端都无折边[图 6-9(a)]、大端有折边而小端无折边[图 6-9(b)]、两端都有折边[图 6-9(c)]三种形式。折边锥形封头的受力状况优于无折边锥形封头，但制造困难。

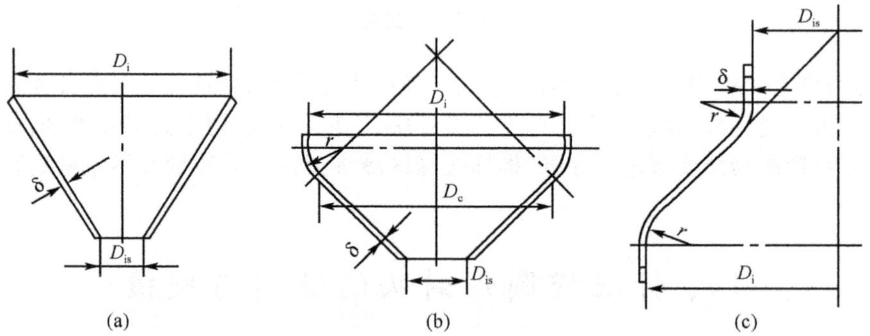

图 6-9 锥形封头

药品生产中经常使用的外循环真空浓缩器主罐的底盖就是采用锥形封头，浓缩到后期得到的黏稠液体从主罐锥形底部排放，减少黏稠液体挂壁，有利于黏稠液体放出，降低不必要的损耗。

链接

四、碟形封头

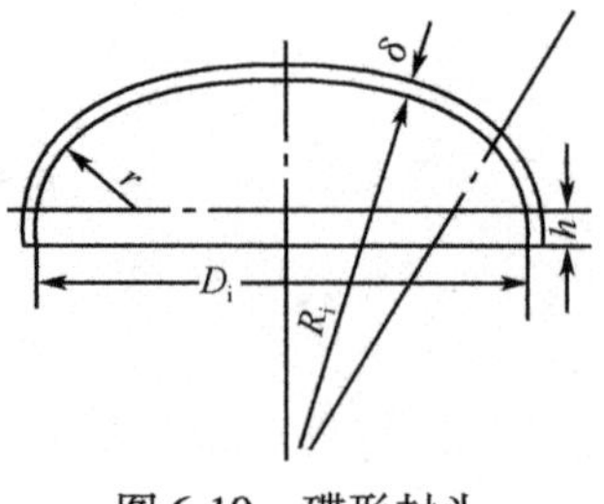

图 6-10 碟形封头

碟形封头由三部分组成：以 R_i 为半径的部分球面、以 r 为半径的过渡圆弧（即折边）和高度为 h 的直边（图 6-10）。球面区半径 R_i 越大，过渡圆弧的半径 r 越小，即 R_i/r 越大，则碟形封头的深度将越浅，制造就越方便，但是边缘应力也越大。$R_i = 0.9D_i$、$r = 0.17D_i$ 的碟形封头称为标准碟形封头，这时球面部分的壁厚与圆筒相近，封头深度也不大，便于制造。

五、半球形封头

半球形封头受力好，所以多用于高压容器上。但因其深度大，当直径较小时采用整体冲压比较困难，因此中小直径的容器很少采用半球形封头。对于大直径的半球形封头，通常将数块钢板先在水压机上用模具压制成型后再进行拼焊，如图 6-11 所示。

六、平板形封头

平板形封头是各种封头中结构最简单，制造最容易的一种，如图 6-12 所示。但由于承载能力较差，在相同情况下，平板形封头比各种凸形封头和锥形封头的厚度要大得多。通常情况下，平板形封头用于低压容器。

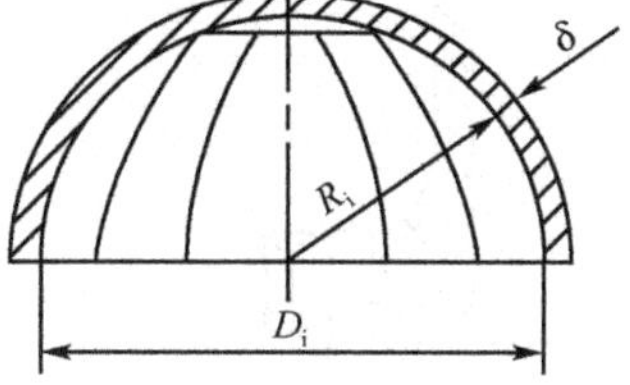

图 6-11 半球形封头

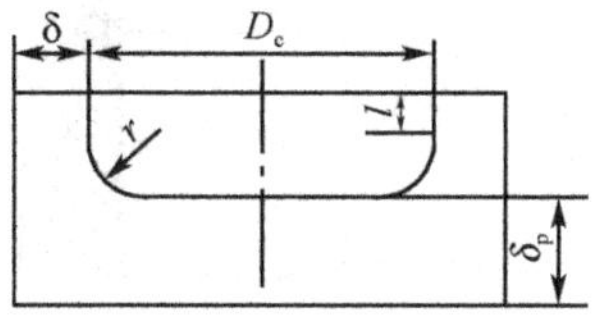

图 6-12 平板形封头

第4节 容器附件

压力容器上的法兰、支座、人孔（或手孔）、安全阀、视镜、液面计和各种用途的接管等，统称为容器附件。容器附件对压力容器的正常、安全运行起着非常重要的作用。

一、法兰连接

（一）法兰连接的结构和类型

法兰连接是组合件，由法兰、垫片、螺栓和螺母所组成（图 6-13）。法兰连接为可拆连接，在制药厂中应用普遍，主要用于设备接管与管道或附件、管道与管道之间，以及设备的筒体与封头、筒体与筒体之间的连接。

按照整体性程度，法兰可分为整体法兰、松式法兰和任意式法兰。

1. 整体法兰　法兰盘、法兰颈部及容器或接管三者能有效地连接成一整体结构的法兰称为整体法兰，整体法兰有平焊法兰、对焊法兰和长颈法兰三种结构形式。图 6-14 所示为平焊法兰，其适用的压力范围较低。

图 6-15（a）所示的整体法兰用对接焊缝与壳体连接，故又称为对焊法兰。铸钢或铸铁的管道，法兰与管道铸成一体，如图 6-15（b）所示。整体法兰的颈部为截面逐渐收缩的过渡段，称为长颈，长颈的存在提高了法兰的强度。通常情况下，整体法兰可用于压力和温度较高及设备直径较大的场合。

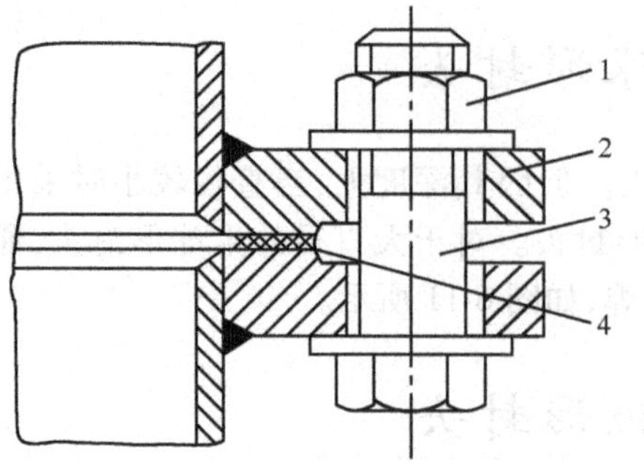

图 6-13　法兰连接的组成

1. 螺母;2. 法兰;3. 螺栓;4. 垫片

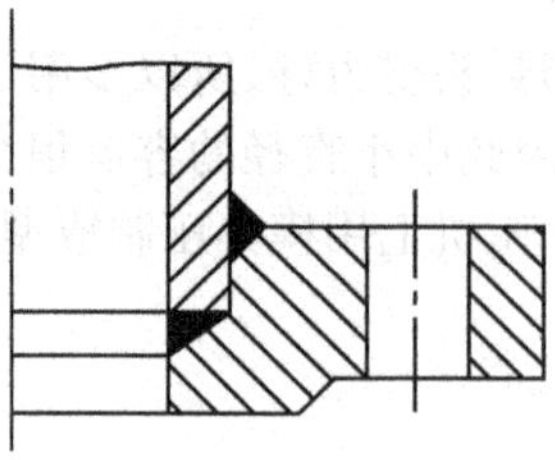

图 6-14　平焊法兰

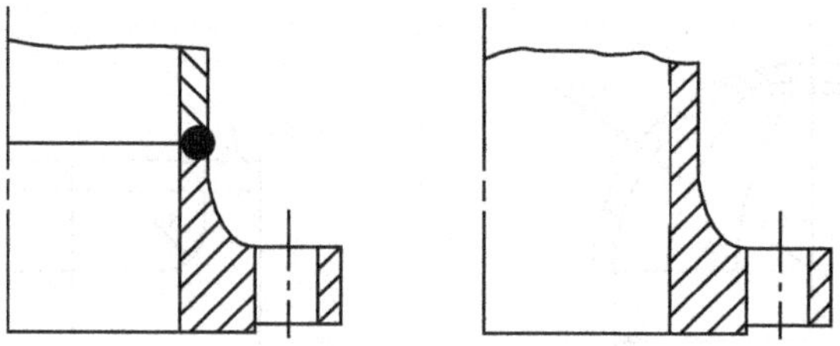

(a)　(b)

图 6-15　整体法兰

2. 松式法兰　松式法兰的法兰和容器或接管不直接连成一体,而是把法兰松套在壳体的外面,如图 6-16 所示。由于不需焊接,法兰可以采用与设备或管道不同的材料制造,如贵重的有色金属制造的设备,松式法兰则可用较为廉价的碳钢制造,以节约贵重材料。因此,松式法兰适用于由铜、铝、陶瓷、石墨及其他非金属材料制成的设备或管道上,一般在压力较低的情况下使用。

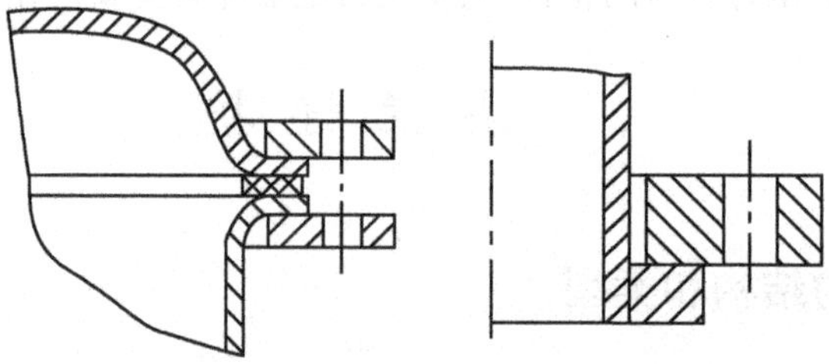

(a)　(b)

图 6-16　松式法兰

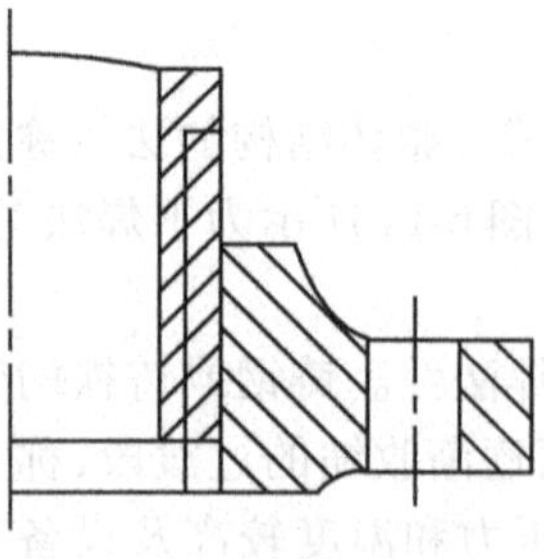

图 6-17　任意式法兰

3. 任意式法兰　任意式法兰的整体性介于整体法兰和松式法兰之间。螺纹法兰属任意式法兰,图 6-17 所示为螺纹法兰的结构。螺纹法兰与管壁通过螺纹进行连接,二者之间既有一定连接,又不完全形成一个整体,整体性接近于松式法兰,多用于高压管道上。

法兰的外轮廓形状有圆形、方形和椭圆形(图 6-18)。设备法兰一般为圆形,方形法兰有利于把管子排列紧凑,椭圆形法兰通常用于阀门和小直径的高压管路上。

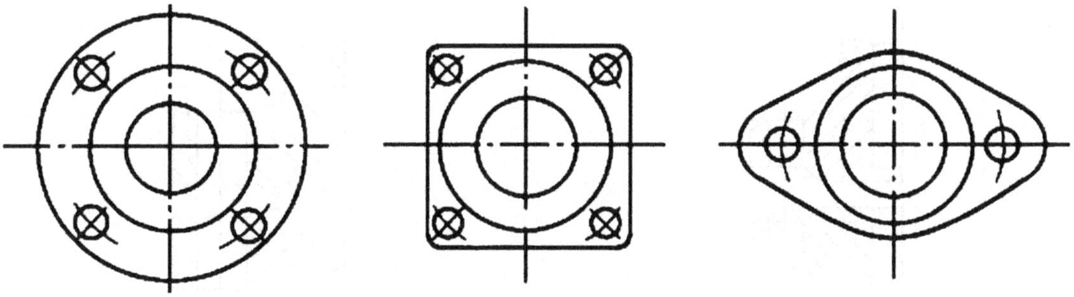

图6-18 法兰的外轮廓形状

(二)法兰连接的密封

在制药厂中,有些物料是易燃易爆的,一旦泄漏将造成重大事故。因此,法兰连接的密封性能十分重要。密封面结构垫片是影响法兰密封性能的重要因素。

1. 法兰的密封面结构 常用的法兰密封面结构有平面、凹凸面、榫槽面和梯形槽等多种形式。其中平面、凹凸面和榫槽面多应用于中低压设备及管路上,梯形槽和锥面式多应用于高压设备及管路上。

平面形密封面图[图6-19(a)]为光滑的平面,有时在平面上车出数条沟槽[图6-19(b)]以提高密封性能。这种密封面结构简单,加工方便。但螺栓拧紧后,垫片容易往两边挤,不易压紧,密封性能较差,只能用于压力不高、介质无毒的场合。

凹凸形密封面(图6-20)是由凸面和凹面所组成,在凹面上放置垫片。压紧时,垫片不会向外侧挤出来,同时也便于两个法兰对中。其密封性能比平面形密封面好,可用于易燃、易爆、有毒介质及压力稍高的场合。

榫槽形密封面(图6-21)由榫和槽所组成,垫片置于槽中,不会被挤出。垫片也可以较窄,因此压紧垫片所需的螺栓力也就相应较小。即使用于压力较高之处,螺栓尺寸也不致过大。这种密封面的缺点是制造、维修比较复杂,凸出的密封面容易碰坏,因此在装拆时要特别注意。这种密封面适用于剧毒的介质和压力较高的场合。

梯形槽(图6-22)密封面常配有椭圆形、八角形、透镜形截面的软金属环垫,密封面与垫片的接触宽度极小,不需要很大的螺栓拧紧力就能得到很好的密封,常用于温度、压力有波动的介质或高压容器及管路上。

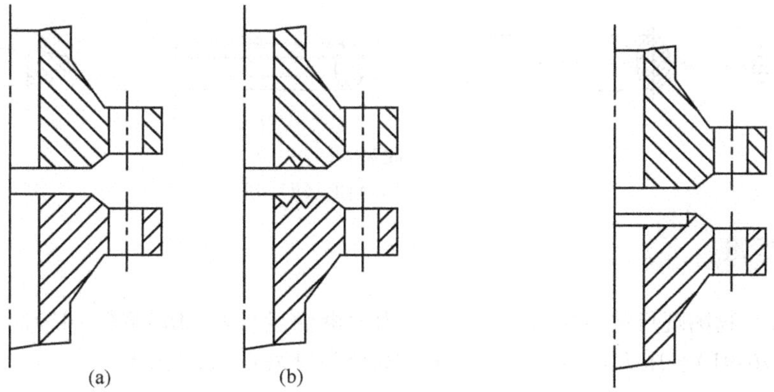

图6-19 平面形密封面

图6-20 凹凸形密封面

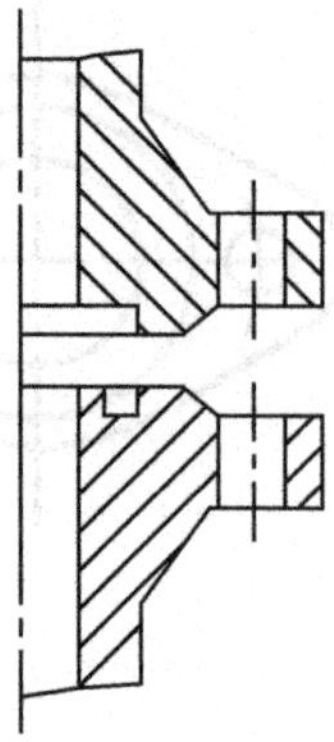

图 6-21 榫槽形密封面

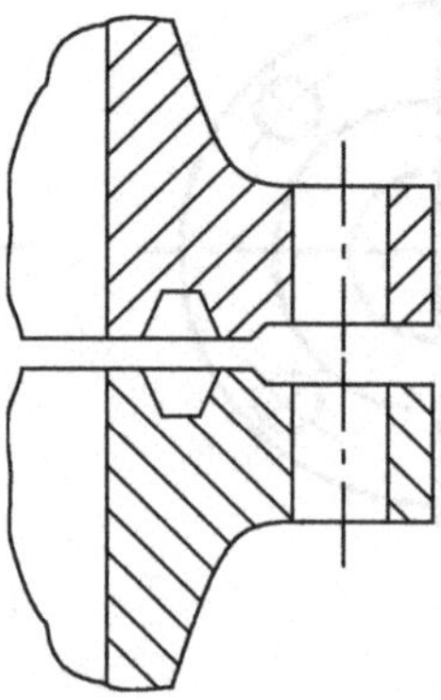

图 6-22 梯形槽密封面

2. 垫片 用于法兰密封的垫片有三种类型：非金属垫片、非金属与金属的组合垫片及金属垫片。

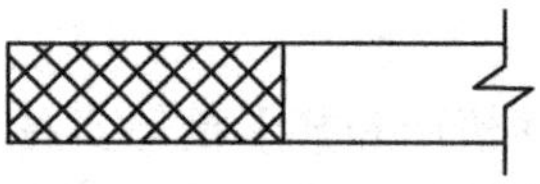

图 6-23 非金属垫片

在中低压设备和管道法兰上常用橡胶、石棉、石棉橡胶、聚四氟乙烯及聚乙烯等非金属垫片，它们的耐蚀性和柔软性较好，但强度和耐温性能较差。非金属垫片如图 6-23 所示。

非金属与金属的组合垫片有金属包垫和缠绕式垫片等，非金属与金属的组合可以提高垫片的强度和耐热性。在石棉或其他非金属材料外包以金属薄片可制成金属包垫片[图 6-24(a)]；用薄钢带与石棉带(或聚四氟乙烯带或柔性石墨带)一起绕可制成缠绕式垫片[图 6-24(b)]。非金属与金属的组合垫片具有多道密封作用，且回弹性好，适用于较高的温度和压力范围，并能在压力、温度波动条件下保持良好的密封，因而被广泛采用；图 6-24(c)也是缠绕式垫片，但是垫片外有个定位圈，便于安放到法兰密封面上。

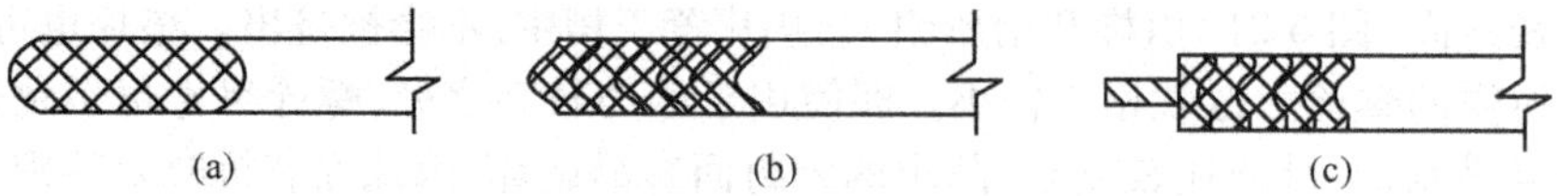

图 6-24 非金属与金属的组合垫片

(a)金属包垫片；(b)不带定位圈缠绕垫片；(c)带定位圈缠绕垫片

在高压设备和管道的法兰上，常用金属垫片，材料有软铝、铜、软钢和不锈钢等。金属垫片截面形状多为圆形、椭圆形、八角形以及其他特殊形状(图 6-25)。

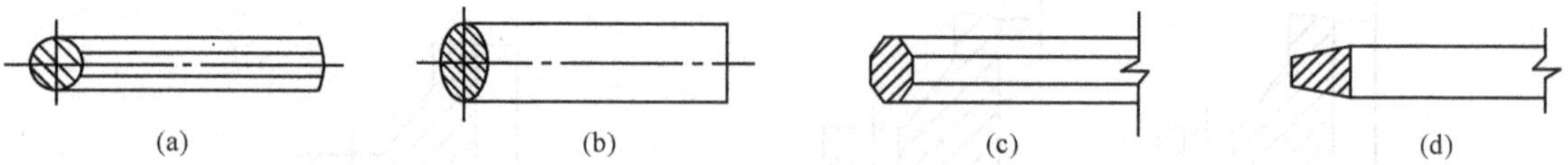

图 6-25 金属垫片

(a)圆形；(b)椭圆形；(c)八角形；(d)梯形

(三)法兰标准

法兰已标准化，我国现行法兰标准有两个：压力容器法兰标准(JB 4700～4707-92)和管法兰标准(HGJ 44～76-91)。压力容器法兰和管法兰的分类见表 6-14、表 6-15。

表 6-14 标准压力容器法兰分类

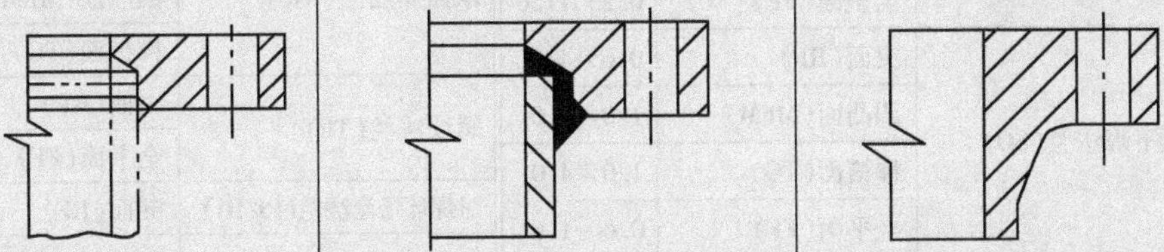

类型	平焊法兰										对焊法兰					
	甲型				乙型						长颈					
标准号	JB4701				JB4702						JB4703					
简图	见上图															
公称压力 *PN*/MPa 公称直径 *DN*/mm	0.25	0.60	1.00	1.60	0.25	0.60	1.00	1.60	2.50	4.00	0.60	1.00	1.60	2.50	4.00	6.40
300	按 *PN*1.00															
(350)																
400																
(450)								—								
500																
(550)							—									
600						—					—					
(650)																
700																
800																
900					—											
1 000																
(1 100)																
1 200																
(1 300)				—												
1 400																
(1 500)			—													—
1 600		—								—						
(1 700)									—							
1 800																
(1 900)															—	
2 000																
2 200					按 *PN*0.60											
2 400																
2 600		—														
2 800																
3 000																

表 6-15 标准管法兰的分类

法兰类型	密封面形式	压力等级 PN/MPa
板式密封面(PL)	突面(RF)	0.25~0.5
	全平面(FF)	0.25~1.6
带颈平焊法兰(SO)	突面(RF)	0.6~4.0
	凹凸面(MFM)	1.0~4.0
	榫槽面(TG)	1.0~4.0
	全平面(FF)	0.6~1.6
带颈对焊法兰(WN)	突面(RF)	1.0~25
	凹凸面(MFM)	1.0~16
	榫槽面(TG)	1.0~16
	环连接面(RJ)	6.3~25
	全平面(FF)	1.0~1.6
整体法兰(IF)	突面(RF)	0.6~25
	凹凸面(MFM)	1.0~16
	榫槽面(TG)	1.0~16
	环连接面(RJ)	6.3~25
	全平面(FF)	0.6~1.6
承插焊法兰(SW)	突面(RF)	1.0~10
	凹凸面(MFM)	1.0~10
	榫槽面(TG)	1.0~10
螺纹法兰(Th)	突面(RF)	0.6~4.0
	全平面(FF)	0.6~1.6
对焊环松套法兰(PJ/RJ)	突面(RF)	0.6~4.0
平焊环松套法兰(PJ/RJ)	突面(RF)	0.6~4.0
	凹凸面(MFM)	1.0~1.6
	榫槽面(TG)	1.0~1.6
法兰盖(BL)	突面(RF)	0.25~25
	凹凸面(MFM)	1.0~16
	榫槽面(TG)	1.0~16
	环连接面(RJ)	6.3~25
	全平面(FF)	0.25~1.6
衬里法兰盖[BL(S)]	突面(RF)	0.6~4.0
	凹凸面(MFM)	1.0~4.0
	榫槽面(TG)	1.0~4.0

二、容器支座

容器支座起支承、固定设备的作用。容器支座有两类:卧式容器支座和立式容器支座。

(一)卧式容器支座

卧式容器的支座有三种:鞍座、圈座和支承式支座(图 6-26)。对于因容器自重而可能造成变形的大直径薄壁容器可采用圈座,而支承式支座只用于小型卧式容器。在制药厂中,应用最多的是鞍座,下面对鞍座加以介绍。

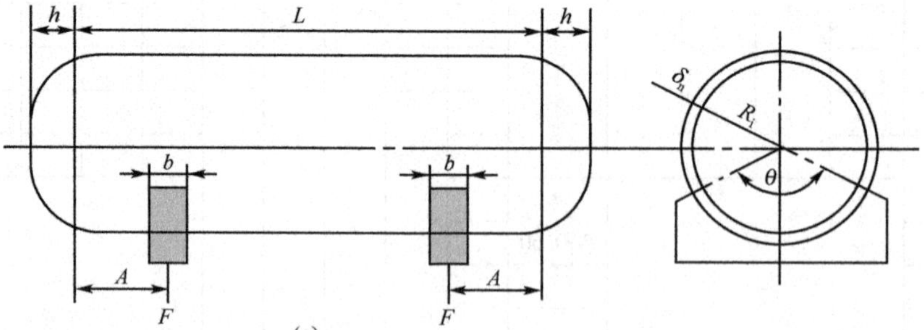

(a)

图 6-26 卧式支座

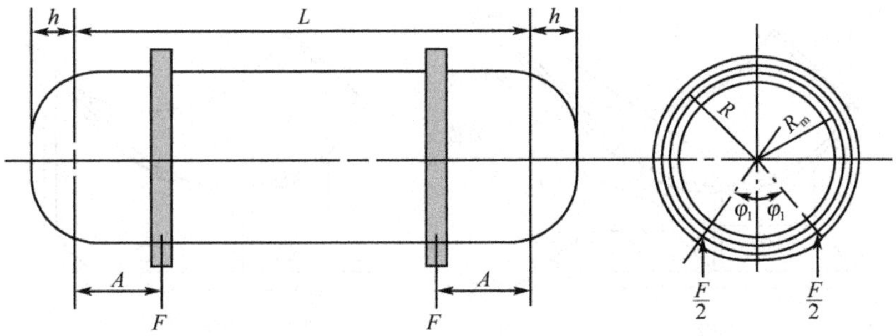

(b)

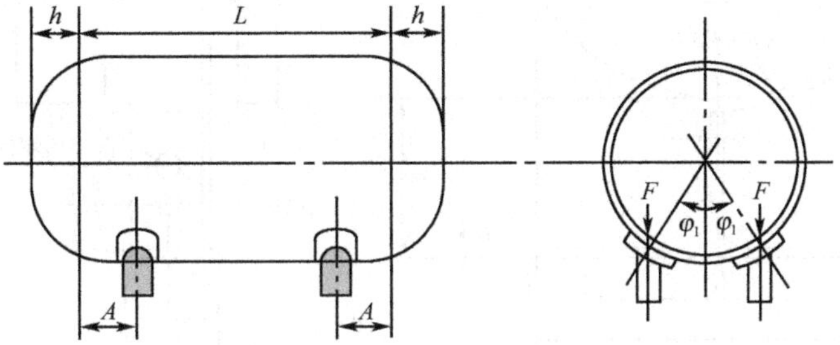

(c)

图6-26　卧式支座(续)

(a)鞍座;(b)圈座;(c)支承式支座

1. 鞍座的类型与结构　鞍座有焊制和弯制两种,见图6-27(a)、(b)。焊制鞍座是由垫板、腹板、筋板和底板构成。弯制鞍座与焊制鞍座的区别是其腹板与底板是由同一块钢板弯制而成。当容器公称直径 $Dg<900$mm 时可用弯制鞍座,也可用焊制鞍座;$Dg>900$mm 的则采用焊制鞍座。

鞍座有固定式(代号为F)和滑动式(代号为S)两种[图6-27(c)、(d)]。固定式鞍座底板上的螺栓孔是圆形的,是固定不动的;滑动式鞍座底板上的螺栓孔是长圆形,长度方向与筒体轴线方向一致,在温度变化时,滑动式鞍座能沿轴线方向自由伸缩。

同一公称直径的鞍座按其允许承受的最大载荷有轻型(A型)和重型(B型)之分,重型鞍座的垫板、筋板和底板的厚度都比轻型鞍座厚,有时筋板的数目也较多,因而承重能力较大。

2. 鞍座的数目及位置　一般情况下,每台卧式容器设置两个鞍座支承,应采用固定式和滑动式鞍座各一个。一台卧式容器的支座多于两个是不合适的。因为容器制造、安装误差和地基沉降的不均匀,会使各鞍座的水平高度发生微小差异,造成各支座的受力不均,这时会引起筒壁内的附加应力。

鞍座位置的合理设置,可以减小筒体内因自重产生的弯曲应力,并充分利用封头对筒体邻近部分的加强作用。图6-28中,支座位置应按下述原则确定:当筒体的 L/D_o 较大,且在鞍座所在平面内又无加强圈时,取 $A\leqslant0.25D_o$;当筒体的 L/D_o 较小,δ/D_o 较大,或在鞍座所在平面内有加强圈时,取 $A\leqslant0.2D_o$。

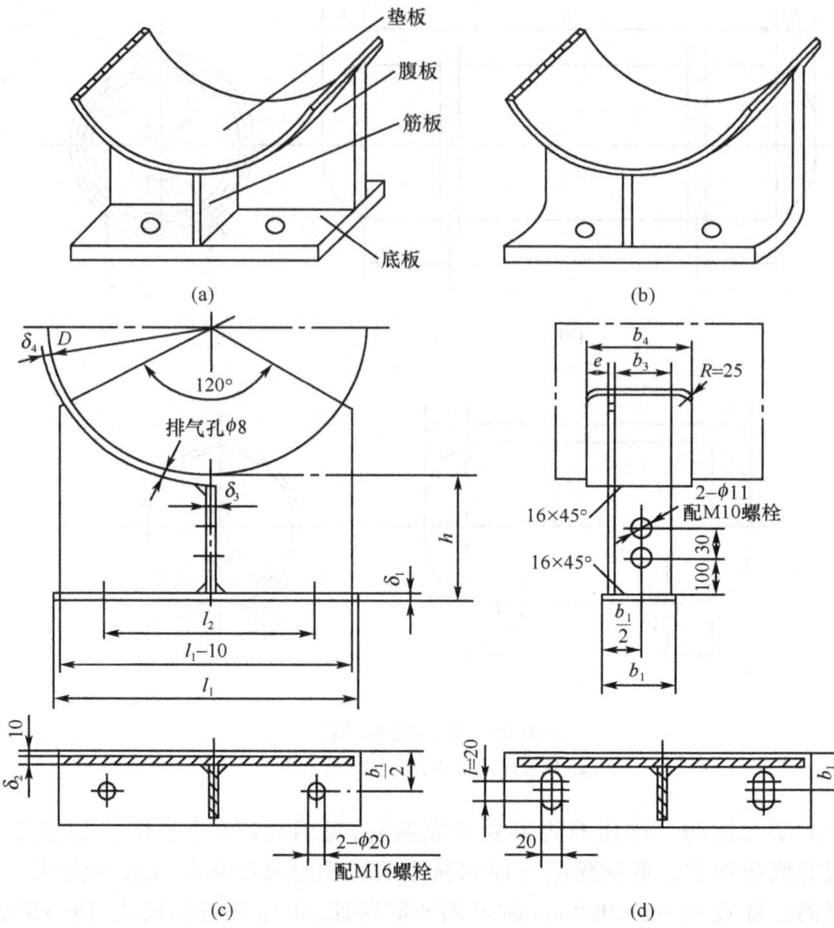

图 6-27 鞍座的类型

(a)焊制鞍座;(b)弯制鞍座;(c) F 型;(d)S 型

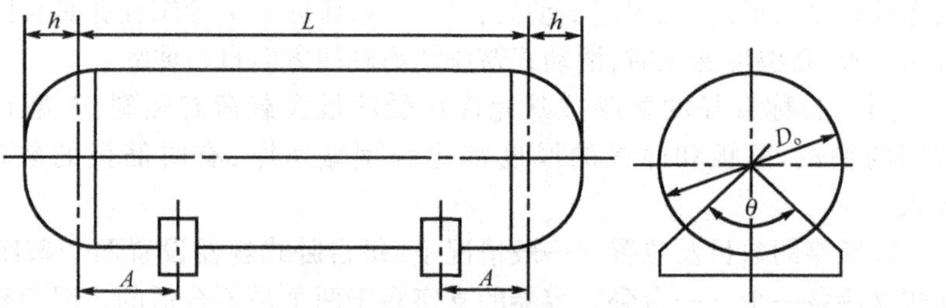

图 6-28 鞍座的位置

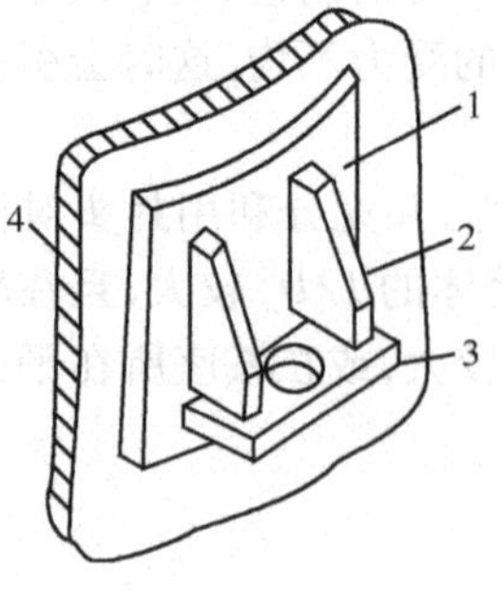

图 6-29 耳式支座

1. 垫板;2. 筋板;3. 底板;4. 容器器壁

(二) 立式容器支座

立式容器支座有耳式支座、腿式支座、支承式支座和裙式支座四种。中、小型设备常采用腿式支座、支承式支座、耳式支座,大型设备则广泛采用裙式支座。

1. 耳式支座 耳式支座是由垫板、筋板和底板组焊而成,并直接焊在容器外壁上(图 6-29),是中小型立式设备应用最广的一种支座。它的优点是简单、轻便,但对器壁会产生较大的局部应力。因此,当设备较小时,耳式支座可以不设置垫板,但应使容器有效厚度大于3mm;当设备较大或器壁较薄时,应在支座与器壁间加一垫板。对于不锈钢制设备,当用碳钢作支座时,为防止器壁与支座在焊接过程中可能造成的不锈钢中合金元素流失,也需在支座与器壁间加一个不锈钢垫板。

2. 腿式支座 腿式支座(图6-30)由盖板、垫板、支柱和底板四部分组成,有A型、AN型、B型、BN型四种。A型和AN型是角钢支柱;B型和BN型是钢管支柱。A型和B型带垫板;AN型和BN型不带垫板。腿式支座应安装在刚性基础上,当容器直径较小时用三个支腿,容器直径较大时用四个支腿。

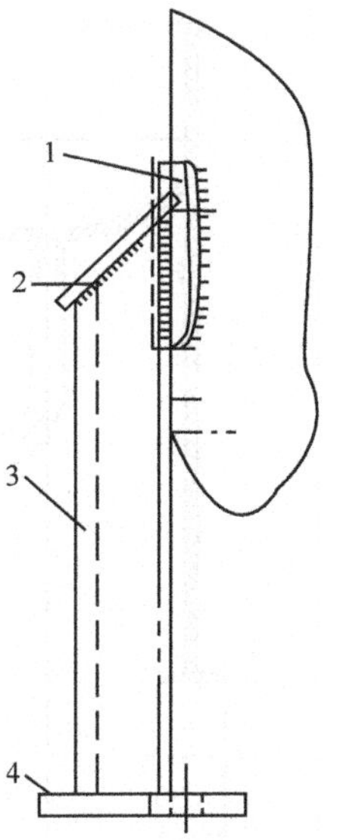

图6-30 腿式支座

1. 盖板;2. 垫板;3. 支柱;4. 底板

3. 支承式支座 支承式支座有A、B两种形式,A型支座如图6-31(a)所示,由垫板、筋板和底板组成,B型支座[图6-31(b)]用钢管取代了A型中的筋板。支承式支座直接焊在容器底部,与腿式支座相比其支承高度低,因而承载能力大。

支承式支座的优点是简单轻便,但它与耳式支座一样,对壳壁会产生较大的局部应力,因此当容器壳体的刚度较小、壳体与支座的材料差异或温度差异较大,或壳体需焊后热处理时,在支座和壳体之间应设置加强板。加强板的材料应与壳体材料相同或相似。

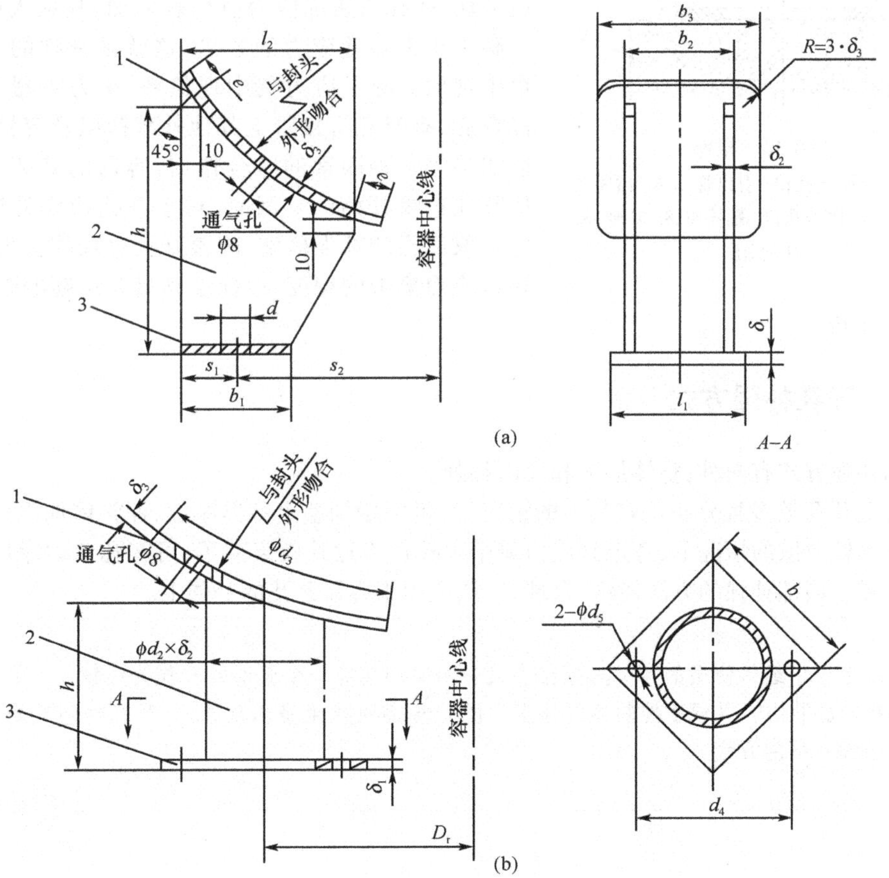

图6-31 支承式支座

1. 垫板;2. 筋板;3. 底板

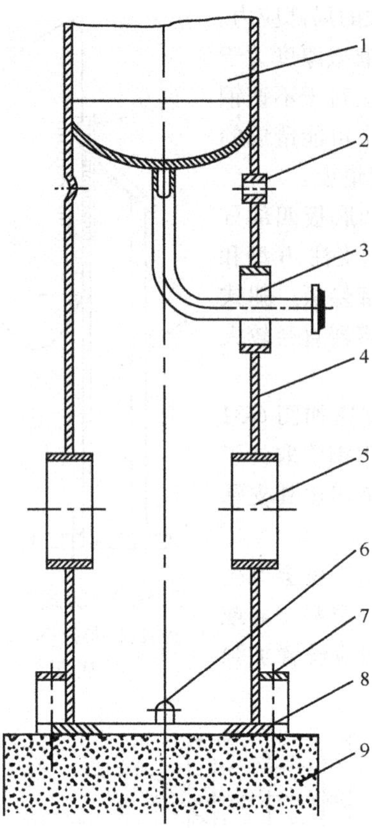

图 6-32 裙座

1. 塔体;2. 排气孔;3. 引出管孔;4. 裙座体;5. 人孔;6. 排液孔;7. 螺栓座;8. 基础环;9. 基础

4. 裙式支座　裙式支座简称裙座,是高大设备广泛采用的一种支座。裙座由裙座体、基础环、螺栓座等部分组成(图 6-32)。在裙座体上开有检修用的人孔、引出管孔、排气孔、排液孔等。螺栓座由盖板、筋板组成,盖板上开有圆孔,地脚螺栓从基础环上的螺栓孔及盖板上的圆孔中穿出,拧紧螺母即可固定设备。基础环是一块环形垫板,为了安装方便,基础环上的螺栓孔开成长圆缺口。

三、容器的开孔与补强结构

(一) 开孔补强的原因

压力容器的筒体和封头上,为了满足工艺、安装、维护的需要,经常要开设各种孔,例如手孔、人孔、物料的进出口接管孔、检测仪表的接管孔或检查孔等。压力容器开孔后,不仅器壁材料被削弱,同时由于结构连续性被破坏,在孔口边缘应力值显著增加,其最大应力值往往高出正常器壁应力的数倍,这就是常称的开孔应力集中现象。除了应力集中现象外,压力容器开孔焊上接管后,有时还有接管上其他外载荷以及容器材质、制造缺陷等各种因素的综合作用,容器的破坏往往就是从开孔边缘开始的。因此,对于开孔边缘的应力集中应采取适当的补强措施,改善开孔边缘的受力情况,减轻其应力集中的程度,以保证其具有足够的强度,确保容器安全运行。

(二) 开孔补强方式

开孔补强方式有两种:整体加强和局部补强。

容器上开孔较多且分布比较集中的情况下,可以增加整个容器厚度,即整体加强;容器上开孔不多且比较分散的情况下,考虑到应力集中离孔口不远处就衰减了,可在孔口边缘局部加强,即局部补强。局部补强的方法经济、合理,广泛应用于容器开孔的补强上。

> 药品生产中经常使用的真空蒸馏器在设备中央部位有一个圆形开孔作为视镜,用于观察物料沸腾状态,以便于控制蒸馏速度,防止蒸馏时发生暴沸现象。开孔补强就是采用补强圈补强的方式。
>
> **链接**

常用局部补强方式有补强圈补强、厚壁接管补强和整锻件补强。

1. 补强圈补强　补强圈补强是在筒体开口周围处焊上圆环形的补强圈,以增强开孔边缘处的强度。补强圈补强可以是单面补强图[图6-33(a)],也可以双面补强图[图6-33(b)]。考虑到焊接的方便,常用的是将补强圈放在壳体外边的单面补强。补强圈的材料一般与器壁的材料相同,其厚度一般也与器壁厚度相等。补强圈与被补强的器壁之间要很好地焊接,并检验焊缝的紧密性,使其与器壁能同时受力,否则起不到补强作用。

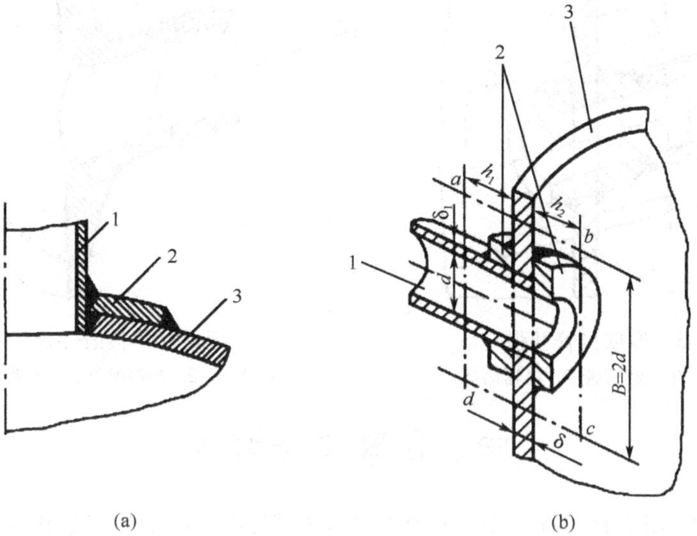

图6-33 补强圈补强

(a)单面补强;(b)双面补强

1. 接管;2. 补强圈 ;3. 容器筒体

为了检验焊缝的紧密性,补强圈上设有一个小螺纹孔(图6-34),从这里通入压缩空气,并在焊缝处涂抹肥皂水。如果焊缝有缺陷,就会在该处吹起肥皂泡,应重新焊接。

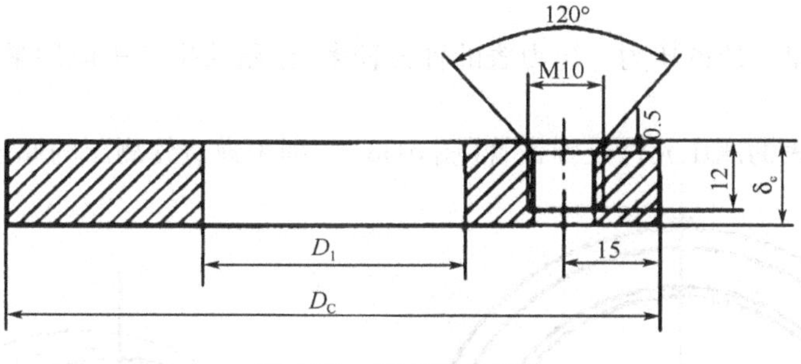

图6-34 补强圈的结构

补强圈结构简单,制造方便;但补强区域分散、补强圈与壳体间常存有间隙、传热效果差、容易引起温差应力。因此,补强圈结构适用于中、低压容器。

2. 厚壁接管补强 厚壁接管补强是在开孔处焊上一个特意加厚的短管(图6-35),用它加厚的部分作为补强材料。在这种结构中,补强用的金属全部处于有效补强范围内,因而能有效地降低开孔周围的应力集中,补强效果较好。对于现在广泛采用的低合金高强度结构钢,由于它对应力集中比低碳钢敏感,所以采用加强管补强更好。

3. 整锻件补强 整锻件补强是在开孔处焊上一个特制的锻件(图6-36)。锻件的壁厚变化缓和,且有圆角过渡;全部焊缝都是远离最大应力作用处,因而补强效果好。但锻件加工复杂,故只用在重要的设备上。

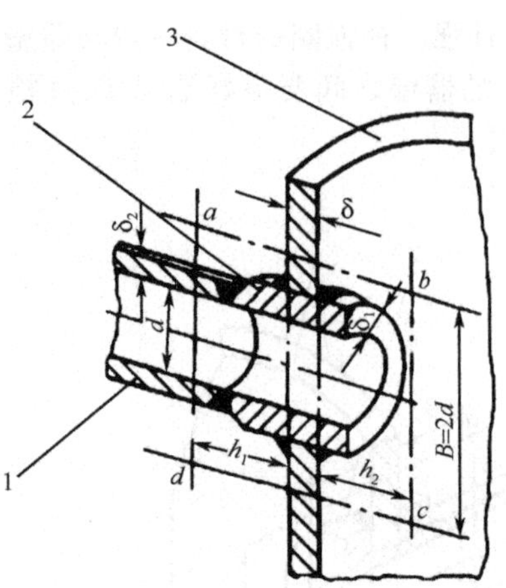

图 6-35 厚壁接管补强

1. 接管;2. 补厚壁接管;3. 容器筒体

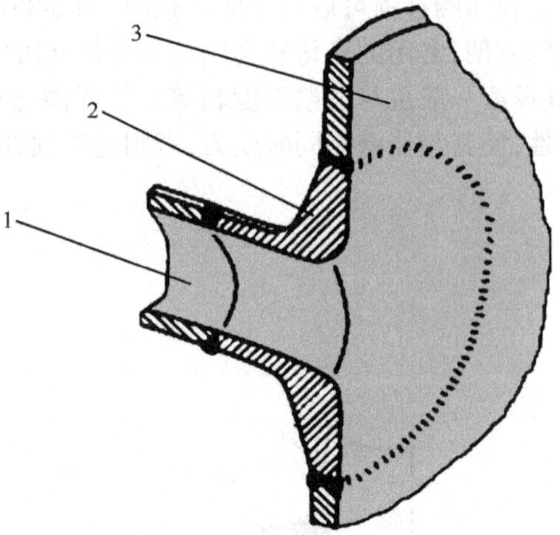

图 6-36 整锻件补强

1. 接管;2. 补强锻件;3. 容器筒体

四、容器安全装置

在制药生产中,压力容器在一定的操作压力下运行,由于影响生产过程的因素很多,所以操作压力有可能发生波动,一旦出现操作压力偏离正常值较大而又得不到合适的处理,不仅会损坏设备,甚至可能导致安全事故的发生。为了保证压力容器的安全运行,必须装设测量操作压力的监测装置以及遇到异常工况时保证容器安全的装置,这些统称为压力容器安全装置。常见的压力容器安全装置有压力表、安全阀、爆破膜等。

(一) 压力表

压力表用来测量介质的压力。压力表的种类较多,在制药生产中应用最广泛的是弹簧管式压力表(图 6-37)。

弹簧管式压力表的测压元件是弹簧管(图 6-38)。利用弹簧管测压的原理是:弹簧管的封口

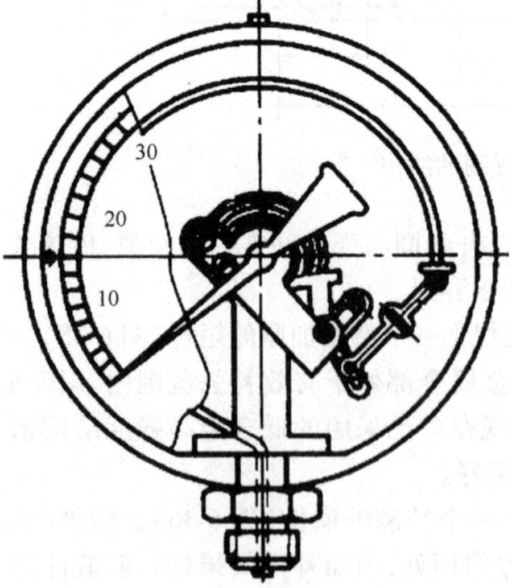

图 6-37 弹簧管式压力表

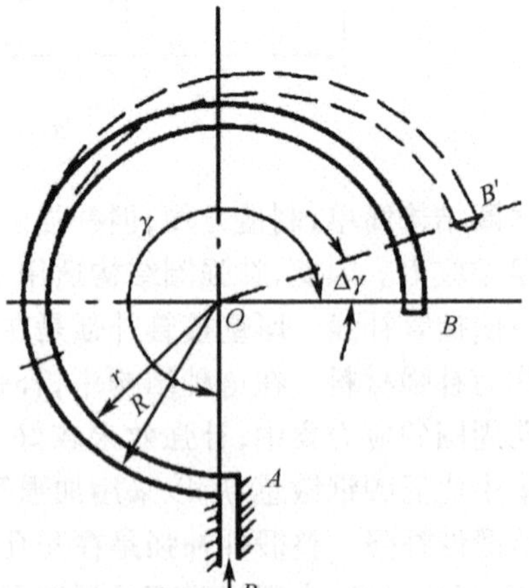

图 6-38 弹簧管

端为自由端,另一端固定并可通入有一定压力的气体或液体。当压力大于大气压的流体通入管内时,管子的曲率要变小,管端向外移动。管端移动量的大小与管内流体的压力大小成正比,内流体的压力越大,管内流体的压力越大,反之亦然。这样,弹簧管就把压力信号转换成位移信号,弹簧管式压力表就是根据这一原理来测量压力的。

> 压力容器配备压力表是为了更直观地了解压力容器内部压力实际情况,便于掌握工艺条件和防止安全事故的发生。压力表属于计量仪器,为保证计量准确,《药品生产质量管理规范》明确规定计量仪器必须经过计量主管部门(技术监督局)检定合格后方可使用,并规定有效期,到达有效期必须重新检定。
>
> 链接

(二)安全阀

安全阀的主要作用是当压力容器的压力超过允许工作压力时,能够自动开启并迅速排放气体,以使容器内压力始终保持在最高许用压力范围之内。常用的弹簧式安全阀如图6-39所示,它是由阀座、阀头、顶杆、弹簧、调节螺栓等零件组成,靠弹簧弹力将阀头与阀座紧。当容器内的压力升高,作用在阀头上的力超过弹簧弹力时,阀头上移,使安全阀自动开启,泄放超压气体使器内压力降低。当器内压力降低到安全值时,弹簧力又使安全阀自动关闭。拧动安全阀上的调节螺栓,可以改变弹簧力的大小,从而控制安全阀的开启压力。

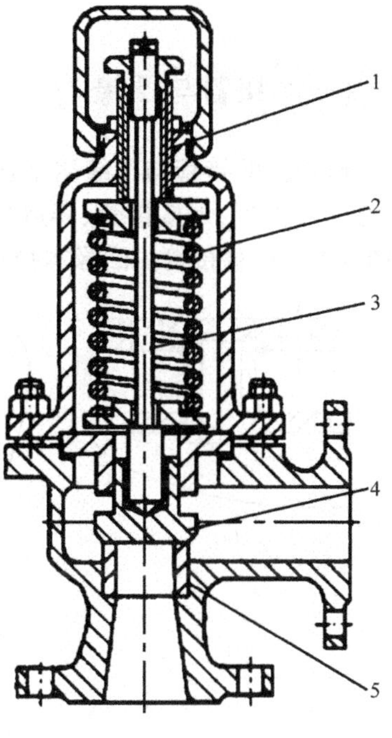

图6-39 弹簧式安全阀
1. 调节螺栓;2. 弹簧;3. 顶杆;4. 阀头;5. 阀座

(三)爆破膜

爆破膜又叫爆破片,是一种断裂型安全泄压装置。当容器内盛装易燃、易爆的物料,或者因物料的黏度高、腐蚀性强、容易聚合、结晶等,使安全阀不能可靠地工作时,应当装设爆破膜。爆破膜是一片金属或非金属的薄片,由夹持器夹紧在法兰中(图6-40),当容器内的压力超过最大工作压力,达到爆破膜的爆破压力时,爆破膜破裂使器内气体迅速泄放,从而保护了压力容器。爆破膜的爆破迅速,惰性小,结构简单,价格便宜,但爆破后必须停止生产,更换爆破膜后才能继续操作。

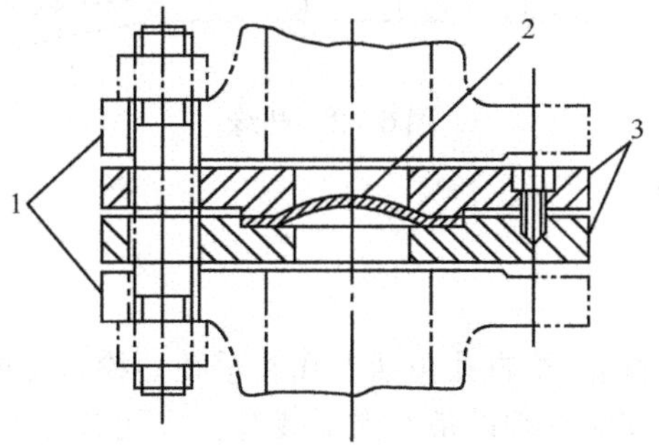

图6-40 爆破膜
1. 法兰;2. 爆破膜;3. 夹持器

生活中,我们偶尔听到有的人家做饭时发生高压锅爆炸,造成人员伤亡或财产损失,你知道高压锅为什么会爆炸吗?

高压锅是典型的压力容器,由于使用不当会发生安全事故。使用高压锅前,应检查安全阀和排气通道是否正常,如果发现异常,要及时修理或清理排气通道,确保安全阀处于正常状态;然后检查爆破片是否完好,如果有异常,要及时更换。因此,正确使用高压锅是安全的。只有安全阀和爆破片同时失灵时才有可能发生爆炸,造成安全事故。

案例6-2

五、其他附件

(一)接管与凸缘

设备上的接管与凸缘用来连接设备与介质的输送管道以及安装测量和控制仪表等。接管有三种类型:焊接接管、铸造接管、螺纹接管(图6-41)。当接管长度必须很短时,可用凸缘(图6-42)代替接管。凸缘本身具有开孔的补强作用,不需要另行补强。

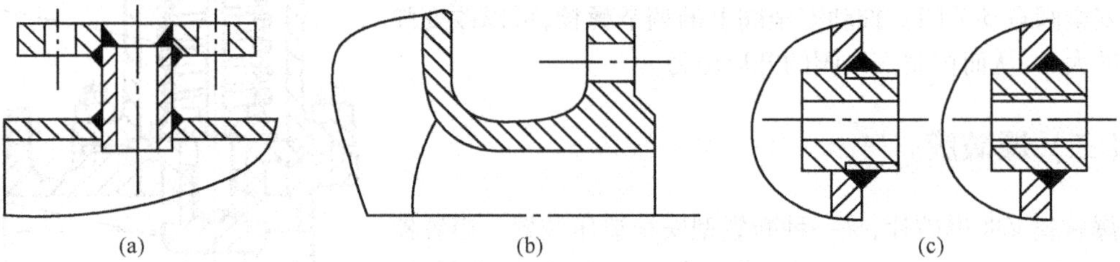

图6-41 接管

(a)焊接接管;(b)铸造接管;(c)螺纹接管

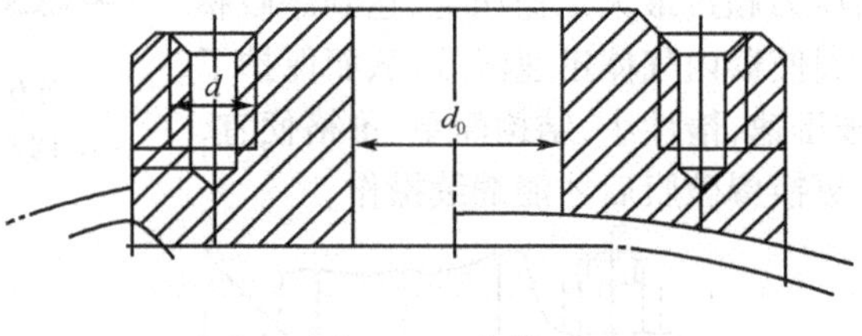

图6-42 凸缘

(二)人孔和手孔

压力容器上均应开设检查孔,检查孔包括人孔和手孔。检查孔的设置是为了定期检查设备的内部焊缝及腐蚀情况以及安装拆卸设备的内部装置。人孔有圆形和椭圆形两种,制药设备上基本上采用圆形人孔。人孔是一个组合件,包括由钢板卷焊的筒节、法兰、法兰盖、密封垫片、紧固件以及与人孔启闭有关的非受压零件。常见的人孔有水平吊盖人孔(图6-43)和回转盖快开人孔(图6-44)。手孔和人孔具有类似结构。

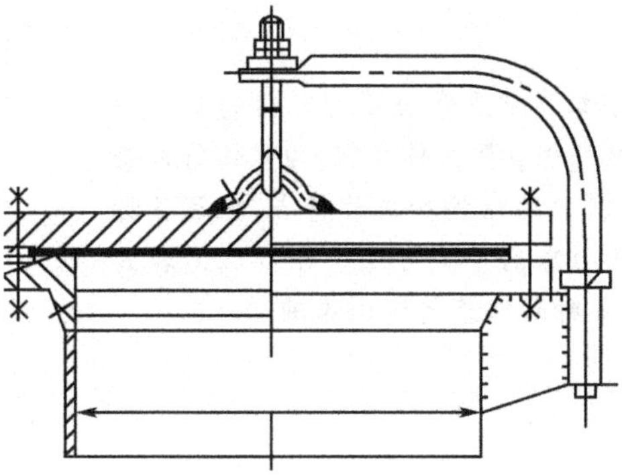

图6-43 水平吊盖人孔

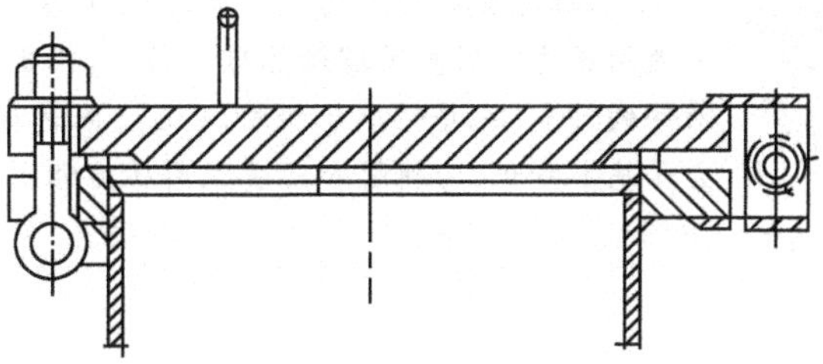

图6-44 回转盖快开人孔

(三)视镜

压力容器上安装视镜,主要为观察设备内部情况,也可作为液位的指示镜,以便于工艺操作。视镜已标准化,其结构类型很多,常用的有两种基本结构形式:凸缘视镜和带颈视镜(图6-45)。凸缘视镜结构简单,不易结料,视察范围大。带颈视镜适宜视镜需要斜装,或设备直径较小的场合。对安装在压力较高或有强腐蚀介质设备上的视镜,可选双层玻璃或带罩安全视镜,以免视镜玻璃在冲击振动或温度剧变时发生破裂伤人。

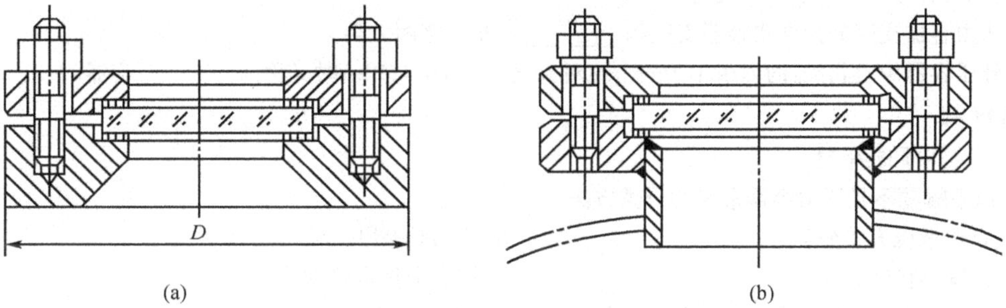

图6-45 视镜

(a) 凸缘视镜;(b) 带颈视镜

(四)液面计

液面计种类很多,常用的有玻璃板式和玻璃管式液面计。玻璃板式液面计用于公称压力不超过0.7 MPa的设备,可以直接在设备上开长条孔,利用矩形凸缘或法兰把玻璃固定在设备上(图6-46)。对于承压设备,常用双层玻璃板式或玻璃管式液面计。液面计与设备的连接常用法兰、活接头或螺纹接头。

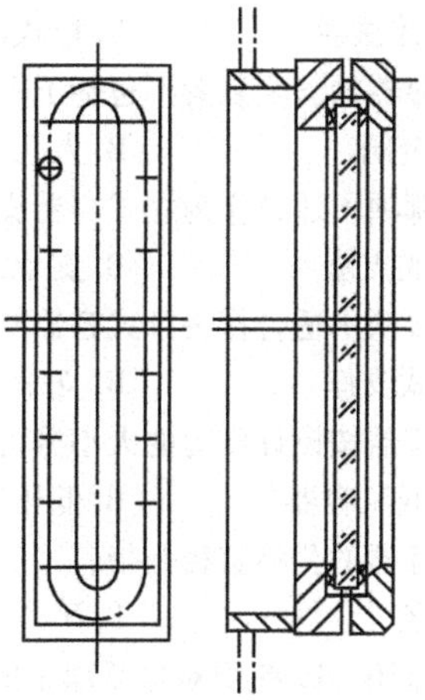

图6-46 玻璃板式液面计

小结

在制药厂中,压力容器应用十分广泛。学习本章重点掌握压力容器的基本结构,根据压力容器的结构和工作特点,理解并掌握安全装置工作原理,为保证将来安全使用压力容器奠定理论基础。另外,根据压力容器的结构和工作特点,理解各种附件的特点(包括哪些已经标准化),同时理解压力容器分类方法。学习压力容器力学基本知识,为理解和正确运用压力容器以及各种附件奠定理论基础。

目标检测

一、填空题

1. 压力容器一般由筒体、封头、支座、法兰、开孔、________及测量仪表等所组成。
2. ________形筒体是制药机械中最常用的压力容器筒体结构。
3. 根据几何形状,封头可以分为球形、椭圆形、碟形、锥壳和平盖等几种,其中以________封头应用最多。
4. 压力容器压力试验通常包括________和气压试验。
5. 压力容器封头和筒体之间的可拆式连接,容器接管与外管道间的可拆连接,以及人孔、手孔盖的连接等,都需要有________装置。
6. 压力容器支座分为立式容器支座和________容器支座两大类。
7. 外压容器中,当容器的内压小于一个绝对大气压(约 0.1MPa)时又称为________容器。

二、选择题

(一) 单项选择题

1. 以下哪项不是压力容器常用的分类方法(　　)。
   A. 按承压方式分类　　B. 按相对壁厚分类
   C. 按形状分类　　D. 按安全技术管理分类
2. 从承压能力的角度来看,下列哪种形状的封头最好(　　)。
   A. 椭圆形　　B. 碟形　　C. 锥形　　D. 平板形
3. 按照整体性程度,法兰分类不正确的是(　　)。
   A. 整体法兰　　B. 松式法兰　　C. 球式法兰　　D. 任意式法兰
4. 压力容器的安全装置不包括下列哪项(　　)。
   A. 安全阀　　B. 人孔　　C. 爆破片　　D. 压力表
5. 下列哪项不适合作为立式容器支座的形式(　　)。
   A. 腿式支座　　B. 支承式支座　　C. 鞍式支座　　D. 耳式支座
6. 下列哪项不适合作为卧式容器支座的形式(　　)。
   A. 圈式支座　　B. 支承式支座　　C. 鞍式支座　　D. 腿式支座
7. 内压容器按设计压力的大小分为四个压力等级,下列哪项是错误的(　　)。
   A. 超低压容器　　B. 低压容器　　C. 中压容器　　D. 高压容器
8. 压力容器的公称直径是指(　　)。
   A. 内径　　B. 平均直径　　C. 外径　　D. 以上均不是
9. 在 GB150—1998 中对容器加工成形后满足刚度要求、不包括腐蚀裕量的最小厚度 δ_{min} 作了如下限制:对碳素钢、低合金钢制容器厚度不小于(　　)。

A. 2mm B. 3mm C. 4mm D. 5mm

10. 在GB150—1998中对容器加工成形后满足刚度要求、不包括腐蚀裕量的最小厚度 δ_{min} 作了如下限制：对高合金钢制容器厚度不小于（ ）。

A. 1mm B. 2mm C. 3mm D. 4mm

11. 压力容器进行气压试验时，压力应缓慢上升，当升压至规定试验压力的什么程度，且不超过0.05MPa时，保持压力5分钟，对容器的全部焊缝和密封装置进行初步检查，合格后再继续升压试验（ ）。

A. 5% B. 10% C. 20% D. 50%

12. 通常情况下，平板形封头适用于哪类压力容器（ ）。

A. 低压容器 B. 中压容器 C. 高压容器 D. 以上均可

13. 松式法兰通常适用于哪类压力容器（ ）。

A. 低压容器 B. 中压容器 C. 高压容器 D. 超高压容器

14. 我国现行法兰标准有几个（ ）。

A. 1个 B. 2个 C. 3个 D. 4个

15. 大型压力容器通常采用哪种形式的支座（ ）。

A. 腿式支座 B. 支承式支座 C. 耳式支座 D. 裙式支座

16. 由垫板、筋板和底板组焊而成，并直接焊在容器外壁上，是中小型立式压力容器应用最广泛的何种支座（ ）。

A. 腿式支座 B. 支承式支座 C. 耳式支座 D. 裙式支座

（二）多项选择题

17. 压力容器零部件标准的最基本参数有（ ）。

A. 公称直径 B. 压力表 C. 公称压力 D. 液面计

18. 在压力容器的设计和校核过程中，常常会遇到以下哪些有关厚度的概念（ ）。

A. 计算厚度 B. 设计厚度 C. 名义厚度 D. 有效厚度

19. 以下哪项属于压力容器附件（ ）。

A. 封头 B. 法兰 C. 安全阀 D. 液面计

20. 压力容器的安全装置包括下列哪项（ ）。

A. 安全阀 B. 视镜 C. 爆破片 D. 压力表

21. 内压容器按设计压力的大小分为四个压力等级，下列哪项是正确的（ ）。

A. 超低压容器 B. 低压容器 C. 中压容器 D. 高压容器

22. 以下哪项是压力容器常用的分类方法（ ）。

A. 按承压方式分类 B. 按相对壁厚分类

C. 按形状分类 D. 按安全技术管理分类

23. 下列哪项适合作为卧式容器支座的形式（ ）。

A. 圈式支座 B. 支承式支座 C. 鞍式支座 D. 腿式支座

24. 按照整体性程度，法兰分类正确的是（ ）。

A. 整体法兰 B. 球式法兰 C. 松式法兰 D. 任意式法兰

25. 法兰连接是组合件，由下列哪项所组成（ ）。

A. 法兰 B. 垫片 C. 筒体 D. 螺母

三、简答题

1. 你怎样理解压力容器能否安全运行在很大程度上取决于密封装置的可靠性？
2. 简述压力容器进行气压试验时的操作要点。
3. 半球形封头受力好，常用于哪类压力容器？为什么？
4. 一般情况下，每台卧式压力容器设置几个鞍座支承？为什么？
5. 简述压力容器安全阀是如何发挥作用的。

第7章　制药工艺管路

学习目标

通过本章的学习，应达到以下三点要求：

1. 掌握工艺管路在制药工程中的应用。
2. 理解工艺管路系统的组成、管件参数及管路的连接方式。
3. 了解GMP对管路材质及管路布置的要求。

工艺管路由管子、管件、管子连接件、管路附件和阀门等零部件组成。工艺管路的作用是按工艺流程把各制药设备连接起来，以输送各种流体，如水、蒸汽、药液等。制药工艺中的流体种类多、各类流体的性质差异大，因此，制药工艺管路种类多，工艺对管路的要求高。工艺管路对制药生产的质量、生产的安全性以及生产的成本都有很大影响。

GMP对管路材料的要求

1. 管道材料应根据所输送物料的理化性质和使用工况选用。采用的材料应保证满足工艺要求，使用可靠，不吸附和污染介质，施工和维护方便。

2. 引入洁净室（区）的明管材料应采用不锈钢。

3. 输送纯化水、注射用水、无菌介质或成品的管道宜采用低碳优质不锈钢或其他不污染物料的材料。

4. 工艺管道上的阀门、管件的材料应与所在管道的材料相适应。

链接

第1节　管子的种类

制药工艺管路中的管子按材质分为金属管和非金属管两大类。

一、金　属　管

常用的金属管有钢管、铸铁管、有色金属管等。

（一）钢管

钢管按制造方式分为有缝钢管（焊接钢管）和无缝钢管。

1. 有缝钢管　是用钢板或钢带经过卷曲成型后焊接制成的钢管。有缝钢管按其表面质量可分为一般焊管（不镀锌，俗称黑管）和镀锌焊管（白管）；按壁厚分为普通钢管和加厚钢管；按管端形式分为不带螺纹钢管和带螺纹钢管。该类钢管的优点是，厚度均匀，价格低，重量较铸铁管轻等。缺点是有焊道，不能承受压力。在制药工艺中，镀锌管因其耐腐蚀性能较强而用作流体如水、冷凝水、蒸汽及压缩空气的输送管路。

2. 无缝钢管　无缝钢管按生产方法不同可分为热轧管、冷轧管等；按材质的不同，分为普通碳素结构管、低合金结构管、优质碳素结构管、合金结构管、不锈管等。无缝钢管质量均匀、品种齐全、强度高、韧性好、管段长，是工业管道中最常用的管材，主要用在高压和较高温度的管路上或作为换热器和锅炉的加热管。

制药工艺管路中应用比较多的是不锈钢材质的无缝钢管，它除了具有普通无缝钢管的上述优点外，还具有防腐性能好、表面光洁、易清洗等优点，符合GMP“无毒、耐腐蚀、易清洗、易消毒”的基本要求。特别是奥氏体不锈钢如0Cr17Ni12Mo2(316)无缝钢管和00Cr17Ni14Mo2(316L)无缝钢管在药物制剂生产中被广泛应用。

一般钢管的规格以公称直径(*DN*)表示。公称直径不是外径，也不是内径，而是近似普通钢管内径的一个名义尺寸。同一规格的管子与管路附件具有通用性、互换性，能相互连接。公称直径的单位是mm或in。每一公称直径，对应一个外径，其内径数值随厚度不同而不同。用于输送低压流体的钢管规格见表7-1。无缝钢管的规格则以外径×壁厚来表示，用于输送流体的无缝钢管规格见表7-2。用于中、低压流体输送的不锈钢无缝钢管常用规格见表7-3。

表7-1　低压流体钢管的公称直径

公称直径/mm	相当的管螺纹/in	外径/mm	壁厚/mm	内径/mm	公称直径/mm	相当的管螺纹/in	外径/mm	壁厚/mm	内径/mm
8	1/4	13.50	2.25	9	50	2	60.00	3.50	53.00
10	3/8	17.00	2.25	12.5	65	2 ½	75.50	3.75	68.00
15	1/2	21.25	2.75	16.25	80	3	88.50	4.00	80.50
20	3/4	26.75	2.75	21.25	100	4	114.00	4.00	106.00
25	1	33.50	3.25	27.00	125	5	140.00	4.50	131.00
32	1 ¼	42.25	3.25	35.75	150	6	165.00	4.50	156.00
40	1 ½	48.00	3.50	41.00					

表7-2　流体用无缝钢管常用规格

标准号	常用规格	材料	适用温度/℃
GB 8163-87	8×1.5,10×1.5,14×2,14×3,18×3,22×3	20、10	-20~475
	25×3,32×3,32×3.5,38×3,38×3.5,45×3	16Mn	-40~475
	45×3.5,57×3.5,76×4,76×5,89×4,89×5	09Mn2V	-70~200
	108×4,108×6,133×4,133×6,159×4.5,159×6		
	219×6,273×8,325×8,377×9		

表7-3　流体用不锈钢无缝钢管常用规格

标准号	常用规格	材料	适用温度/℃
GB 2270-80	6×1,10×1.5,14×2,18×2,22×1.5	0Cr13,1Cr13	0~400
	22×3,25×2,29×2.5,32×2,38×2.5	1Cr18Ni9Ti	-196~700
	45×2.5,50×2.5,57×3,65×3,76×4	0Cr18Ni12Mo2Ti	-196~700
	89×4,108×4.5,133×5,159×5	0Cr18Ni12Mo3Ti	-196~700

（二）铸铁管

铸铁管是指用铸铁浇铸成型的管子。铸铁管用于给水、排水和煤气输送管线，铸铁管可分为普通铸铁管和硅铁管两种。

1. 普通铸铁管　由灰铸铁铸造而成。铸铁中含有耐腐蚀的硅元素和微量石墨，具有较强的耐蚀性能。通常在铸铁管内外壁面涂有沥青层，以提高其使用寿命。普通铸铁管主要用于埋在地下的给水总管、煤气总管、污水管等，它对泥土、酸、碱具有较好的耐腐蚀性能。但它的铸铁结构疏松、强度低、脆性大，所以不能用于压力较高或有毒、爆炸性介质的管路上。

2. 硅铁铸管　由铁硅合金制成，由于硅铁管表面能形成坚固的氧化硅保护膜，因而具有很好的耐腐蚀性能，特别是耐多种强酸腐蚀。硅铁管硬度高，但耐冲击和抗振动性能差。硅铁管可分为高硅铁管和抗氯硅铁管两种。高硅铁管能抵抗多种强酸的腐蚀，它的硬度高，不易加工，受振动和冲击易碎。抗氯硅铁管主要是能够抵抗各种温度和浓度盐酸的腐蚀。

（三）有色金属管

制药工业常用的有色金属管主要有铜管、铝及铝合金管、铅及铅合金管等。

1. 铜管　紫铜管和黄铜管具有导热系数大，在低温时距具有较好的力学性能，所以紫铜管和黄铜管主要用于制造换热器或低温设备，深度冷冻的管路和空调设备广泛采用紫铜管和黄铜管，如制药企业的GMP厂房配备的净化空调系统就大量采用黄铜管。

2. 铝及铝合金管　铝和铝合金有较好的耐酸腐蚀性能。可用于输送浓硝酸、乙酸等，但不能用于输送碱液。也用于制造换热设备。

二、非金属管

一般使用于温度和压力不高的场合。

（一）塑料管

塑料管有热塑性塑料管和热固性塑料管两大类。塑料管的主要优点是质轻、耐腐蚀、外形美观、无不良气味、加工容易、施工方便，缺点是强度较低，耐热性差。常用的塑料管主要是聚氯乙烯塑料管（PVC管）。它是以聚氯乙烯为原料，加入增塑剂、稳定剂、润滑剂等制成的，是一种热塑型塑料管，易于加工成型、可焊性好，耐腐蚀性能较好。硬聚氯乙烯管适用温度为 -15 ~ 60℃，低于下限温度时易开裂，高于上限温度时易软化。

（二）玻璃钢管

玻璃钢管是由玻璃纤维及其制品为增强材料，以合成树脂为黏结剂，经过一定的成型工艺制作而成。玻璃钢管具有质量轻、强度高、耐腐蚀的优点，但易老化、易变形、耐磨性差，主要用于酸碱腐蚀性介质的管路。

（三）陶瓷管

陶瓷管的耐腐蚀性能很好，结构致密，表面光滑平整，硬度较高。陶瓷管除氢氟酸、高温碱和、磷酸外，几乎对所有的酸类、氯化物、有机溶剂均具有抗腐蚀作用。陶瓷管的缺点是耐压能力低，性脆易碎，耐热性能差，一般用于输送温度小于 120℃、压力为常压或一定真空度的强腐蚀介质。

（四）橡胶管

橡胶管是用天然橡胶或合成橡胶制成。按性能和用途不同有纯胶管、夹布胶管、棉线纺织胶管、高压胶管等。橡胶管质量轻、挠性好，安装拆卸方便，对多种酸碱液具有耐蚀性能。橡胶管为软管，可任意弯曲，多用作制药工艺管路的挠性连接件。

（五）玻璃管

玻璃管一般由硼玻璃或高铝玻璃制成，具有透明、耐腐蚀、阻力小、价格低等优点，缺点是质脆，不耐冲击和振动。玻璃管在制药生产中主要用于需要监测的管路。

除上述管子外还有复合管、衬里管。前者如聚丙烯玻璃钢复合管。后者如钢塑复合管、涂塑钢管等。

第 2 节　管径选择与壁厚确定

流体输送管路的管径可根据流体的流量和流速来确定。流量是指单位时间内，通过某一截面的流体体积或质量，它一般由制药工艺条件所决定。流速是指流体单位时间内在流动方向上通过的距离，它一般由技术人员按有关规范确定。

一、管 径 选 择

（一）流速的确定

流速的确定是一个优化过程。若流速选得过大，虽可减小管径，但流体流过管道时阻力增大，消耗的动力也大，操作费用随之增加。反之，若流速选的过小，虽可降低操作费用，但管径增大，管路的基建投资上升。所以在确定流速时，应在满足制药工艺条件的前提下，在操作费用和基建费用之间通过经济核算来确定适宜流速，使操作费用和基建费用的总和最小，进而确定管子的直径。

流体在管道中的适宜流速，与流体的性质及制药工艺条件有关，可根据表 7-4 中的经验数据选取。

表 7-4 流体常用流速范围

流体名称	流速范围/(m/s)	流体名称	流速范围/(m/s)
饱和蒸汽 主管	30~40	空气压缩机 吸入口	<10~15
饱和蒸汽 支管	20~30	空气压缩机 排出口	15~20
低压蒸汽<0.98MPa(绝压)	15~20	易燃易爆液体	<1
中压蒸汽 0.98~3.92MPa(绝压)	20~40	石灰乳(粥状)	≤1.0
一般气体(常压)	10~20	乙炔气(外管线)0.0098~1.47MPa(表压)(中压)	2.0~4.0
压缩空气 0.098~0.196MPa(表压)	10~15	(外管线)0.0098MPa(表压)以下(低压)	1.0~2.0
氢气	≤8.0	(车间内)0.0098~1.47MPa(表压)(中压)	4.0~8.0
工业供水 0.785MPa(表压)以下盐水	1.5~3.5 1.0~2.0	(车间内)0.0098MPa 以下(表压)(低压)	3.0~4.0
制冷设备中盐水	0.6~0.8	煤气	2.5~15
离心泵 吸入口	1~2	液氨≤0.588MPa(表压)	8.0~10 (经济流速 0.3~0.5)
离心泵 排出口	1.5~2.5		

(二) 管径的选用

流量的计算公式为

$$Q_v = uA \tag{7-1}$$

式中,Q_v 为流体体积流量,单位为 m^3/s;u 为流体流速,单位为 m/s;A 为流体流通截面积,单位为 m^2。

制药生产中所用管道通常为圆管,以 $A=(\pi/4)d^2$ 代入式(7-1)得

$$d=\sqrt{\frac{4Q_v}{\pi u}} \tag{7-2}$$

式中,d 为圆管内径,单位为 m。

若采用质量流量,由于质量流量与体积流量的关系为

$$W_s = \rho Q_v \tag{7-3}$$

式中,W_s 为流体的质量流量,单位为 kg/s;ρ 为流体密度,单位为 kg/m^3。

所以,采用质量流量时管径计算公式为

$$d=\sqrt{\frac{4W_s}{\pi u\rho}} \tag{7-4}$$

由式(7-2)和(7-4)计算所得直径为构成流通面积的内径,而选择管径的基本参数是公称直径。所以,应根据计算得到的内径,圆整后选偏大的公称直径。管子、管件的公称直径系列见表 7-5。

表 7-5　管子、管件的公称直径

公称直径/mm	相应的管螺纹/in	公称直径/mm	相应的管螺纹/in
(8)	(1/4)	150	(6)
10	3/8	(175)	(7)
15	1/2	200	(8)
20	3/4	225	(9)
25	1	250	(10)
32	1¼	500	
40	1½	600	
50	2	700	
65	2½	800	
80	3	900	
100	4	1000	
125	(5)		

二、管子壁厚的选用

制药工艺管路系统在运行过程中，管内介质对管子产生一定的压力，承受介质压力的圆管，受力情况相当于内压圆筒，其壁厚可参照第6章“压力容器”中内压圆筒厚度计算公式确定。

管子计算厚度

$$\delta = \frac{pD_i}{2[\sigma]\phi - p} \tag{7-5}$$

式中，δ 为管子计算厚度，单位为 mm；p 为管子计算压力，单位为 MPa；pD_i 为管子(内外)直径，单位为 mm；$[\sigma]$ 为管子许用应力，见表7-6，单位为 MPa；ϕ 为管子基本许用应力修正系数。对于无缝钢管，取 $\phi=1$；对于有缝钢管，按表7-7选取。

表 7-6　碳钢管材的许用应力[σ]/MPa

钢号	钢管标准	壁厚/mm	在下列温度(℃)下的许用应力值/MPa						
			≤20	100	150	200	250	300	350
10	GB8163	≤10	112	112	108	101	92	83	77
20		≤10	130	130	130	123	110	110	92

表 7-7　纵缝焊接钢管基本许用应力修正系数

焊接方法	焊缝形式	ϕ
手工焊或气焊	双面焊接有坡口对接焊缝	1.00
	有氩弧焊打底的单面焊接，有坡口对接焊缝	0.90
	无氩弧焊打底的单面焊接，有坡口对接焊缝	0.75
熔剂层下的自动焊	双面焊接对接焊缝	1.00
	单面焊接，有坡口对接焊缝	0.85
	单面焊接，无坡口对接焊缝	0.80

管子的计算厚度是满足管子承受介质压力的强度要求所必需的厚度，在确定管壁厚度时，还要考虑介质腐蚀和管子制造负偏差等因素的影响，应该在计算厚度的基础上加上厚度附加量，并据此按钢管规格标准选取管子厚度。

第3节　管件与阀门

在制药工艺管路中，当管道需要连接、分支、转弯、变径时，就需要用管件来解决。常用的管件有弯头、三通、异径管和管接头等。在管路中为达到开启输送流体的目的，还要用各种阀门以控制流体介质的压力、流量。

一、常用管件

1. 弯头　弯头是管路中改变管路方向的连接管件。按弯头角度分，弯头有45°、60°、90°、180°四种类型。见图7-1。弯头用于管道拐弯处，连接两根等径管子；异径弯头用于管道拐弯处，连接两根不等径的管子。

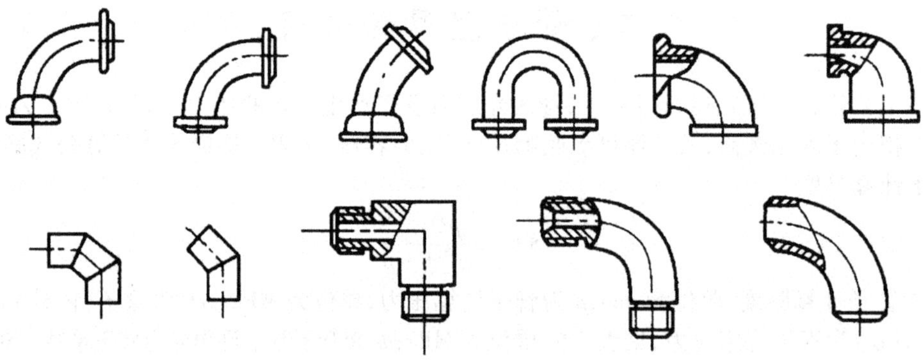

图7-1　弯头

弯头与管子连接的方式有：法兰连接、螺纹连接及承插式连接等。弯头的常用材料为碳钢和合金钢，可用直管弯曲而成，也可用管子组焊，还可用铸造或锻造的方法制造。

2. 三通、四通及Y形管　三通管用于三根管子汇集的地方；四通管用于四根管子汇集的地方。三通中，三个口直径相等的为等直径三通，两端直径相同，但汇流端直径与其他两个直径不同的称为异径三通。在直线方向的两端同径与之垂直分岔的一端为小管径，用于小管径支管的连接；45°斜三通又叫Y形支管，由于管道交汇于分岔处，其局部阻力较小。四通，用于管通垂直交叉连接处；异径四通，在管道上垂直连接两根较小管径的支管时用。

三通、四通按材质可分为金属类和非金属类；金属三通、四通可用铸造或锻造方法制造，也可组焊而成。常用形式见图7-2。

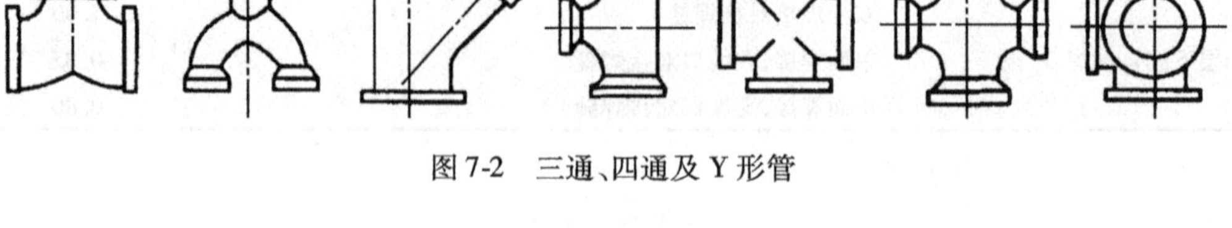

图7-2　三通、四通及Y形管

3. 短管和异径管　短管是一段数厘米长的管子，短管两端有外螺纹。是用来连接两个具有内螺纹的管和阀门的管件。

异径管又称大小头，是两端直径不相等的短管，两管口加工有内螺纹，用来连接同一直线上管径不同的两根管子，异径管可改变流体的流速。短管与异径管的结构形式如图 7-3 所示。

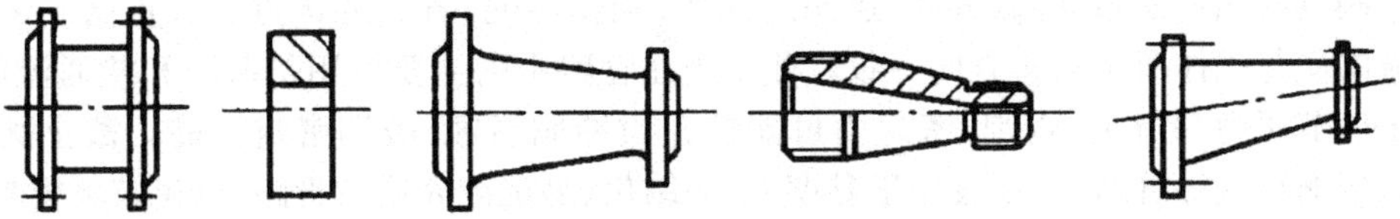

图 7-3　短管与异径管

4. 盲板　盲板也叫实心法兰。是用来封堵配对法兰通孔用的实心圆盘，其四周钻有螺栓孔。在制药工艺管路中，因检修设备需要，在两法兰之间插入盲板，以切断管路中的介质，暂时封闭管路，确保人身安全。盲板常用材质为钢材，大小可与插入处法兰密封面外径相同，厚度一般为 3～6mm，如图 7-4 所示。

5. 活接头　活接头结构如图 7-5 所示，它由两个能互相扣合的管节口以及连接两口的套母组成，管节口两端有内螺纹。活接头用于管路中需将同径管道进行活连接的地方，即不转动管子也能将管道拆开。在管路的适当位置装一些活接头，以便于拆卸修理管路中的设备。

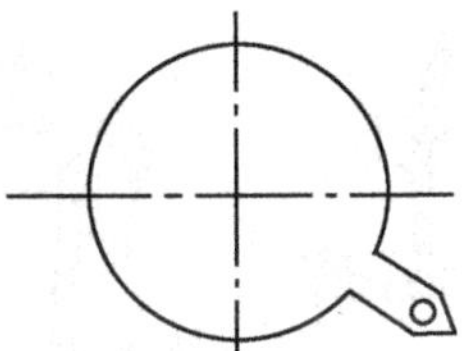

图 7-4　盲板

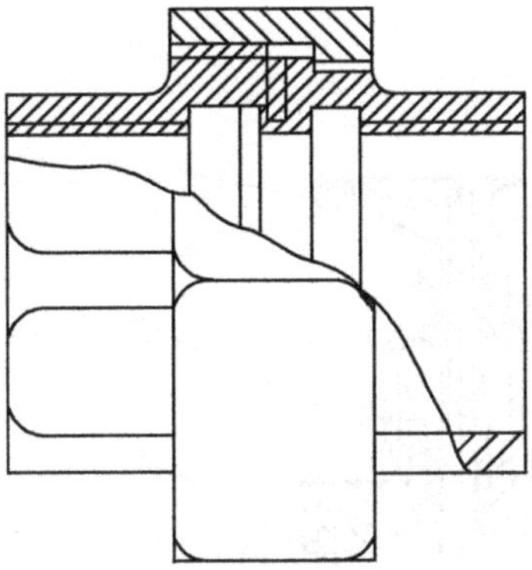

图 7-5　活接头

二、阀　　门

阀门是制药工艺管路中非常重要的部件，其作用如下：①接通和截断流体；②调节流体压力和流量；③控制流体压力，保证管道或设备安全运行。

阀门按用途可分为截止阀、调节阀、止逆阀和安全阀等；按结构特征可分为闸阀、球阀、旋塞阀（俗称考克）和碟阀等；按阀体材料可分为金属材料阀、非金属材料阀等。此外，还可按公称压力、工作温度、驱动方式等对阀门进行分类。

（一）常用阀门

1. 截止阀　截止阀又叫球心阀或球形阀，是指关闭（阀瓣）由阀杆带动并沿阀座中心轴线做升降运动的阀门，在管路上主要用来接通或截断管路中的流体。是制药生产中广泛使用的一种截断类阀门，结构如图 7-6 所示。

截止阀的密封零件是阀瓣和阀座。通过转动手轮，带动阀杆和阀瓣作轴线方向的升降，改变阀瓣与阀座之间距离，从而改变流体通道面积的大小，使得流体的流量改变或截断通道。为了使截止阀关闭严密，阀盘与阀座配合面应经过研磨或使用垫片，也可在密封面镶青铜、不锈钢等耐蚀、耐磨材料。阀瓣与阀杆采用活动连接，以利阀瓣与阀杆严密贴合。

截止阀具有结构简单、维修方便，启闭时间短，操作简便、省力的优点。截止阀安装时要注意流体流向应与阀体所示箭头方向一致。截止阀在管路中的主要作用是截断和接通流体，不宜长期用于调节压力和流量，否则，密封面可能被介质冲刷腐蚀，破坏密封性能。截止阀可用于水、蒸汽、压缩空气等管路，但不宜用于黏度大、易结焦、易沉淀介质的管路，以免破坏密封面。

根据连接方式不同截止阀有螺纹连接和法兰连接两种。根据阀体结构形式不同，又分标准式、流线式、直线式和角式几种。流线式截止阀阀体内部呈流线状，其流体阻力小，目前应用较多。

2. 闸阀　闸阀又称闸板阀或闸门阀，是利用闸板与阀座的配合来控制启闭的阀门。闸板与管内流体流动方向垂直，通过闸板的升降改变其与阀座的相对位置，从而改变流体通道的大小。闸阀有平行式（两个密封面互相平行）和楔式（两个密封面成楔形）两种类型，其结构如图 7-7 所示。为了保证阀门关闭严密，通常在闸板和阀座上镶嵌耐磨耐蚀的金属材料（青铜、黄铜、不锈钢等）制成的密封圈。

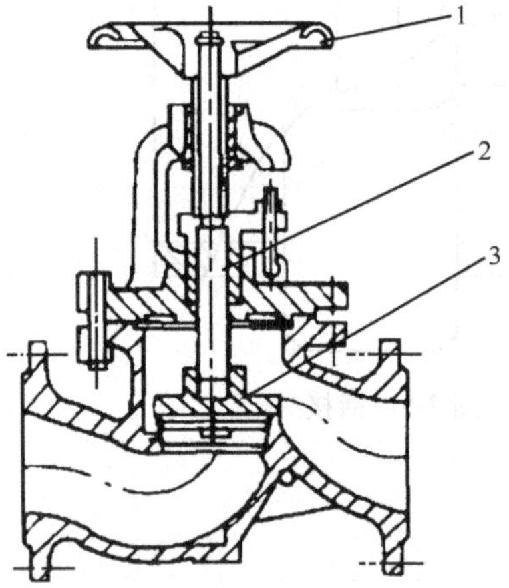

图 7-6　截止阀
1. 手轮；2. 阀杆；3. 阀瓣

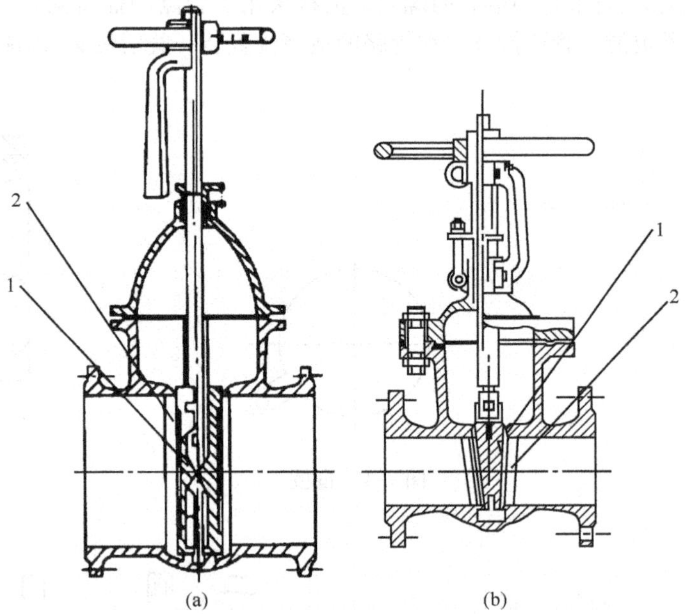

图 7-7　闸阀
（a）平行式闸阀；（b）楔式闸阀
1. 闸板；2. 闸座

闸阀在管路中主要作切断用，可以手动开启，也可以电动开启。其特点是流体阻力小，开启缓慢，易于调节，流体的流向不受限制。但结构复杂，造价较高，且磨损快，维修更换困难。多用于大直径上水管道，故又有水门之称。也可用于真空管路和低压气体管路，但不宜用于蒸汽管路。

3. 蝶阀　蝶阀是利用一可绕轴旋转的圆盘来控制流体通道开启与关闭的一种阀，圆盘形蝶板绕轴旋转，旋转角度在 0° ~ 90°之间，旋转到 90°时，阀门呈全开状态。在管路上起切断和节流作用。

根据传动方式不同，蝶阀分手动、气动和电动等三种。图7-8为手动蝶阀，旋转手轮通过齿传动带动阀杆，打开或关闭阀门。蝶阀具有结构简单、开闭迅速、流体阻力小、维修方便等优点。蝶阀启闭时阀杆只作旋转运动而不作升降运行，阀杆的填料不易破坏，密封可靠。在许多场合，蝶阀取代了截止阀和自控系统的调节阀，特别是在大流量调节场合。适用于包括水、液体、悬浮液及蒸汽管道上的截流和流量调节。

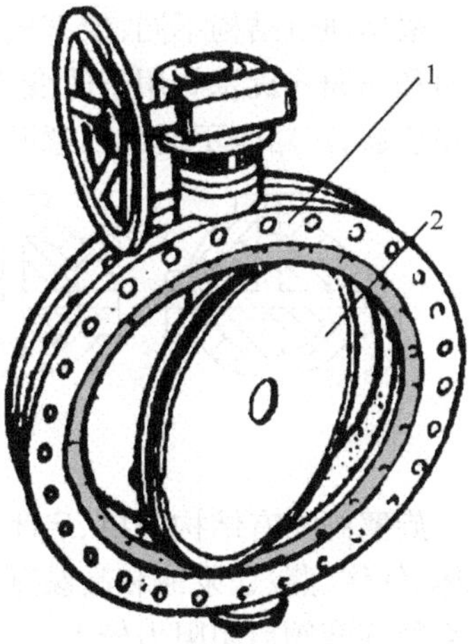

图 7-8 手动蝶阀

1. 阀体；2. 阀门

4. 球阀 球阀结构如图 7-9 所示。球阀以球体作启闭件，利用球体绕阀杆的轴线旋转 90°，从而达到启闭通道的目的。球阀操作方便，启闭迅速，流体阻力小，密封性好，一般用于需要快速启闭或要求阻力小的场合。可用于水、汽油等介质，适用于含悬浮和结晶颗粒的介质，也适用于浆液和黏性液体的管道。球阀还可用于高压管道和低压力降的管道。

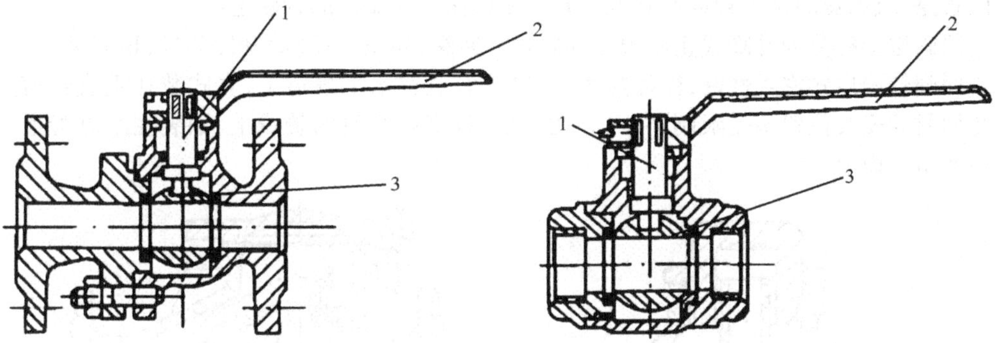

图 7-9 球阀

1. 阀杆；2. 手柄；3. 球体

5. 旋塞阀 旋塞阀是以带孔的锥形塞体作启闭件的阀门。结构如图 7-10 所示。塞体随阀杆转动控制阀门的启闭。小型无填料的旋塞阀又称为“考克”。

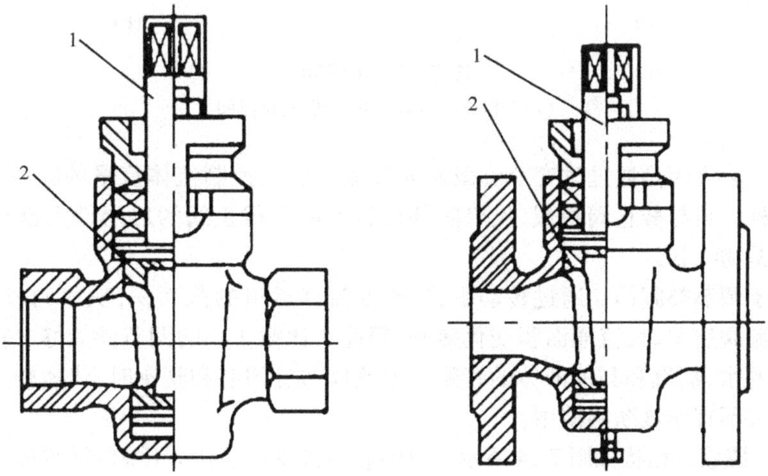

图 7-10 旋塞阀

1. 阀杆；2. 旋塞

根据通道结构不同,旋塞阀又可分为直通式、三通式和四通式。直通式主要用于截断流体。三通和四通式旋塞阀用于改变流体方向或进行流体分配。如图 7-11 所示,三通式旋塞阀可以使三路全通,三路全不通或任意两路相通。

图 7-11　三通旋塞阀

旋塞阀具有结构简单、启闭迅速、操作方便、流动阻力小等优点,在医药、化工和食品工业的液体、气体、蒸汽、浆液和高黏度介质管道上都有较多的应用。但密封面的研磨修理较困难,对大直径旋塞阀启闭阻力较大。

6. 止回阀　止回阀又称止逆阀或单向阀,属于自动阀类,是利用阀前后流体的压力差而自动启闭,控制流体单向流动的阀门。止回阀用于需要防止流体逆向流动的场合,可用于泵和压缩机的管路、疏水器的排水管以及其他不允许流体作反向流动的管路上。

止回阀按结构分为升降式止回阀和旋启式止回阀,如图 7-12(a)和图 7-12(b)所示。一般升降式止回阀较旋启式密封性好,流体阻力大,卧式宜装在水平管道上,立式装在垂直管道上;旋启式止回阀的安装位置不受限制,它可装在水平、垂直或倾斜的管线上,如装在垂直管道上,流体流向要由下而上。

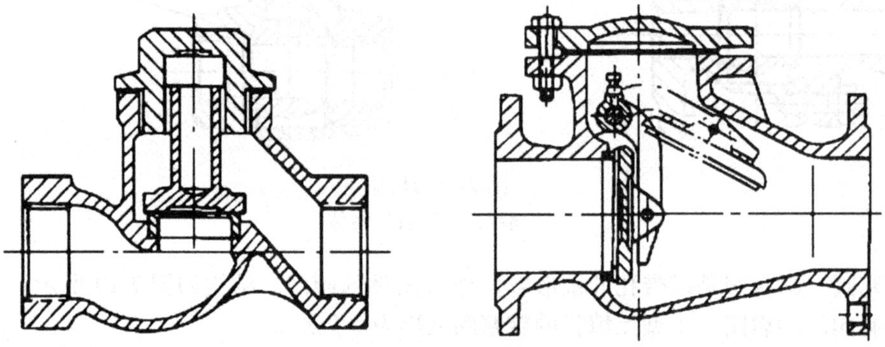

(a)　　(b)

图 7-12　止回阀

(a)升降式止回阀;(b)旋启式止回阀

7. 节流阀　节流阀是通过改变节流截面或节流长度以控制流体流量的阀门。图 7-13 所示为节流阀的一种。它与截止阀相似,仅启闭件形状不同。截止阀的启闭件为盘状,节流阀的启闭件为锥状或抛物线状。

节流阀属于调节类阀门。通过转动手轮,改变流体通道的截面积,从而调节流体流量与压力的大小。节流阀启闭时,流通面积变化缓慢,因此它比截止阀的调节性能好,适应需较准确调节流量或压力的水、蒸汽和其他液体的管路。但流体通过阀芯和阀座时,流速较大,易冲蚀密封面;密封性较差,不宜作截断阀使用。

8. 隔膜阀　隔膜阀结构如图 7-14 所示。它的启闭件是一块用软质材料(橡胶或塑料)制成的隔膜,隔膜把阀体内腔与阀盖内腔及驱动部件隔开,通过隔膜来进行启闭工作。流体流经隔膜阀时,只在橡胶隔膜以下阀腔通过,橡胶隔膜片将阀杆与介质完全隔绝,所以阀杆处无需填料密封。

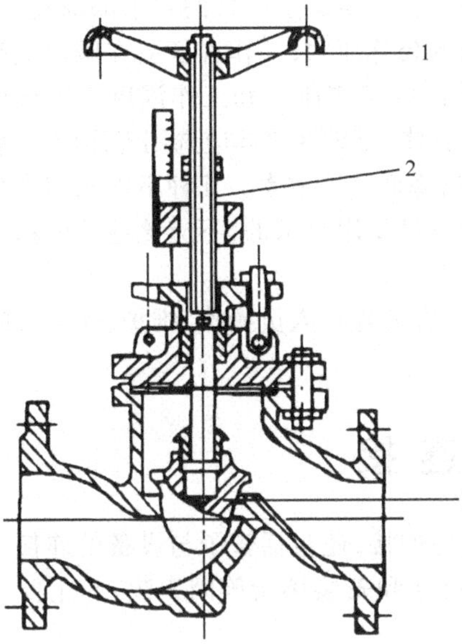

图 7-13　节流阀

1. 手轮;2. 阀杆;3. 阀芯

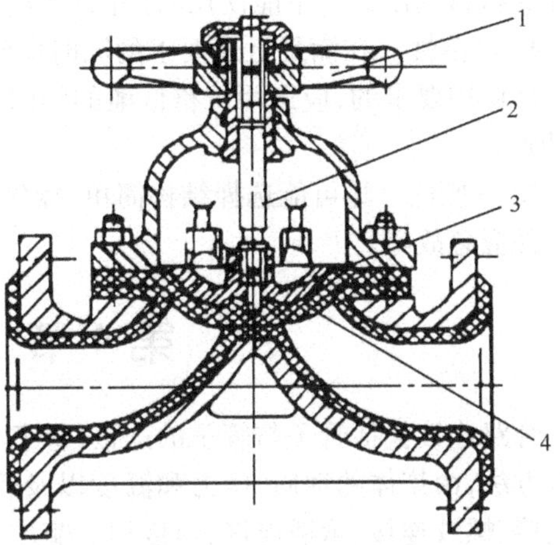

图 7-14　隔膜阀

1. 手轮;2. 阀杆;3. 阀盘;4. 隔膜

转动手轮带动阀杆上、下移动,使隔膜离开阀座打开阀门或使隔膜紧压在阀座上关闭阀门。隔膜阀结构简单,便于检修,流体流动阻力小,调节性能较好,常用于输送腐蚀性流体和带悬浮物的流体的管路。不能用于流体压力较高的场合,使用温度取决于隔膜材料的耐温性能。

9. 其他　制药工艺管路中除应用上述阀门外还有:

(1) 安全阀:又称排气阀。安装于设备或管路上,当设备或管道内压力超过规定值时,即自动开启,保证设备和管道内流体压力在规定数值以内,防止发生事故。

(2) 减压阀:减压阀是通过启闭件的节流,将进口压力降至某一个需要的出口压力,并在进口压力及流量变动时,利用本身介质的能量保持出口压力基本不变的阀门。在蒸汽、压缩空气、工业用气、水、油和许多其他液体介质的设备和管路上均可使用。其作用是依靠敏感元件,如膜片、弹簧等来改变阀瓣的位置,将介质压力降低,达到减压的目的。

(3) 疏水阀:用于蒸汽管网及设备中,能自动排出凝结水、空气及其他不凝结气体,并阻止水蒸气泄漏的阀门。可使蒸汽加热设备均匀给热,充分利用蒸汽潜热提高热效率,并可防止凝结水对设备的腐蚀。

(二) 阀门的选用

阀门是流体输送系统中的控制装置,具有导流、截流、分流、调节、防止倒流等功能,它关系到管路的安全和正常的生产过程。阀门的选用应遵循以下原则:

1. 满足生产目的的要求　制药生产中需要输送的流体性质、温度、压力等不同,阀门应能满足生产工艺的要求,满足各种操作流体性质、温度的要求。如防止流体倒流时用止回阀;切断和接通流体、分配流体和改变流体流动方向时用旋塞阀;控制和调节流量时宜选用蝶阀;流体具有腐蚀性时则宜选用隔膜阀等。

2. 满足阀门技术规范的要求　阀门是控制流体的装置，在满足生产目的要求的前提下，还要符合阀门的技术规范要求。如工作压力不可超过阀门的公称压力；工作温度应在阀门规范的范围内，同时其工作压力不可超过该温度下的允许值；阀门的工作压力和工作温度受组成阀门零件的材料的制约。不能使用对阀门材料有腐蚀作用的流体；可燃性流体应选用专用阀门等。

3. 经济性　在满足上述要求的同时应注意节约投资，降低装置成本。几种不同阀门类型都能满足使用要求的，应选用价格低廉的阀门；普遍材质能满足使用要求的，不应该选用较高等级的材质。

4. 方便性　尽可能选择结构简单、操作方便的阀门。方便操作人员操作、维护，便于及时处理各种应急故障。

第4节　管路连接

管路连接包括管子与管子的连接、管子与管件、阀门的连接，还包括管子与设备的连接。其连接方法，由流体的性质、压力和温度以及管子的材质、尺寸和安装场所等因素决定，主要有法兰连接、螺纹连接、承插连接、焊接和卡箍连接等方法。

GMP对管路连接的要求

1. 洁净室（区）内采用的阀门、管件除满足工艺要求外，应采用拆卸、清洗、检修均方便的结构型式。

2. 管道与阀门连接宜采用法兰、螺纹或其他密封性能优良的连接件。凡接触物料的法兰和螺纹的密封应采用聚四氟乙烯。无菌药品生产中，药液的输送管路的安装尽量减少连接处，密封垫宜采用硅橡胶等材料。

链接

一、法兰连接

法兰连接是制药工艺管路中应用最广的连接方式。在需要经常拆装的管段处和管道与设备相连接的地方，大都采用法兰连接。法兰连接强度高、拆卸方便、适应范围广。

二、螺纹连接

螺纹连接是一种广泛使用的可拆卸的固定连接，具有结构简单、连接可靠、装拆方便等优点。螺纹连接是通过内外管螺纹拧紧而实现的。常用的螺纹连接有三种：内牙管连接、长外牙管连接、活管接连接。

内牙管连接结构，如图7-15所示。两段管子通过内牙管连接在一起。拆装时，须逐段逐件进行。长外牙管连接如图7-16所示。长外牙管连接不需转动两端连接管即可装拆。活管接连接如图7-17所示。安装时，活管接连接时，可不转动两连接管而将两者分开。

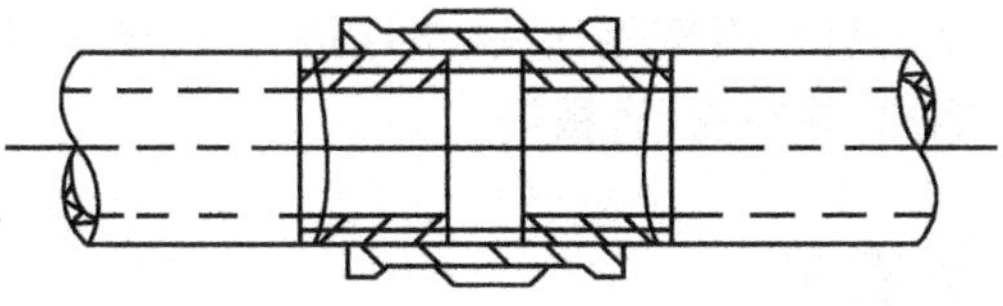

图 7-15　内牙管连接

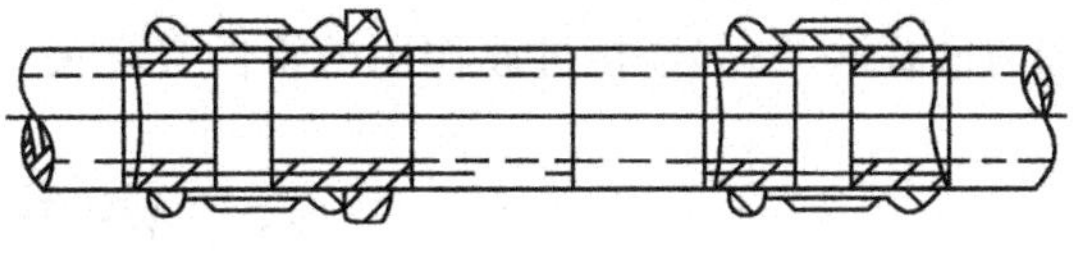

图 7-16　长外牙管连接

为了保证螺纹连接的密封性，在螺纹连接前，常在螺纹间加上填料。最为常用的填料为聚四氟乙烯缠绕带。螺纹连接方法简单、易于操作，但密封性较差，主要适用于介质压力不高、直径不大的自来水管和煤气管道，也常用于一些制药设备的润滑油管路中。

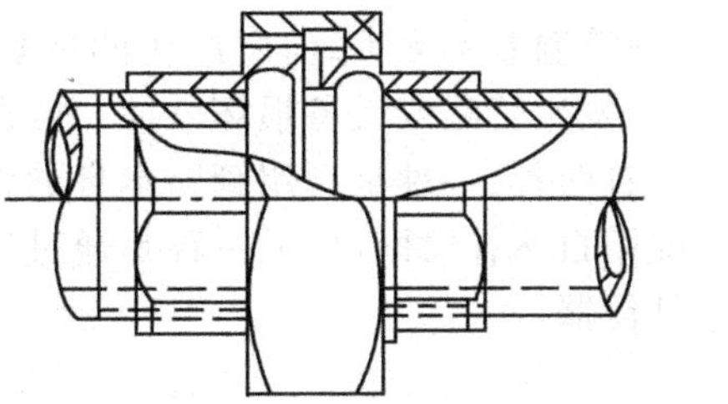

图 7-17　活管接连接

三、焊 接 连 接

焊接连接属于不可拆连接，常用的焊接形式见图 7-18。焊接连接密封性能好、连接强度高，可适用于承受各种压力和温度、无须经常拆卸的管路上。

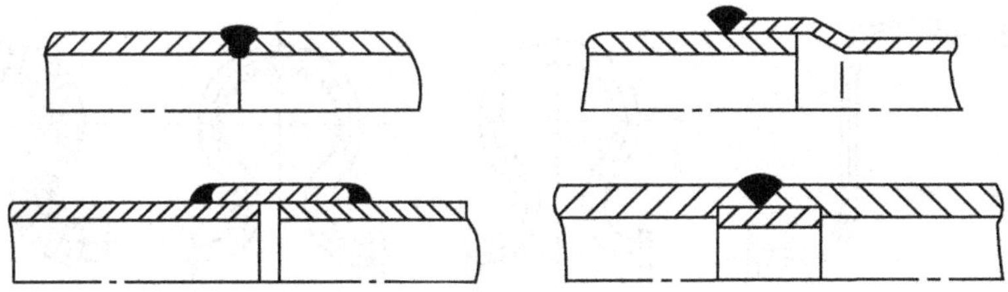

图 7-18　焊接连接

四、承插式连接

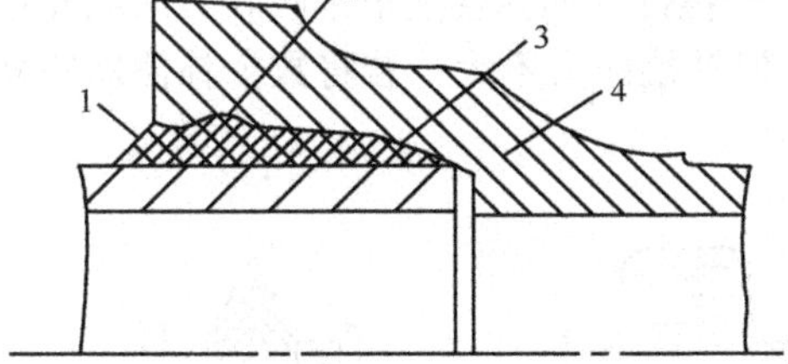

图 7-19　承插式连接

1. 插口；2. 水泥或铅；3. 油麻绳；4. 承口

承插式连接如图 7-19 所示。承插式连接密封可靠性差，且拆卸比较困难。承插式连接适用于压力不大，密封性要求不高的场合。连接时，一般在承插口的槽内先填入麻丝、棉线或石棉绳，然后再用石棉水泥或铅等材料填实，还可在承插口内填入橡胶密封环，使其具有较好的柔性，容许管子有少量的移动，常用作铸铁管的连接，也可用作陶瓷管、塑料管、玻璃管等非金属管路的连接。

五、卡 箍 连 接

卡箍连接是一种新型的钢管连接方式，也叫沟槽连接件。卡箍连接具有操作简单、不影响管道原有的特性、施工安全及维修方便的优点，符合 GMP 对管路连接的要求。制药工艺管路中直径小于或等于 100mm 的管路的卡箍连接已取代了法兰和焊接的两种传统管道连接方式。

沟槽连接管件包括两个大类产品:起连接密封作用的管件有刚性接头、挠性接头、机械三通和沟槽式法兰;起连接过渡作用的管件有弯头、三通、四通、异径管、盲板等。

六、温差补偿装置

当管路输送温度较高的介质(如水蒸气)时,管路受热膨胀,长度伸长。当一条管路很长时,尽管温差不太大,但所产生的伸长量会导致管路两端连接的装置产生很大的应力,严重时,会发生管路或设备损坏事故。因此,在管路中要考虑温差补偿的问题。管道的温差补偿方法有两种,一种是利用管路本身的弹性变形进行的自然补偿,通常较短管路或温差不大的情况用自然补偿即可;另一种是通过安装补偿器补偿,常用的补偿器有回折管式补偿器和波形补偿器。

(一)回折管式补偿器

回折管式补偿器是将直管弯成一定几何形状的曲管,利用刚性较小的回折管所产生的弹性变形来吸收连接在其两端的直管的伸缩变形。采用回折管补偿结构,补偿能力大,且制造简单,维护方便。但要求安装空间大,流体阻力也较大,还可能对连接处的法兰密封有影响。回折管补偿器一般由无缝钢管制成,其结构见图 7-20。

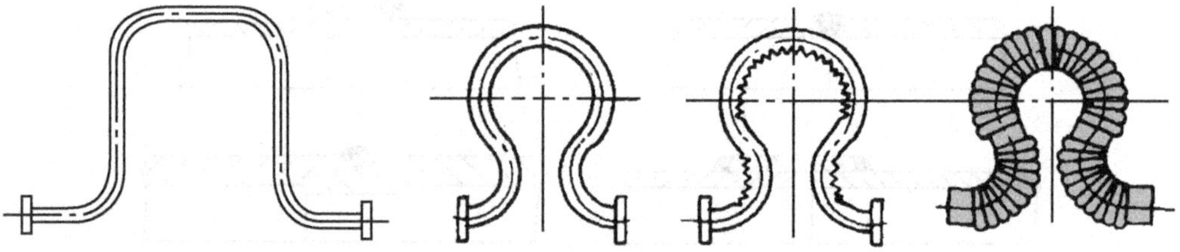

图 7-20 回折管补偿器

(二)波形补偿器

波形补偿器结构形式如图 7-21 所示,是利用金属薄壳挠性件的弹性变形来吸收其两端连接直管的伸缩变形。波形补偿器结构紧凑,流体阻力小。但补偿能力不大。若将数个补偿器串联安装或分段安装若干组补偿器,可增加补偿量。

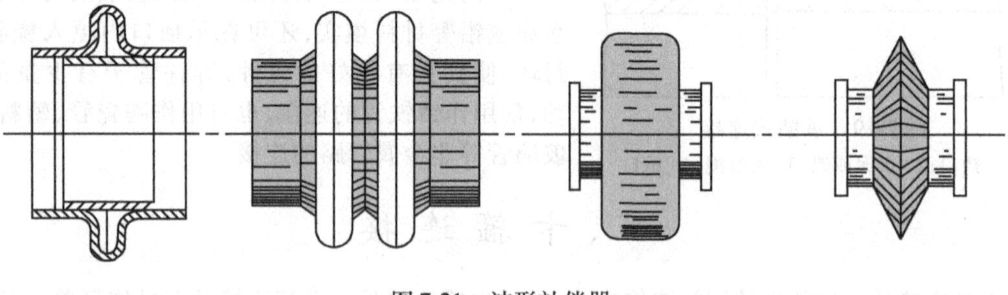

图 7-21 波形补偿器

第5节　管路的布置和常见故障排除

一、管路的布置

制药工艺管路将各制药设备连接起来，以保障生产的正常进行。所以管路布置既要考虑生产工艺的要求，又要考虑经济要求和操作的方便与安全性。制药工艺管路多为架空布置，因此管路布置的一般原则：

1. 在工艺条件允许的前提下，应使管路尽可能短，管件阀件应尽可能少，以减少投资，使流体阻力减到最低。

2. 在建筑物内，管路尽量沿墙壁安装。管架可装在墙上，管与管、墙与管之间要有一定的距离。以满足施工、运行、检修和热胀冷缩的要求。一般间距不应小于100～150mm。管路穿出建筑物，需通过墙壁的预留孔，并在管外加套管。

3. 应合理安排管路，管道应尽量集中成列，在多管垂直排列时，无腐蚀介质管路在上，有腐蚀介质管路在下；热介质管路在上，冷介质管路在下；高压管路在上，低压管路在下。需经常检修的在外，不常检修的在内；多管水平排列时，低压管路在外，高压管路在内。

4. 管路的阀门、管件应尽量采用标准件，以利于检修和安装。

5. 阀门、仪表需操作控制的部位要相对集中，安装高度适当，以方便工作人员的操作。

6. 当管道种类较多时，为了便于操作和维修，在管道表面上涂以规定颜色的油漆，以资识别。例如，蒸汽管道用红色，压缩空气管道用浅蓝色等。

此外管路布置还应符合有关的规范、标准和惯例，应符合工艺的要求。

应合理安排管路，使管路与墙壁、柱子、场面、其他管路等之间应有适当的距离，以便于安装、操作、巡查与检修。

案例7-1

小刘在作日常巡回检查中，发现一管路上压力表显示压力低于正常。

请分析：导致压力降低的原因有哪些？如何解决？

二、管路常见故障及排除方法

管路的故障排除是在认真做好管路维护工作的前提下进行的。在日常维护工作中，应认真做好日常巡回检查，准确判断管内介质的流动情况和管件的工作状态；适时做好管路的防腐和防护工作，并定期检查管路的保温设施是否完好；及时排放管路的油污、积水和冷凝液，及时清洗沉淀物和疏通堵塞部位；定期检查管路的腐蚀和磨损情况；检查管路的振动情况；察看管架有无松动；检查管路各接口处是否有泄漏现象；检查各活动部件的润滑情况；对管路安全装置进行定期检查和校验调整等。一旦发现故障，应及时排除。管路的常见故障主要有：

1. 连接处泄漏　泄漏是管路中的常见故障，常发生在管接头处。轻则浪费资源、影响正常生产的进行，重则跑、冒、滴、漏污染环境，甚至引起爆炸。

若阀门、管件等连接处填料密封失效而泄漏，可以对称拧紧填料压盖螺栓，或更换新填料。

若法兰密封面泄漏，首先应检查垫片是否失效。对失效的垫片应及时更换；其次是检查法兰密封面是否完好，对遭受腐蚀破坏或已有径向沟槽的密封面应进行修复或更换法兰；对于两个法兰面不对中或不平行的法兰，应进行调整或重新安装。

若螺纹接头处泄漏，应局部拆下检查腐蚀损坏情况。对已损坏的螺纹接头，应更换一段管子，重新配螺纹接头。

2. 管道堵塞　管道堵塞故障常发生在介质压力不高且含有固体颗粒或杂质较多的管路，可采取手工或机械清理或用压缩空气或高压水蒸气吹除。

3. 管道弯曲　产生管道弯曲若是由温差应力过大引起，可通过在管路中设置温差补偿装置或更换已失效的温差补偿装置；管道支撑件不符合要求引起管道弯曲，则应撤换不良支撑件或增设有效支撑件。

三、阀门故障及排除

阀门是管路中最容易损坏的管件之一。阀门种类繁多，发生故障的原因多种多样。常见的故障及排除方法见表 7-8。

表 7-8　阀门的常用故障及排除方法

故障	产生故障原因	排除故障方法
填料室泄漏	①填料与工作介质的腐蚀性、温度、压力不相适应	①选用合适的填料
	②填料的填装方法不对	②取出重新填装
	③阀杆加工精度低或表面粗糙度大，圆度超差，有磕碰、划伤及凹坑等缺陷	③修理或更换合格的阀杆
	④阀杆弯曲	④校直阀杆或更换阀杆
	⑤填料内有杂质或有油，在高温时收缩	⑤更换填料
	⑥操作过猛	⑥操作应平稳、缓慢开关
关闭件泄漏	①密封面不严	①安装前试压、试漏、修理密封面
	②密封圈与阀座、阀瓣配合不严密	②密封圈与阀座、阀瓣采用螺纹连接时，可用聚四氟乙烯生料带作螺纹间的填料，使其配合严密
	③阀瓣与阀杆连接不牢靠	③事先检查阀门各部件是否完好，不能使用阀杆弯扭或阀瓣与阀杆连接不可靠的阀门
	④阀杆变形，上下关闭件不对中	④校正阀杆或更新
	⑤关闭过快，密封面接触不好	⑤关闭阀门用稳劲、不要用力过猛，发现密封面之间接触不好或有障碍时，应立即开启稍许，让杂物随介质流出，然后再细心关紧
	⑥材料选用不当，经受不住介质的腐蚀	⑥正确选用阀门
	⑦截止阀、闸阀作调节阀用，由于高速介质的冲刷侵蚀，使密封面迅速磨损	⑦按阀门结构特点正确使用，需调节流量的部件应采用调节阀
	⑧焊渣、铁锈、泥砂等杂质嵌入阀内，或有硬物堵住阀芯，使阀门不能关严	⑧清扫嵌入阀内的杂物，在阀前加装过滤器

续表

故障	产生故障原因	排除故障方法
阀杆升降不灵活	①阀杆缺乏润滑或润滑剂失效 ②阀杆弯曲 ③阀杆表面粗糙度大 ④配合公差不合适，咬得过紧 ⑤螺纹被介质腐蚀 ⑥材料选择不当，阀杆及阀杆衬套选用同一种材料 ⑦露天阀门缺乏保护，锈蚀严重 ⑧阀杆被锈蚀卡住	①经常检查润滑情况，保持正常的润滑状态 ②使用短杠杆开闭阀杆，防止扭弯阀杆 ③提高加工或修理质量，达到规定要求 ④选用与工作条件相应的配合公差 ⑤选用适应介质及工作条件的材质 ⑥采用不同材料、宜用黄铜、青铜、碳钢或不锈钢作阀杆衬套材料 ⑦应设置阀杆保护套 ⑧定期转动手轮，以免阀杆锈住；地下安装的阀门应采用暗杆阀门
垫圈泄漏	①垫圈材质不耐腐蚀，或者不适应介质的工作压力及温度 ②高温阀门内所通过的介质温度变化	①采用与工作条件相适应的垫圈 ②使用时再适当紧一遍螺栓
填料压盖断裂	压紧填料时用力不均或压盖有缺陷	压紧填料时应对称地旋转螺帽
双闸板阀门的闸板不能压紧密封面	顶楔材质不好，使用过程中磨损严重或折断	用碳钢材料自行制作顶楔，换下损坏件
安全阀或减压阀的弹簧损坏	①弹簧材料选用不当 ②弹簧制造质量不佳	①更换弹簧材质 ②采用质量优良的弹簧

小结

1. 工艺管路是由管子、阀门通过相应的管件连接而成的。在制药过程中工艺管路按工艺流程把各种制药设备连接起来，通过输送各种流体保证制剂的正常生产。学习本章内容时，首先要明确工艺管路在制剂生产中的重要意义，其次要明确GMP对不同工艺流程中管路设置和材质规定。

2. 不同的生产工艺流程对管路种类、材质的要求不同。制药工艺管路一般是连接于不同设备之间的，因此管径可参照设备接口选定，管壁厚度由于受流体工作压力、温度应力以及重力荷载的影响则应通过计算选定；非设备间连接管路的管径则应根据流速等计算管径；选择和计算管径与管壁厚度时，管及管件的公称直径和公称压力是两个技术参数。

小结

3. 本章学习内容如下：

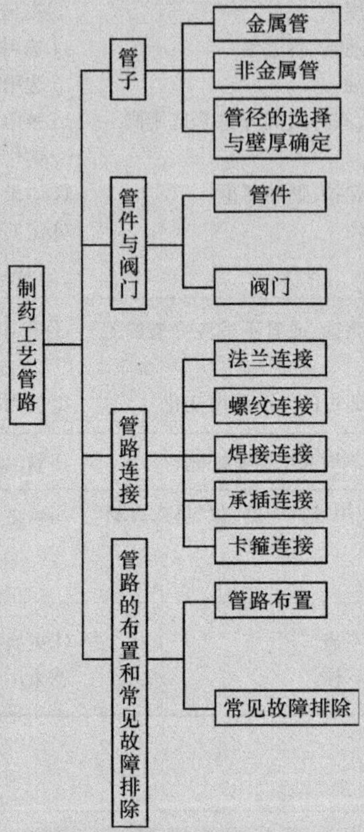

目标检测

一、填空题

1. 工艺管路由________、________和________组成。

2. 制药工艺管路用管分为________和________。

3. 工艺管路中阀门的作用有________、________、________。

4. 管与管件的连接方式有________、________、________、________、________。

5. 为防止因温度升高对管路造成的破坏作用，管路设计时应考虑安装________。

二、选择题

（一）单项选择题

1. 制药生产中水蒸气输送一般选用(　　)。

A. 黑管　　B. 镀锌管　　C. 不锈钢管　　D. 铸铁管

2. 不能改变流体流动方向的阀门是(　　)。

A. 球阀　　B. 闸阀　　C. 止回阀　　D. 减压阀

3. 用“Φ 外径 mm × 壁厚 mm”来表示规格的是(　　)。

A. 镀锌管　　B. 钢管　　C. 玻璃管　　D. 塑料管

4. 为防止流体逆向流动管路中应安装(　　)。

A. 球阀　　B. 隔膜阀　　C. 止回阀　　D. 旋塞阀

5. 管件中连接管路支管的部件称为(　　)。

A. 弯头　　B. 三通或四通　　C. 短管　　D. 活接头

(二) 多项选择题

6. 注射用水的输送管路不宜选用(　　)。

A. 镀锌管　　B. 不锈钢管　　C. 玻璃管　　D. 聚乙烯管

7. 管件通常包括(　　)。

A. 弯头　　B. 短管　　C. 三通　　D. 阀门

8. 不能用于输送含有悬浮物质流体的是(　　)。

A. 旋塞阀　　B. 截止阀　　C. 节流阀　　D. 闸阀

9. 制药工艺管路的组件有(　　)。

A. 管子　　B. 管连接件　　C. 管子支撑件　　D. 阀门

10. 具有节流和控制流量作用的阀门是(　　)。

A. 球阀　　B. 闸阀　　C. 截止阀　　D. 蝶阀

三、简答题

1. 制药工艺管道系统包括哪几部分?

2. 制药工艺管路中常见的故障有哪些?

3. 制药工艺管路中阀门起什么作用?其功能有哪些?

主要参考文献

邓才彬，王泽. 2009. 药物制剂设备. 北京：人民卫生出版社
梁燕飞，潘尚峰，王景先. 2005. 机械基础. 北京：清华大学出版社
沈云，耿玉岐. 2008. 机械工人基础技术. 北京：金盾出版社
王红林. 2001. 化工设计. 广州：华南理工大学出版社
王泽. 2004. 制药机械学. 北京：科学出版社
谢淑俊. 2005. 药物制剂设备（上册）. 北京：化学工业出版社
张绪峤. 2000. 药物制剂设备与车间设计. 北京：中国医药科技出版社

附　　录

附录1　钢铁的种类、牌号及应用

种类	牌号	应用
灰铸铁 GB9439—88	HT100	机床中受轻负荷、磨损无关重要的铸件，如托盘、盖、罩、手轮、把手、重锤等形状简单且性能要求不高的零件
	HT150	承受中等弯曲应力，摩擦面间压强高于500kPa的铸件，如多数机床的底座，有相对运动和磨损的零件，如溜板、工作台等，汽车中的变速箱、排气管、进气管等
	HT200	承受较大弯曲应力，要求保持气密性的铸件，如机床立柱、刀架、齿轮箱体、多数机床床身滑板、箱体、液压缸、泵体、阀体、刹车毂、飞轮、气缸盖、带轮、轴承盖、叶轮等
	HT250	炼钢用轨道板、气缸套、齿轮、机床立柱、齿轮箱体、机床床身、磨床转体、液压缸、泵体、阀体
	HT300	承受高弯曲应力、拉应力、要求保持高度气密性的铸件，如重型机床床身、多轴机床主轴箱、卡盘齿轮、高压液压缸、泵体、阀体
	HT350	轧钢滑板、辊子、炼焦柱塞、圈筒混合机齿圈、支承轮座、挡轮座
球墨铸铁 GB1348—88	QT400—18 QT400—15	韧性高，低温性能较好，具有一定的耐蚀性。用于制作汽车拖拉机中的驱动桥壳体、离合器壳体、差速器壳体、减速器壳体，1.62～6.48MPa(16～64个大气压)阀门的阀体、阀盖等
	QT450—10 QT500—7	具有中等的强度和韧性，用于制作内燃机中液压泵齿轮、汽轮机的中温气缸隔板、水轮机阀门体、机车车辆轴瓦等
	QT600—3 QT700—2 QT800—2	具有较高的强度、耐磨性及一定的韧性。用于制作部分机床的主轴，内燃机、空压机、冷冻机、制氧机和泵的曲轴、缸体、缸套等
	QT900—2	具有高强度、耐磨性、较高的弯曲疲劳强度。用于制作内燃机中的凸轮轴，拖拉机的减速齿轮，汽车中的螺旋锥齿轮等
可锻铸铁 GB9440—88	KTH300—06 KTH350—10	黑心可锻铸铁比灰铸铁强度高，塑性和韧性更好，可承受冲击和扭转负荷，具有良好的耐蚀性，切削性能良好。制作薄壁铸件，多用于机床零件，运输机械零件，升降机械零件，管道配件，低压阀门等
	KTZ450—06 KTZ550—04 KTZ650—02 KTZ700—02	珠光体可锻铸铁的塑性、韧性比黑心可锻铸铁稍差，但其强度高，耐磨性好，低温性能优于球墨铸铁，加工性良好。可替代有色合金、低合金钢及低、中碳钢制作较高强度和耐磨性的零件
	KTB400—05 KTB450—07	白心可锻铸铁由于工艺复杂，生产周期长，性能较差，国内在机械工业中较少应用，一般仅限于薄壁件的制造

附录2 碳素结构钢的种类、牌号及应用

种类	牌号	应用
铸造碳钢 GB11352—89	ZG200—400 ZG230—450	低碳铸钢，韧性及塑性均好，但强度和硬度较低，低温冲击韧性大，脆性转变温度低，磁导、电导性能良好，焊接性好，但铸造性差。主要用于受力不大，但要求韧性的零件，ZG200—400用于机座，电磁吸盘、变速箱体等；ZG230—450用于轴承盖、底板、阀体、机座、侧架、轧钢机架、铁道车辆摇枕、箱体、犁柱、砧座等
	ZG270—500 ZG310—570	中碳铸钢，有一定的韧性及塑性，强度和硬度较高，切削性良好，焊接性尚可，铸造性能比低碳铸钢好。ZG270—500应用广泛，如飞轮、车辆车钩、水压机工作缸、机架、蒸汽锤气缸、轴承座、连杆、箱体、曲拐等；ZG310—570用于重负荷零件，如联轴器、大齿轮、缸体、气缸、机架、制动轮、轴及辊子等
	ZG340—640	高碳铸钢，具有高强度、高硬度及高耐磨性，塑性、韧性低，铸造性、焊接性均差，裂纹敏感性较大。用于起重运输机齿轮、联轴器、齿轮、车轮、棘轮、叉头等
碳素结构钢 GB700—88	Q195 Q215	有较高的伸长率，具有良好的焊接性能和韧性。常用于制造地脚螺栓、铆钉、犁板、烟筒、炉撑、钢丝网屋面板、低碳钢丝、薄板、焊管、拉杆、短轴、心轴、凸轮(轻载)、吊钩、垫圈、支架及焊接件等
	Q235	有一定的伸长率和强度，韧性及铸造性均良好，且易于冲压及焊接。广泛用于制造一般机械零件，如连杆、拉杆、销轴、螺丝、钩子、套圈盖、螺母、螺栓、气缸、齿轮、支架、机架横撑、机架、焊接件、建筑结构桥梁等用的角钢、工字钢、槽钢、垫板、钢筋等
	Q255	焊接性能尚好，可用于制造强度不高的机械零件，如螺栓、键、楔、摇杆、拉杆心轴、转轴，钢结构用各种型钢、条钢及钢板
	Q275	有较高的强度，一定的焊接性，切削加工性及塑性均较好，可用于制造较高强度要求的零件，如齿轮心轴、转轴、销轴、链轮、键、螺母、螺栓、垫圈、刹车杆、鱼尾板，农机用型钢、异型钢、机架、耙齿等
优质碳素结构钢 GB699—88	10	采用镦锻、弯曲、冷冲、垫压、拉延及焊接等多种加工方法，制作各种韧性高、负荷小的零件，如卡头、钢管垫片、垫圈、摩擦片、汽车车身、防尘罩、容器、缓冲器皿、搪瓷制品，冷镦螺栓、螺母等
	15	用于受载不大、韧性要求较高的零件，渗碳件、冲模锻件、紧固件，不需热处理的低负载零件，焊接性能较好的中小结构件，如螺栓、螺钉、法兰盘、化工容器、蒸汽锅炉、小轴、挡铁、齿轮、滚子等

续表

种类	牌号	应用
优质碳素结构钢 GB699—88	20	制作负载不大，但韧性要求高的零件，如拉杆、杠杆、钩环、套筒、夹具及衬垫、手刹车、蹄片、杠杆轴、变速叉、被动齿轮、气门挺杆、凸轮轴、悬挂平衡器、内外衬套等
	25	用于制作焊接构件以及经锻造，热冲压和切削加工，且负荷较小的零件，如辊子、轴、垫圈、螺栓、螺母、螺钉以及汽车、拖拉机中的横梁车架、大梁、脚踏板等
	35	用于制造负载较大，但截面尺寸较小的各种机械零件、热压件，如轴销、轴、曲轴、横梁、连杆、杠杆、星轮、轮圈、垫圈、圆盘、钩环、螺栓、螺钉、螺母等
	40	用于制造机器中的运动件，心部强度要求不高，表面耐磨性好的淬火零件及截面尺寸较小，负载较大的调质零件，应力不大的大型正火件，如传动轴心轴、曲轴、曲柄销、辊子、拉杆、连杆、活塞杆、齿轮、圆盘、链轮等
	45	适用于制造较高强度的运动零件如空压机、泵的活塞、蒸汽透平机的叶轮，重型及通用机械中的轧制轴、连杆、蜗杆、齿条、齿轮、销子等
	50	主要用于制造动负荷、冲击载荷不大以及要求耐磨性好的机械零件，如锻造齿轮、轴、摩擦盘、机床主轴、发动机、曲轴、轧辊、拉杆、弹簧垫圈、不重要的弹簧等
	55	主要用于制造耐磨、强度较高的机械零件以及弹性零件，如连杆、齿轮、机车轮箍、轮缘、轮圈、轧辊、扁弹簧等
	30Mn	一般用于制造低负荷的各种零件，如杠杆、拉杆、小轴、刹车踏板、螺栓、螺钉和螺母以及农机中的钩环链的链环、刀片、横向刹车机齿轮等
	50Mn	一般用于制造高耐磨性、高应力的零件，如直径小于 80mm 的心轴、齿轮轴、齿轮摩擦盘、板弹簧等，高频淬火后还可制造火车轴、蜗杆、连杆及汽车曲轴等
	65Mn	用于制造中等负载的板弹簧、螺旋弹簧、弹簧垫圈、弹簧卡环、弹簧发条、轻型汽车的离合器弹簧、制动弹簧、气门弹簧以及受摩擦、高弹性、高强度的机械零件，如收割机的铲、犁、切碎机切刀、翻土板、整地机械圆盘、机床主轴、机床丝杠、弹簧卡头、钢轨等

附录3 合金结构钢的种类、牌号及应用

种类	牌号	应用
低合金结构钢 GB/T 1591—94	Q295	具有良好的焊接性、塑性和低温性能，冶炼工艺简单，成本低。用于制造低压锅炉、造船、容器、车辆以及金属结构等
	Q345	综合力学性能良好，低温冲击韧性、冷冲压和切削加工性、焊接性都好。广泛用于桥梁、船舶、管道、锅炉、大型容器、油罐、重型机械设备、矿山机器、电站、厂房结构等
	Q390	用于制作高、中压石油化工容器、锅炉汽包、桥梁、船舶、起重机，较重负荷的焊接件，锅炉钢管以及载荷较大的连接构件
	Q420	强度高，塑性及韧性好，焊接性能和冷热加工性良好。适用于制作大型船舶、机车、车辆、中高压锅炉、容器、桥梁以及其他大型的焊接结构件
	Q460	强度特高（$\sigma_b = 550 \sim 720MPa$）、并保持良好的塑性（$\delta = 1790$），适用于大型高压锅炉和容器，铁路桥的大梁、巨型船舶以及重负荷的焊接结构件等
合金结构钢 GB3077—88	20Mn2	用于制造渗碳的小齿轮、小轴、力学性能要求不高的十字头销、活塞销、柴油机套筒、气门顶杆、变速齿轮操纵杆、钢套等
	20Cr	用于制造小截面、形状简单、较高转速、载荷较小、表面耐磨、心部强度较高的各种渗碳或氰化零件，如小齿轮、小轴、阀、活塞销、托盘、凸轮、蜗杆等
	20CrNi	用于制造重载大型重要的渗碳零件，如花键轴、轴、键、齿轮、活塞销、也可用于制造高冲击韧性的调质零件
	20CrMnTi	用于制造汽车拖拉机中的截面尺寸小于30mm的中载或重载、冲击、耐磨且高速的各种重要零件，如齿轮轴、齿圈、齿轮、十字轴、滑动轴承支撑的主轴、蜗杆等
	38CrMoAl	用于制造高疲劳强度、高耐磨性、较高强度的小尺寸氮化零件，如气缸套、座套、底盖、活塞螺栓、检验规、精密磨床主轴、车床主轴、搪杆、精密丝杆和齿轮、蜗杆等
	40Cr	制造中速、中载的调质零件，如机床齿轮、轴、蜗杆、花键轴、顶针套，制造表面高硬度耐磨的调质表面淬火零件，如主轴、曲轴、心轴、套筒、销子、连杆以及淬火回火后重载零件等
	40CrNi	用于制造锻造和冷冲压且截面尺寸较大的重要调质件，如连杆、圆盘、曲轴、齿轮、轴、螺钉等
	40MnB	用于制造拖拉机、汽车及其他通用机器设备中的中小重要调质零件，如汽车半轴，转向轴、花键轴、蜗杆和机床主轴、齿轮轴等
	50Cr	用于制造重载、耐磨的零件，如热轧辊传动轴、齿轮、止推环、支承辊的心轴、柴油机连杆、挺杆、拖拉机离合器、螺栓以及中等弹性的弹簧等

续表

种类	牌号	应用
合金弹簧钢 GB1222—84	60Si2Mn	制造截面尺寸较大的弹簧，如车厢板簧、机车板簧、缓冲卷簧等
	50CrVA	主要用于制造截面大的、受载大的和工作温度较高的螺旋弹簧、阀门弹簧、小型汽车、载重车板簧、扭杆簧，低于350℃的耐热弹簧等
不锈钢	2Cr13	制作能抗弱腐蚀性介质、能承受冲击载荷的零件，如汽轮机叶片、水压机阀、结构架、螺栓、螺母等
	1Cr18Ni9Ti	用于耐酸容器及设备衬里，输送管道等设备和零件，抗磁仪表、医疗器械等
滚动轴承钢	GCr15	制造中小型滚动轴承元件（壁厚小于20mm的套圈，直径小于50mm的钢球）及其他各种耐磨零件，如柴油机油泵，油嘴偶件等
	GCr15SiMn	制造大型、重载滚动轴承元件（壁厚大于30mm的套圈，直径50～100mm的钢球）

附录4 铸造铜合金、铸造铝合金、铸造轴承合金的种类、牌号及应用

合金种类		牌号(代号)	应用
铸造铜合金 GB1176—87	锡青铜	ZCuSn5Pb5Zn5	在较高负荷,中等滑动速度下工作的耐磨、耐腐蚀零件,如轴瓦、衬套、缸套、活塞、离合器、泵件压盖以及蜗轮等
		ZCuSn10Pb1	用于高负荷(20MPa以下)和高滑动速度(8m/s)下工作的耐磨零件,如连杆、衬套、轴瓦、齿轮、蜗轮等
	铅青铜	ZCuPb10Sn10	表面压力高,又存在侧压力的滑动轴承,如轧辊、车辆用轴承、内燃机双金属轴瓦以及活塞销套、摩擦片等
		ZCuPb20Sn5	高滑动速度的轴承及破碎机、水泵、冷轧机轴承
	铝青铜	ZCuAl9Mn2	耐蚀、耐磨零件,形状简单的大型铸件,如衬套、齿轮、蜗轮
		ZCuAl10Fe3	要求强度高、耐磨、耐蚀的重型铸件,如轴套、螺母、蜗轮以及在250℃以下工作的管配件
	黄铜	ZCuZn38	一般结构件和耐蚀零件,如法兰、阀座、支架、手柄和螺母等
		ZCuZn25Al6-Fe3Mn3	适用高强度、耐磨零件,如桥梁支承板、螺母、螺杆、耐磨板、滑块和蜗轮
铸造铝合金 GB/T1173—1995	铝硅合金	ZAlSi7Mg (ZL101)	适于铸造承受中等负荷、形状复杂的零件,也可用于要求高气密性,耐蚀性和焊接性能良好、工作温度不超过200℃的零件,如水泵、仪表、传动装置壳体、汽缸体、汽化器等
		ZAlSi5Cu1Mg (ZL105)	用于铸造形状复杂、高静载荷的零件以及要求焊接性能良好、气密性高或工作温度在225℃以下的零件,如发动机的汽缸体、汽缸头、汽缸盖和曲轴箱等
	铝铜合金	ZAlCu5Mn (ZL201)	用于铸造工作温度为175~300℃或室温下受高负荷、形状简单的零件,如支臂、挂架梁
		ZAlCu4 (ZL203)	用于铸造形状简单、承受中载、冲击负荷、工作温度不超过200℃,切削性能良好的小型零件,如曲轴箱,支架、飞轮盖等
	铝镁合金	ZAlMg10 (ZL301)	铸造工作温度不大于200℃的海轮配件、机器壳和航空配件等
	铝锌合金	ZAlZn11Si7 (ZL401)	铸造工作温度不大于200℃的汽车零件、医疗器械和仪器零件等
铸造轴承合金 GB/T1174—92	锡基	ZSnSb12Pb10Cu4	工作温度不高的一般机器的主轴承衬
		ZSnSb8Cu4	大型机器轴承及轴衬,高速重负荷汽车发动机薄壁双金属轴承
	铅基	ZPbSb15Sn10	中等负荷的机器的轴承,还可作高温轴承之用
		ZPbSb10Sn6	耐磨、耐蚀、重负荷的轴承
	铜基	ZCuSn5Pb5Zn5	
		ZCuPb10Sn10	
	铝基	ZAlSn6Cu1Ni1	

附录5 各种非金属材料的种类、名称、牌号(或代号)及其应用

种类	名称、牌号或代号	性能及应用
工程塑料	聚酰胺俗称尼龙(PA)	具有良好的机械强度和耐磨性,广泛用作机械、化工及电气零件,如轴承、齿轮、凸轮、滚子、辊轴、泵叶轮、风扇叶轮、蜗轮、螺钉、螺母、垫圈、高压密封圈、阀座、输油管、储油容器等
	聚四氟乙烯(PTFE)	在强酸、强碱、强氧化剂中不腐蚀,也不溶于任何溶剂,美称“塑料王”。又有良好的高低温性能,电绝缘性,不吸水和低摩擦系数等。用于机械中的耐蚀零件,密封垫圈、活塞环、轴承、化工设备管道、泵、阀门以及人造血管、心脏等
	聚甲醛(POM)	具有良好的耐磨损性能和良好的干摩擦性能,用于制造轴承、齿轮、滚轮、辊子,阀门上的阀杆螺母、垫圈、法兰、垫片、泵叶轮、鼓风机叶片、弹簧、管道等
	聚碳酸酯(PC)	具有高的冲击韧性的优异的尺寸稳定性,用于制造齿轮、蜗轮、蜗杆、齿条、凸轮、心轴、轴承、滑轮、铰链、传动链、螺栓、螺母、垫圈、铆钉、泵叶轮、汽车化油器部件、节流阀、各种外壳等
	丙烯腈-丁二烯-苯乙烯(ABS)	作一般结构或耐磨受力传动零件和耐腐蚀设备,用ABS制成的泡沫夹层板可做小轿车车身
	硬聚氯乙烯(PVC)	制品有管、棒、板、焊条及管件,除制作日常生活用品外,主要用作耐腐蚀的结构材料或设备衬里材料及电气绝缘材料
	聚甲基丙烯酸甲酯(俗称有机玻璃,PMMA)	具有高的透明度和一定强度,耐紫外线及大气老化,易于成型加工。可用于要求有一定强度的透明结构材料,如各种油标的罩面板等
工业用硫化橡胶 GB5574—85	普通橡胶板 1074、1804、1608、1708	有一定的硬度和较好的耐磨性、弹性等物理机械性能,能在一定压力下,温度为 -30 ~ +60℃的空气中工作、制作密封垫圈、垫板和密封条等
	耐油橡胶板 3707、3807、3709、3809	有较高硬度和耐溶剂膨胀性能,可在温度为 -30 ~ +80℃的机油、变压器油、润滑油、汽油等介质中工作,适用于冲制各种形状的垫圈
软钢纸板 QB365—81	软钢纸板	供汽车、拖拉机及其他工业设备上制作密封连接处的垫片
工业用毛毡	工业用平面毛毡 FJ314—81	用作密封、防漏油、防震、缓冲衬垫等,按需要选用细毛、半粗毛、粗毛
	毡圈 FZ/T 92010—91	用于轴伸端处、轴与轴承盖之间的密封(密封处速度 $v<5m/s$ 的脂润滑及转速不高的稀油润滑)
石棉 GB3985—83 GB539—83	石棉橡胶板 XB200、XB350、XB450	三种牌号分别用于温度为200℃、350℃、450℃,压力为150MPa、400MPa、600MPa以下的水、不蒸气等介质的设备、管道法兰连接处的密封衬垫材料
	耐油石棉橡胶板	可用于各种油类为介质的设备、管道法兰连接处的密封衬垫材料

附录6 常用润滑油、润滑脂

品种	标准号	适用范围
L-AN 全损耗系统用油	GB443—89	主要适用于对润滑油无特殊要求的全损耗润滑系统，不适用于循环润滑系统
L-HL 液压油	GB11118—89	主要适用于机床和其他设备的低压齿轮泵，也可以用于其他抗氧防锈型润滑油的机械设备(如轴承和齿轮等)
L-HM 液压油	GB11119—89	主要适用于钢-钢摩擦副的液压泵
普通工业齿轮油	SH0357—92	一般负荷或带有中等负荷条件下工作的闭式工业齿轮箱
L-CKE/P 蜗轮蜗杆油	SH0094—91	用于蜗轮蜗杆传动装置的润滑

品种	牌号	外观	滴点/℃ 不低于	锥入度 1/10mm	主要用途
钙基润滑脂 (GB491—87)	1号	浅黄色到褐色	80	310~340	温度<55℃、轻负荷、有自动给脂的轴承，汽车底盘和气温较低地区的小型机械
	2号		85	265~295	中、小型滚动轴承及冶金、运输、采矿设备中温度不高于55℃的轻负荷、高速机械摩擦部位
	3号		90	220~250	中型电动机的滚动轴承，发电机及其他温度在60℃以下中负荷、中转速的机械摩擦部位
	4号		95	175~205	汽车、水泵、重负荷自动机械的轴承，发电机、纺织机及其他60℃以下重负荷、低速机械
钙钠基润滑脂 (SH0368—92)	1号	黄色到深棕色的均匀软膏	120	250~290	各种类型电动机、发电机、鼓风机、铁路机车、汽车以及其他机械设备滚动轴承的润滑。工作温度在85℃以下
	2号		135	200~240	上述场合，工作温度100℃以下
合成锂基润滑脂 (SH0380—92)	1号	浅褐色至暗褐色均匀软膏	170	310~340	工作温度-20~120℃，广泛使用在高温、高速、与水接触的部件上 1号适于集中供脂系统
	2号		175	265~295	2号适于中速、中负荷设备
	3号		180	220~250	3号适于矿山机械、汽车、拖拉机、大中型电动机等设备
	4号		185	175~205	4号适于脂易流失的重负荷、低速的滑动轴承
石墨钙基润滑脂 (SH0369—92)		黑色均匀油膏	80	—	压延机人字齿轮、汽车弹簧、起重机齿轮转盘、矿山机械、绞车、钢丝绳等高负荷、低转速的粗糙机械

附录7　热处理工艺分类及代号

工艺总称	代号	工艺类型	代号	工艺名称	代号	加热方法	代号
热处理	5	整体热处理	1	退火	1		
				正火	2	加热炉	1
				淬火	3		
				淬火和回火	4	感应	2
				调质	5		
				稳定化处理	6		
				固溶处理、水韧处理	7	火焰	3
				固溶处理和时效	8		
		表面热处理	2	表面淬火和回火	1	电阻	4
				物理气相沉积	2		
				化学气相沉积	3		
				等离子体化学气相沉积	4	激光	5
		化学热处理	3	渗碳	1		
				碳氮共渗	2	电子束	6
				渗氮	3		
				氮碳共渗	4		
				渗其他非金属	5	等离子体	7
				渗金属	6		
				多元共渗	7	其他	8
				熔渗	8		

《制药机械》教学基本要求

(一) 前　　言

本大纲是根据药物制剂技术专业教学计划制订的。教学计划规定,制药机械学教共计 72 理论课学时。各章的学时分配仅供参考。中药制药技术、药物分析技术专业、化学制药技术及相关专业可根据不同专业的不同要求,随内容取舍作适当调整。

(二) 课程教学目标

《制药机械》是药物制剂专业教学中的主要专业基础课之一。根据高职、高专教育课程改革需要,本着“必需”、“够用”的原则,培养药学类高级应用型技能性人才的目标,《制药机械》的教学目标是要求学生系统掌握本课程的基础理论、基本知识和基本技能。

(三) 教学内容和要求

教学内容	教学要求		
	了解	理解	掌握
一、制药机械力学基础			
(一) 构件的受力分析			
1. 力的概念与性质		√	
2. 构件的受力分析		√	
3. 平面汇交力系		√	
4. 力矩和力偶		√	
5. 平面一般力系			√
(二) 轴向拉伸与压缩			
1. 基本概念		√	
2. 拉伸或压缩时的内力——轴力		√	
3. 轴向拉伸与压缩时的强度计算			√
4. 轴向拉伸和压缩时的变形		√	
5. 典型材料拉伸与压缩时的力学性能		√	
(三) 剪切与挤压			
1. 剪切的概念		√	
2. 剪力、剪应力与剪切强度条件		√	
3. 挤压的概念和强度条件		√	
4. 剪切变形和剪切胡克定律	√		
(四) 扭转			
1. 扭转概念		√	
2. 外力偶矩的计算		√	
3. 扭矩的计算		√	
4. 圆轴扭转时的应力		√	
5. 圆轴扭转时的强度条件			√
(五) 弯曲			
1. 弯曲变形的概念		√	
2. 直梁平面弯曲时的内力		√	
3. 梁弯曲的正应力和强度条件			√
4. 提高梁弯曲强度的主要措施			√
二、制药设备工程材料			
(一) 工程材料基础知识			
1. 材料的常用性能		√	
2. 钢的热处理		√	
(二) 金属材料			
1. 碳钢			√
2. 铸铁		√	
3. 合金钢			√
4. 有色金属		√	
(三) 非金属材料			
1. 常用工程塑料	√		
2. 工业陶瓷	√		
3. 复合材料	√		
三、制药设备常用机构			
(一) 基础知识			
1. 机器机构、构件与零件	√		
2. 运动副及其分类		√	
3. 平面机构运动简图	√		
4. 平面机构的自由度			√

续表

教学内容	教学要求			教学内容	教学要求		
	了解	理解	掌握		了解	理解	掌握
（二）连杆机构				（三）轴和联轴器			
1. 铰链四杆机构			√	1. 轴		√	
2. 铰链四杆机构的演化机构			√	2. 联轴器		√	
（三）凸轮机构				（四）轴承			
1. 凸轮机构工作原理			√	1. 滑动轴承		√	
2. 凸轮机构的分类及特点			√	2. 滚动轴承		√	
（四）间歇运动机构				**六、压力容器**			
1. 棘轮机构			√	（一）基本概念			
2. 槽轮机构			√	1. 压力容器的基本结构		√	
四、制药设备机械传动				2. 压力容器的分类		√	
（一）带传动				3. 压力容器零部件的标准化	√		
1. 带传动原理、类型、特点及应用			√	（二）内压薄壁容器			
2. 带传动主要几何参数	√			1. 内压圆筒形薄壁容器的应力计算	√		
3. 普通V带和带轮		√					
4. 带传动的失效、张紧、安装与维护			√	2. 内压圆筒形薄壁容器筒体壁厚计算与强度校核	√		
5. 带传动的安装、使用与维护			√				
（二）链传动				3. 常用设计参数	√		
1. 链的类型		√		4. 容器压力试验	√		
2. 套筒滚子链的结构		√		（三）内压容器封头			
3. 链传动的特点和应用		√		1. 常用封头的形式			√
4. 链传动的布置、张紧和润滑			√	2. 标准椭圆形封头的选用与校核	√		
（三）齿轮传动				3. 锥形封头	√		
1. 齿轮传动的分类		√		4. 碟形封头			√
2. 齿轮的几何参数和传动比		√		5. 半球形封头	√		
3. 齿轮传动失效形式及原因		√		6. 平板形封头			√
4. 齿轮常用材料及热处理		√		（四）容器附件			
5. 齿轮传动的润滑			√	1. 法兰连接	√		
（四）蜗杆传动				2. 容器支座	√		
1. 蜗杆、蜗轮的材料和结构	√			3. 容器的开孔与补强结构	√		
2. 蜗杆传动的失效形式及原因		√		4. 容器安全装置			√
3. 蜗杆传动特点		√		5. 其他附件	√		
4. 蜗杆传动装置的润滑与维护			√	**七、制药工艺管路**			
（五）轮系简介				（一）管子的种类			
1. 轮系分类	√			1. 金属管			√
2. 定轴轮系的传动比	√			2. 非金属管			√
五、制药设备连接与支承				（二）管径选择与壁厚确定			
（一）键、花键和销				1. 管径选择	√		
1. 键连接	√			2. 管子壁厚的选用	√		
2. 花键连接	√			（三）管件与阀门			
3. 销连接	√			1. 常用管件			√
（二）螺纹连接				2. 阀门			√
1. 螺纹的分类		√		（四）管路连接			
2. 螺纹连接的类型		√		1. 法兰连接	√		
3. 标准螺纹连接件	√			2. 螺纹连接			√
4. 螺纹连接的预紧与防松			√	3. 焊接连接			√

续表

教学内容	教学要求			教学内容	教学要求		
	了解	理解	掌握		了解	理解	掌握
4. 承插式连接	√			1. 管路的布置			√
5. 卡箍连接	√			2. 管路常见故障及排除方法			√
6. 温差补偿装置	√			3. 阀门故障及排除			√
（五）管路的布置和常见故障排除							

（四）学时分配建议

章节	教学内容	理论课学时数
第 1 章	制药机械力学基础	12
第 2 章	制药设备工程材料	4
第 3 章	制药设备常用机构	12
第 4 章	制药设备机械传动	12
第 5 章	制药设备连接与支承	12
第 6 章	压力容器	12
第 7 章	制药工艺管路	8
合计		72

目标检测选择题参考答案

第 1 章

1. D　2. D　3. B　4. A　5. C

第 2 章

1. B　2. A　3. B　4. C　5. D　6. A　7. C　8. D　9. C　10. C　11. D　12. A　13. A　14. B　15. C　16. C　17. C　18. A

第 3 章

1. B　2. D　3. A　4. C　5. A　6. A　7. C　8. D　9. B　10. B

第 4 章

1. A　2. D　3. B　4. A　5. D

第 5 章

1. D　2. C　3. B　4. A　5. B　6. ABC　7. ABD　8. D　9. C　10. ABD

第 6 章

1. C　2. A　3. C　4. B　5. C　6. D　7. A　8. A　9. B　10. B　11. B　12. A　13. A　14. B　15. D　16. C　17. AC　18. ABCD　19. BCD　20. ACD　21. BCD　22. ABD　23. ABC　24. ACD　25. ABD

第 7 章

1. B　2. B　3. C　4. C　5. B　6. ACD　7. ABC　8. BCD　9. ABCD　10. ACD